CAD/CAM 软件精品教程系列

CAXA 电子图板 2013 实用教程

臧艳红　王海强　编著

U0209370

電子工業出版社

Publishing House of Electronics Industry

北京 • BEIJING

内 容 简 介

CAXA 电子图板是北京北航海尔软件有限公司出品的一套优秀的 CAD 制图软件。全书共分 12 章，详细介绍了电子图板 2013 主要功能和使用技巧，包括基础操作、绘图操作、编辑操作、工程标注、零件图、装配图的绘制过程等。

本书以机械类为主，从初学者的角度出发，采用图文并茂的方式，着重于实用性、易用性，并列举了大量的具体实例，使读者能够快速入门。所讲的知识与实例均从基础入手，结构清晰、内容翔实、可操作性强。

本书是作者在自己多年使用经验和从事教学的基础上编写而成的，适合作为本科、高职高专或中等职业学校相关课程的专业教材，可作为初中级读者的自主学习教材。

图书在版编目（CIP）数据

CAXA 电子图板 2013 实用教程 / 臧艳红，王海强编著. —北京：电子工业出版社，2016.9
CAD/CAM 软件精品教程系列

ISBN 978-7-121-29885-1

Ⅰ. ①C… Ⅱ. ①臧… ②王… Ⅲ. ①自动绘图－软件包－教材 Ⅳ. ①TP391.72

中国版本图书馆 CIP 数据核字（2016）第 217953 号

策划编辑：张　凌
责任编辑：张　凌　　特约编辑：王　纲
印　　刷：北京盛通数码印刷有限公司
装　　订：北京盛通数码印刷有限公司
出版发行：电子工业出版社
　　　　　北京市海淀区万寿路 173 信箱　邮编 100036
开　　本：787×1092　1/16　印张：13.5　字数：346 千字
版　　次：2016 年 9 月第 1 版
印　　次：2025 年 2 月第 12 次印刷
定　　价：29.00 元

凡所购买电子工业出版社图书有缺损问题，请向购买书店调换。若书店售缺，请与本社发行部联系，联系及邮购电话：（010）88254888，88258888。

质量投诉请发邮件至 zlts@phei.com.cn，盗版侵权举报请发邮件至 dbqq@phei.com.cn。
本书咨询联系方式：（010）88254583，zling@ phei.com.cn。

前言

Preface

基本内容

CAXA 电子图板是北京北航海尔软件有限公司开发的二维绘图通用软件。广泛用于机械、电子、服装、建筑等领域。此外，CAXA 电子图板还是劳动部制图员资格考试指定软件。

作为绘图和设计的平台，CAXA 电子图板将设计人员从繁重的设计绘图工作中解脱出来，大大提高了设计效率。和国外的一些绘图软件相比，该软件符合我国工程师的设计习惯，其绘图界面中的菜单、提示、系统状态及信息帮助均为中文，降低了使用者的门槛。而且功能强大、易学易用。CAXA 电子图板的功能简洁、实用，每增加一项新功能，都充分考虑到国内客户的实际要求。

本书针对入门读者的学习特点，结合作者多年使用 CAXA 软件的教学和实践经验，以常用产品为例，由浅入深、图文并茂，详细介绍了 CAXA2013 的基本操作、绘图命令、编辑命令、尺寸标注、块与图库等内容。在讲解的过程中配合以大量实例操作，使读者循序渐进的熟悉软件、学习软件、掌握软件。每章都是从工具开始介绍，然后是案例解析，最后是上机练习，使理论与实践紧密结合，具体分为 12 章，各章主要内容如下：

第 1、2 章主要介绍 CAXA 软件的基本应用、工作界面、基本操作及常用工具。

第 3、4 章对绘图命令由浅入深地做了详细描述。

第 5 章详细介绍了基本编辑命令，包括镜像、旋转、打断等操作。

第 6 章介绍了图层属性的功能。

第 7 章讲解了精确绘图命令的使用，涉及对象捕捉、三视图导航等命令的操作。

第 8 章讲解了工程标注。

第 9 章介绍了符合国家制图标准的图纸幅面的设置。

第 10 章主要介绍了块与图库的使用方法。

第 11、12 章分别用实例说明了零件图和装配图的绘制过程。

主要特点

本书作者都是长期使用 CAXA 软件进行教学、科研和实际生产工作的教师和工程师，有着丰富的教学和编著经验。在内容编排上，按照读者学习的一般规律，结合大量实例讲解操作步骤，能够使读者快速、真正地掌握 CAXA 软件的使用。

具体地讲，本书具有以下鲜明的特点：

从零开始，轻松入门；

图解案例，清晰直观；

图文并茂，操作简单；

实例引导，专业经典；

学以致用，注重实践。

读者对象

学习 CAXA 设计的初级读者。

具有一定 CAXA 基础知识，希望进一步深入掌握模具设计的中级读者。

高职中专院校机械相关专业的学生。

本书既可以作为院校机械专业的教材，也可以作为读者自学的教程，同时也非常适合作为专业人员的参考手册。

为了方便读者学习，本书配套提供了电子资料包，其中包含了本书主要实例源文件，这些文件都被保存在与章节相对应的文件夹中。

联系我们

本书由臧艳红（烟台大学）、王海强（烟台城乡建设学校）编写。参与编写工作的老师还有宋一兵、管殿柱、王献红、李文秋、张忠林、赵景波、曹立文、郭方方、初航、谢丽华等，在此一并感谢。

由于作者水平有限，时间仓促，书中难免有错误、疏漏之处，请读者批评指正，互相交流，共同进步。

感谢您选择了本书，希望我们的努力对您的工作和学习有所帮助，也希望您把对本书的意见和建议告诉我们。

零点工作室网站地址：www.zerobook.net

零点工作室联系信箱：syb33@163.com

零点工作室

目录

Contents

第 1 章 CAXA 电子图板 2013 简介

CAXA 电子图板 2013 为用户提供了功能齐全的作图方式，本章将系统地介绍 CAXA 电子图板 2013 的基本界面和基本功能，主要包括 CAXA 电子图板 2013 的界面组成、文件管理等。通过学习本章内容，读者可以对 CAXA 电子图板 2013 的界面、文件的基本操作有大概的了解。

1.1 CAXA 电子图板 2013 概述

CAXA 电子图板是北京北航海尔软件有限公司开发的二维绘图通用软件。该软件易学易用，符合工程师的设计习惯，而且功能强大，兼容 AutoCAD，是国内普及率较高的 CAD 软件之一。CAXA 电子图板在机械、电子、航空航天、汽车、船舶、建筑等多个领域都得到了广泛的应用。此外，CAXA 电子图板还是劳动部制图员资格考试指定软件。

1.1.1 CAXA 电子图板的主要功能

CAXA 电子图板是一个辅助设计软件，可以满足通用设计和绘图的主要需求。它提供了各种接口，可以和其他软件共享设计成果。CAXA 电子图板主要提供了如下功能。

- 图形绘制功能：CAXA 电子图板提供了创建直线、圆、圆弧、轮廓线、轴/孔、文本和尺寸标注等多种图形对象的功能。
- 定位定形功能：CAXA 电子图板提供了坐标输入、对象捕捉、三视图导航等功能，利用这些功能可实现精确地为图形定位和定形。
- 图形编辑功能：CAXA 电子图板提供了复制、旋转、阵列、修剪、倒角、偏移等方便使用的编辑工具，极大地提高了绘图效率。
- 图形输出功能：CAXA 电子图板提供了方便的缩放和平移等屏幕显示工具及出图打印功能。
- 辅助设计功能：CAXA 电子图板可以查询绘制好的图形的长度、面积及力学特性等；CAXA 电子图板提供了与其他软件的接口，可方便地将设计数据和图形在其他软件中共享，进一步发挥各个软件的特点和优势。

1.1.2 CAXA 电子图板 2013 的安装

将 CAXA 电子图板 2013 的光盘放入光盘驱动器，欢迎画面将自动弹出，单击上面相应的按钮即可运行电子图板安装程序。若欢迎画面没有自动弹出，可打开 Windows 资源管理器中的光盘驱动器，在光盘目录中找到 Autorun.exe 文件，双击运行它即可启动欢迎画面。

启动电子图板的安装程序后，选择安装向导的语言，接受相应的安装协议，填写用户信息，确定安装路径，选择要安装的组件，设置开始菜单的图标文件夹，确认安装程序的设置后，即可完成电子图板的安装。

提示：CAXA 电子图板 2013 的运行环境为 Windows XP/Vista，P4 2.0GHz 以上 CPU，512MB 以上内存。

1.2 CAXA 电子图板 2013 的界面组成

CAXA 电子图板 2013 安装成功后，在计算机桌面上将出现 CAXA 电子图板 2013 的快捷图标，双击此图标即可启动 CAXA 电子图板 2013。

注意：用户还可以选择单击桌面上的【开始】/【程序】/【CAXA】/【CAXA 电子图板 2013】/【CAXA 电子图板 2013】来启动该绘图软件。也可以双击运行电子图板安装目录 CAXA2013EB\bin\下的 Eb.exe 文件，启动该软件。

启动 CAXA 电子图板 2013 后，进入 CAXA 电子图板 2013 主窗口，单击【新建】按钮，系统弹出【新建】对话框，用于选择图形的模板，如图 1-1 所示。

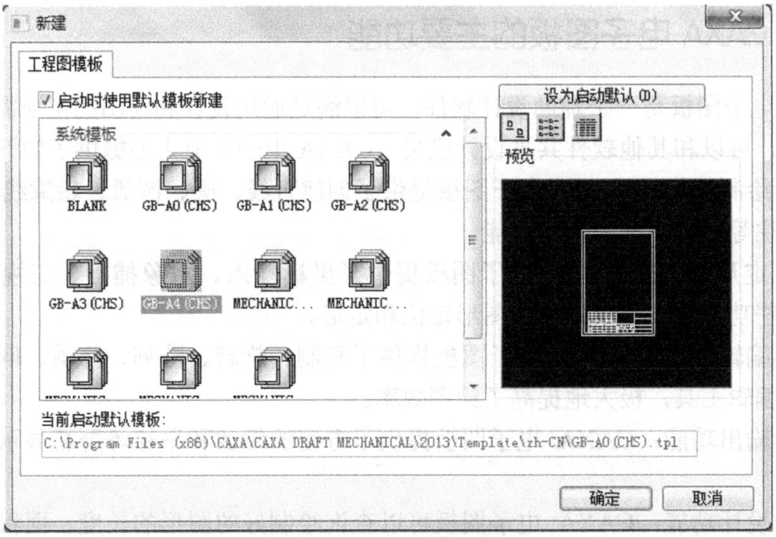

图 1-1 【新建】对话框

选择好所需的模板后，单击【确定】按钮，系统将进入如图 1-2 所示的用户界面。此界面为 Fluent 风格界面，主要由标题栏、绘图区、命令窗口、菜单按钮、快速启动工具栏组成。电子图板的用户界面包括两种：最新的 Fluent 风格界面和经典界面。Fluent 风格界面主要使用功能区、快速启动工具栏和菜单按钮访问常用命令。经典界面主要通过主菜单和工具条访问常用命令。如图 1-3 所示为经典界面。新的界面风格更加简洁、直接，使用者可以更加容易地找到各种绘图命令，交互效率更高。同时，新版本保留了原有 CAXA 风格界面，通过快捷键可切换新老界面，方便老用户使用。

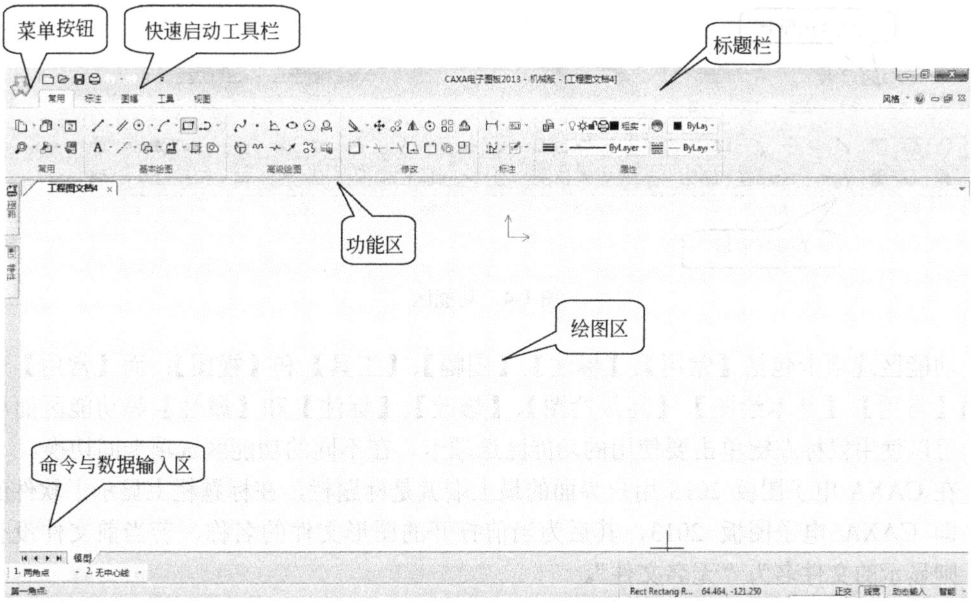

图 1-2　CAXA 电子图板 2013 的 Fluent 工作界面

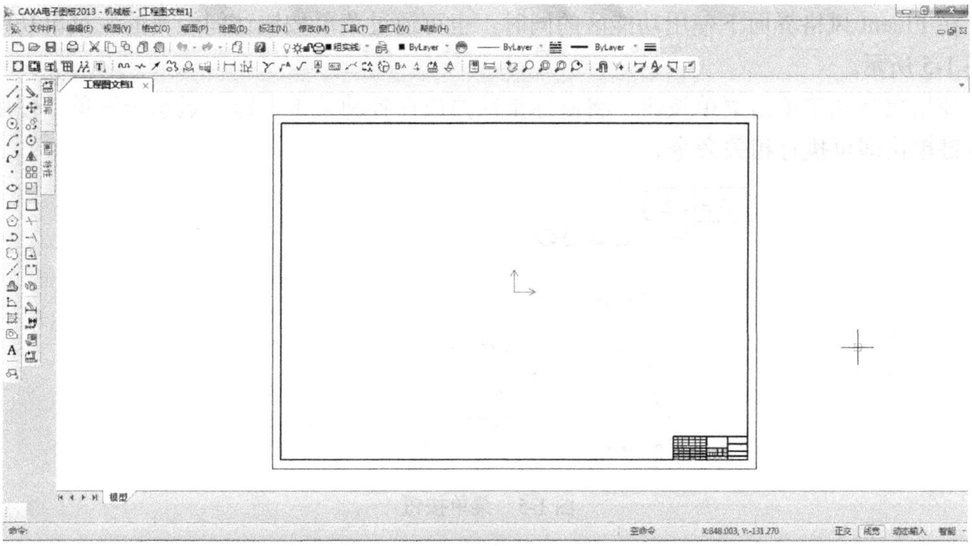

图 1-3　CAXA 电子图板 2013 的经典工作界面

说明：在 Fluent 风格界面下单击【视图】选项卡中【界面操作】面板上的【改变界面风格】即可切换界面，或者按 F9 键进行界面的切换。

1.2.1　功能区

界面中最重要的部分为功能区，功能区通常包括多个功能区选项卡，每个功能区选项卡由各种功能区面板组成，如图 1-4 所示。

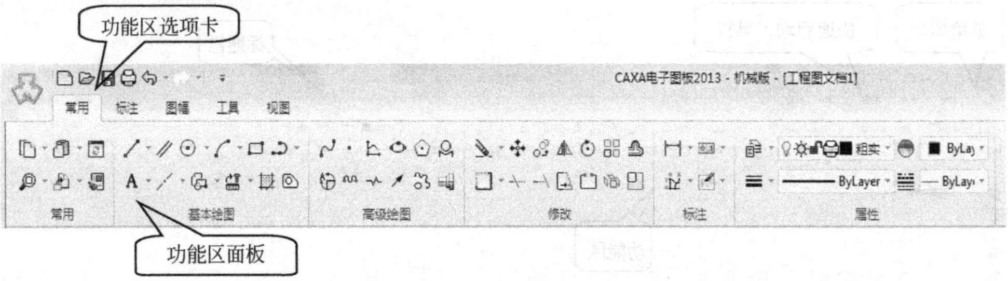

图 1-4　功能区

功能区选项卡包括【常用】、【标注】、【图幅】、【工具】和【视图】；而【常用】选项卡由【常用】、【基本绘图】、【高级绘图】、【修改】、【标注】和【属性】等功能区面板组成。可以使用鼠标左键单击要使用的功能区选项卡，在不同的功能区选项卡间切换。

在 CAXA 电子图板 2013 用户界面的最上端就是标题栏，在标题栏上显示了软件的名称，即 CAXA 电子图板 2013，其后为当前打开的图形文件的名称，若当前文件没有保存，则显示的文件名为“无名文件”。

1.2.2　菜单按钮

在 Fluent 风格界面下使用功能区的同时，也可通过菜单按钮访问经典的主菜单功能，如图 1-5 所示。

使用鼠标左键单击菜单按钮，将鼠标指针停放在各种菜单上即可显示子菜单，使用鼠标左键单击即可执行相关命令。

图 1-5　菜单按钮

1.2.3　快速启动工具栏

快速启动工具栏用于组织经常使用的命令，该工具栏可以由用户自定义。如图 1-6 所示为电子图板的快速启动工具栏。

图 1-6　快速启动工具栏

1.2.4 立即菜单

CAXA 电子图板 2013 提供了立即菜单的交互方式，用来代替传统的逐级查找的问答式交互，使得交互过程更加直观和快捷。

立即菜单描述了当前命令执行的各种情况和使用条件。用户根据当前的作图要求，正确地选择某一选项，即可得到准确的响应。用户在输入某些命令以后，在绘图区的底部会弹出一行立即菜单。

例如，输入一条画直线的命令（从键盘输入“line”或用鼠标在【绘图】工具栏中单击【直线】按钮），则系统立即弹出一行立即菜单及相应的操作提示，如图 1-7 所示。

图 1-7 直线命令的立即菜单

此菜单表示当前待画的直线为连续的直线，采用两点线方式。在显示立即菜单的同时，在其下方显示如下提示：第一点(切点,垂足点):。括号中的“切点，垂足点”表示此时可输入切点或垂足点。需要说明的是，在输入点时，如果没有提示“切点，垂足点”，则表示不能输入工具点中的切点或垂足点。用户按要求输入第一点后，系统会提示“第二点（切点，垂足点）:”。用户输入第二点后，系统会在第一点与第二点之间画出一条直线。

立即菜单的主要作用是选择某一命令的不同功能。可以通过鼠标单击立即菜单中的下拉箭头或用快捷键“Alt＋数字键”进行激活；如果下拉菜单中有多个可选项，可使用快捷键“Alt＋连续数字键”进行选项的循环。上例中，如果想画一条单根直线，那么可以用鼠标单击立即菜单中的【2.连续】或用快捷键“Alt＋2”激活它，则该菜单项变为【2.单根】。如果要使用平行线命令，那么可以用鼠标单击立即菜单中的【1.平行线】或用快捷键“Alt＋1”激活它。

1.2.5 绘图区

绘图区是用户进行绘图设计的工作区域，图 1-2 中的空白区域即为绘图区。它位于工作界面的中心，并占据了工作界面的大部分面积。广阔的绘图区为显示全图提供了空间。

在绘图区的中央设置了一个二维直角坐标系，该坐标系称为世界坐标系或绝对坐标系。它的坐标原点为（0，0）。

CAXA 电子图板 2013 以绝对坐标系的原点为基准，水平方向为 X 轴方向，并且向右为正，向左为负。垂直方向为 Y 轴方向，向上为正，向下为负。

在绘图区用鼠标拾取的点或由键盘输入的点，均以当前绝对坐标系为基准。

1.2.6 状态栏

CAXA 电子图板 2013 提供了多种显示当前状态的功能，包括屏幕状态显示、操作信息提示、当前工具点设置及拾取状态显示等。如图 1-8 所示为电子图板的状态栏。

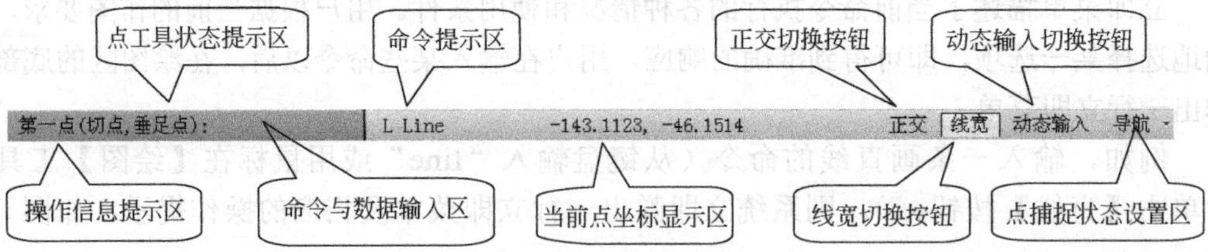

图 1-8 状态栏

1. 操作信息提示区

操作信息提示区位于状态栏的左侧，用于提示当前命令执行情况或提醒用户输入。

2. 点工具状态提示区

点工具状态提示区位于状态栏的左侧，用于自动提示当前点的性质及拾取方式。例如，点可能为屏幕点、切点、端点等，拾取方式为添加状态、移出状态等。

3. 命令与数据输入区

命令与数据输入区位于状态栏的左侧，用于由键盘输入命令或数据。

4. 命令提示区

命令提示区位于命令与数据输入区的右侧，用于提示目前执行的功能的键盘输入命令，便于用户快速掌握电子图板的键盘命令。

5. 当前点坐标显示区

当前点坐标显示区位于状态栏的中部。当前点的坐标值随鼠标指针的移动而动态变化。

6. 点捕捉状态设置区

点捕捉状态设置区位于状态栏的最右侧，在此区域内可设置点的捕捉状态，分别为自由、智能、导航和栅格。

7. 正交切换按钮

单击该按钮可以设置系统为“非正交状态”或“正交状态”。

8. 线宽切换按钮

单击该按钮可以在“按线宽显示”和“细线显示”状态间切换。

9. 动态输入切换按钮

单击该按钮可以打开或关闭“动态输入”工具。

📖 注意：在 Fluent 风格界面下单击【视图】选项卡中【界面操作】面板上的【改变界面风格】，或者按 F9 键可以切换到经典界面。

1.3 使用帮助

CAXA 电子图板 2013 提供了强大的帮助功能，用户可以随时获得任何命令的帮助信息。在 CAXA 电子图板 2013 中用户可以通过以下几种方法打开帮助对话框。

- 菜单按钮：单击菜单按钮，在出现的菜单中单击【帮助】。
- 命令行：输入“Help”或“？”并按回车键。
- 快捷键：按 F1 键。

执行上述任一种方法启动帮助命令后，系统将弹出 CAXA 电子图板帮助对话框。利用该对话框可以获得具体的帮助信息，CAXA 电子图板中的所有功能都能在帮助信息中查到。

1.4 习题

1．熟悉 CAXA 电子图板 2013 的工作界面。

2．在 CAXA 电子图板 2013 工作界面上试着执行各种命令，看看命令提示行有哪些变化和相应的提示。

3．使用帮助工具栏查询“直线”的绘制。

第 2 章　基本操作

掌握基本操作是学习一类软件的基础，本章主要介绍 CAXA 电子图板的基本操作。只有掌握这些基本操作，才能更好地使用 CAXA 电子图板，以提高工作效率。

基本操作包括执行命令、输入点、选择对象，以及如何使用右键菜单、动态输入、视图控制、文件操作等交互工具。

2.1 文件操作

基本图形文件操作包括建立新的图形文件、打开已有的图形文件和保存所绘制的图形文件等。文件菜单如图 2-1 所示。

图 2-1　文件菜单

2.1.1 新建文件

若要创建一个新的图形文件，可以使用下面几种方法。

- 菜单按钮：单击菜单按钮/【文件】/【新建】 命令。
- 工具栏：在“快速启动工具栏”中单击“新建”图标。
- 命令行：输入“New”并按回车键。
- 快捷键：Ctrl＋N。

执行上述任一种方法后，系统将弹出【新建】对话框。对话框中列出了若干模板，包括国家标准规定的 A0～A4 图幅图框及标题栏，以及一个名称为 BLANK 的空白模板。这里所说的模板，相当于已经印好图框和标题栏的一张空白图纸，用户调用某个模板相当于调用一张空白图纸。在对话框中选中所需的图形模板，单击 确定 按钮，一个用户选取的模板文件被调出，并显示在绘图区，这样一个新文件就建立了。

2.1.2 打开文件

若要打开已有的图形文件，可以使用以下几种方法。

- 菜单按钮：单击菜单按钮/【文件】/【打开】。
- 工具栏：在快速启动工具栏中单击“打开”图标。
- 命令行：输入“Open”并按回车键。
- 快捷键：Ctrl+O。

执行上述任一种方法后，系统均会弹出【打开】对话框，如图 2-2 所示。

对话框的上半部分用以显示文件及文件的存储路径。右边为要打开文件的图纸属性和图形的预览框。在对话框中选择要打开的图形文件，在“文件类型”下拉列表框中选择要打开的文件类型，单击 打开(O) 按钮即可。

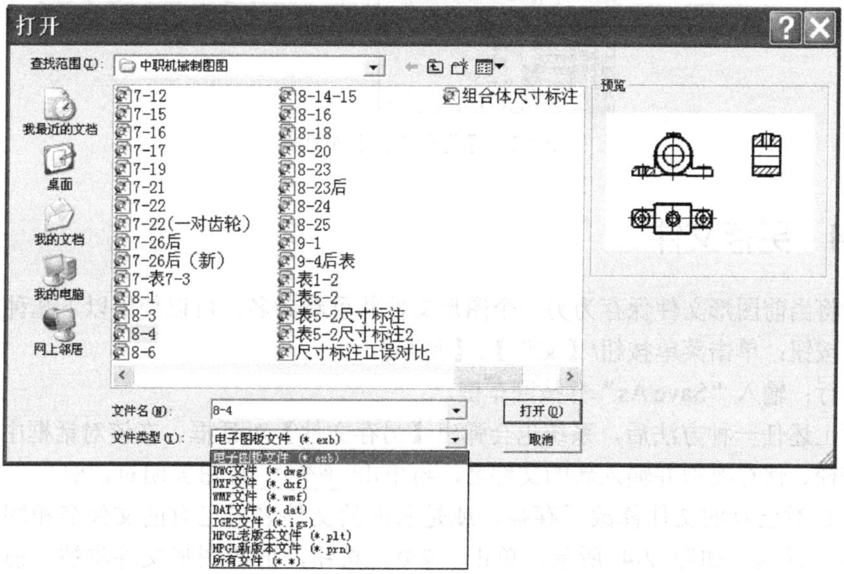

图 2-2 【打开】对话框

2.1.3 保存文件

当绘制好图形后，退出 CAXA 系统时需要保存图形文件；或者在绘图过程中，为了防止图形文件丢失，需要及时保存图形文件。可以使用下面几种方法保存图形文件。

- 菜单按钮：单击菜单按钮/【文件】/【保存】。
- 工具栏：单击快速启动工具栏中的“保存”图标。
- 命令行：输入“Save”并按回车键。
- 快捷键：Ctrl+S。

执行上述任一种方法后，若是第一次保存文件，系统将弹出【另存文件】对话框，如图 2-3 所示。在该对话框中选择文件的保存路径并输入文件名，同时在“文件类型”下拉列表框中选择文件的保存类型，再单击 保存(S) 按钮关闭对话框，系统将按所设置的文件名、文件类型及保存路径存盘。

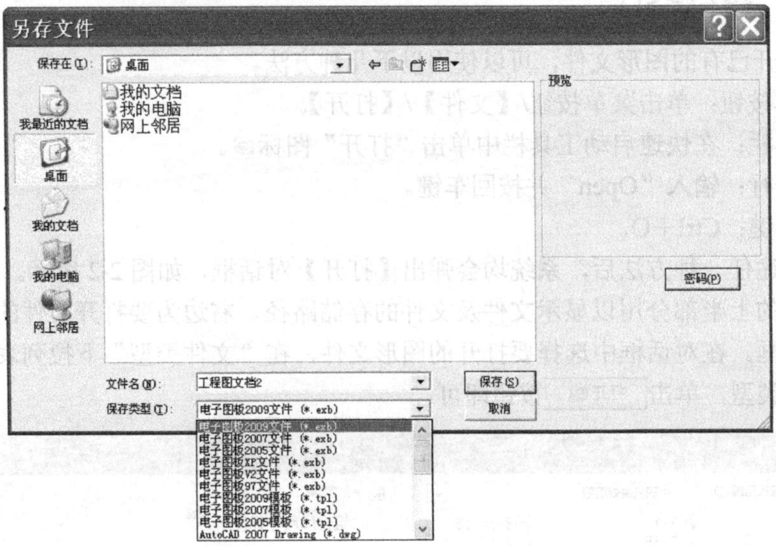

图 2-3 【另存文件】对话框

2.1.4 另存文件

若要将当前图形文件保存为另一个图形文件并重新命名，可以使用以下几种方法。

菜单按钮：单击菜单按钮/【文件】/【另存】。

命令行：输入“Save As”并按回车键。

执行上述任一种方法后，系统也会弹出【另存文件】对话框。在该对话框中选择文件的保存路径、保存类型并输入新的文件名，再单击 保存(S) 按钮关闭对话框。

如果是对已有的文件修改后存盘，或是所取的文件名与已有的文件名相同，系统将弹出提示对话框，如图 2-4 所示。单击 是(Y) 按钮，旧的图形文件将被当前图形文件替代。单击 否(N) 按钮，系统将重新回到【另存文件】对话框，要求另取一个文件名存盘。

图 2-4 提示对话框

2.1.5 多文档操作

CAXA 电子图板可以同时打开多个图形文件。同时打开多个文件时，每个文件均可以独立设计和存盘。可使用 Ctrl＋Tab 键在不同的文件间循环切换。

在 Fluent 风格界面下，可以单击【视图】选项卡，使用【窗口】面板上的对应功能，如图 2-5 所示。

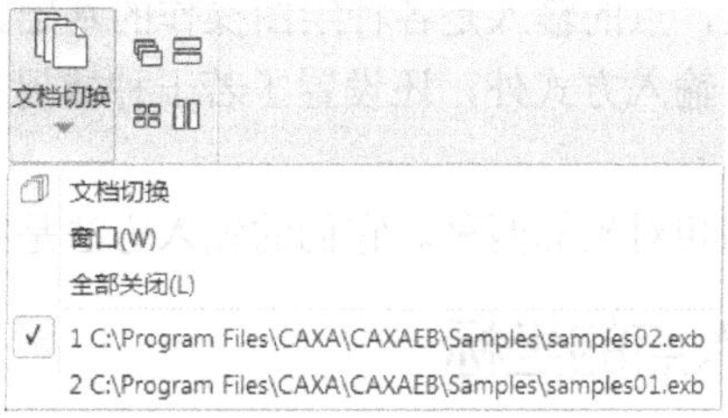

图 2-5　Fluent 风格界面的多窗口

在经典界面下可以单击【窗口】主菜单，打开如图 2-6 所示的下拉菜单。单击相应的选项或按钮可以选择多个文件窗口的排列方式，如层叠、横向平铺、纵向平铺、排列图标。也可以直接单击文件名称切换当前窗口。

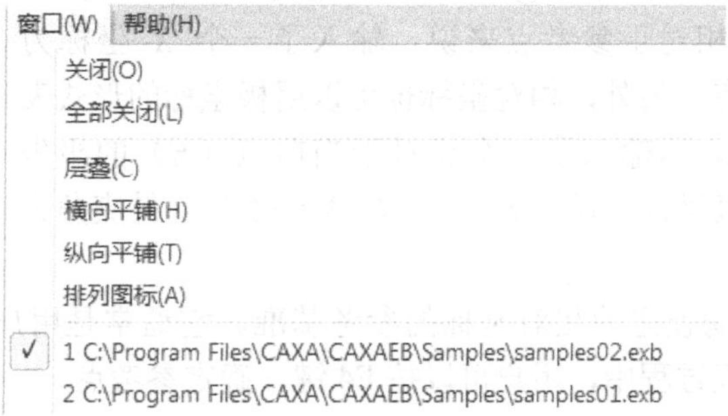

图 2-6　经典界面的多窗口

2.2 执行命令

CAXA 电子图板 2013 在执行命令的操作方法上，为用户设置了鼠标选择和键盘输入两种并行的输入方式。两种输入方式的并行存在，为不同程度的用户提供了操作上的方便。

鼠标选择方式主要适合于初学者或已经习惯于使用鼠标的用户。所谓鼠标选择就是根据屏幕显示出来的状态或提示，用鼠标单击相应的菜单或者工具栏按钮。菜单或工具栏按钮的名称与其功能相一致。选中了菜单或者工具栏按钮就意味着执行了与其对应的键盘命令。由于菜单或工具栏选择直观、方便，减少了背记命令的时间，因此这种方法很适合初学者采用。

键盘输入方式是由键盘直接输入命令或数据。它适合于习惯键盘操作的用户。键盘输入要求操作者熟悉软件的各条命令以及它们相应的功能，否则将会给输入带来困难。实践证明，键盘输入方式比菜单选择输入方式效率更高，希望初学者能尽快掌握和熟悉它。

在操作提示为“命令”时，使用鼠标右键和键盘回车键可以重复执行上一条命令，结束后会自动退出该命令。命令执行过程中，也可以按 Esc 键退出命令。

2.3 点的输入

点是最基本的图形元素，点的输入是各种绘图操作的基础。CAXA 电子图板除了提供常用的键盘输入和鼠标单击输入方式外，还设置了若干种捕捉方式，如智能点的捕捉、工具点的捕捉等。

点的坐标有绝对坐标和相对坐标两种。它们的输入方法是完全不同的。

2.3.1 用键盘输入点的坐标

绝对坐标是指相对于绝对坐标系原点的坐标。它的输入方法很简单，可直接通过键盘输入 X,Y 坐标值，但 X,Y 坐标值之间必须用逗号隔开，如输入“30，40”。

相对坐标是指相对于系统当前点的坐标，与坐标系原点无关。为了区分不同性质的坐标，电子图板对相对坐标的输入做了如下规定：输入相对坐标时必须在第一个数值前面加上符号@，以表示相对。例如，输入“@60，84”，它表示相对于参考点来说，输入了一个 X 坐标为 60，Y 坐标为 84 的点。另外，相对坐标也可以用极坐标的形式表示。例如，@$\rho<\varphi$ 表示输入了一个相对于当前点（E）的极坐标。相对于当前点的极坐标半径为 ρ，半径与 X 轴的逆时针夹角为 φ，如图 2-7 所示。

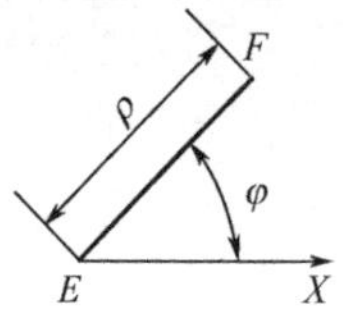

图 2-7 极坐标定义

参考点是系统自动设定的相对坐标的参考基准。它通常是用户最后一次操作点的位置。在当前命令的交互过程中，用户可以按 F4 键，确定参考点。

【实例 2-1】用绝对坐标和相对坐标绘制图 2-8 所示的图形。

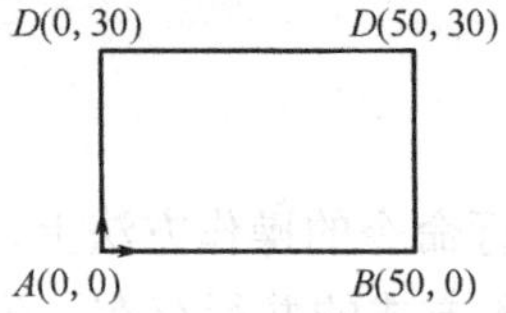

图 2-8 【实例 2-1】图

操作步骤

[方法 1] 绝对坐标法：单击绘图命令按钮，在命令行分别输入点的绝对坐标（0，0)、(50，0)、(50，30)、(0，30）即可完成图形的绘制。

[方法 2] 相对直角坐标法：单击绘图命令按钮，在命令行输入点的绝对坐标（0，0）后，分别输入相对坐标“@50，0”、“@0，30”、“@－30，0”、“@0，－30”，完成图形绘制。

[方法 3] 相对极坐标法：单击绘图命令按钮，在命令行输入点的绝对坐标（0，0）后，分别输入相对极坐标“@50<0”、“@30<90”、“@50<180”、“@30<－90”，完成图形绘制。

2.3.2 用鼠标输入点的坐标

用鼠标输入点的坐标就是通过移动十字光标选择需要输入的点的位置。选中后按下鼠标左键，该点的坐标即被输入。用鼠标输入的都是绝对坐标。用鼠标输入点的坐标时，应一边移动十字光标，一边观察工作界面底部坐标显示数字的变化，以便尽快确定待输入点的位置。

鼠标输入方式与工具点捕捉配合使用可以准确地定位特征点，如端点、切点、垂足点等。按 F6 键可以进行点的捕捉方式的切换。

2.3.3 工具点的捕捉

工具点就是在作图过程中具有几何特征的点，如圆心点、切点、端点等。所谓工具点捕捉就是使用鼠标捕捉工具点菜单中的某个特征点。

在命令行提示输入点时，按空格键，系统会弹出如图 2-9 所示的工具点菜单。用户可以根据作图需要从中选取特征点进行捕捉。

工具点的默认状态为屏幕点，如果用户在作图时拾取了其他的点状态，即会在提示区右下角工具点状态栏中显示出当前工具点捕捉的状态。但这种点的捕捉只能一次有效，用完后立即自动回到屏幕点状态。

工具点的捕捉状态的改变，也可以不用工具点菜单的弹出与拾取，用户在输入点状态的提示下，可以直接按键盘上相应的键（如 E 代表端点，C 代表圆心等）进行切换。

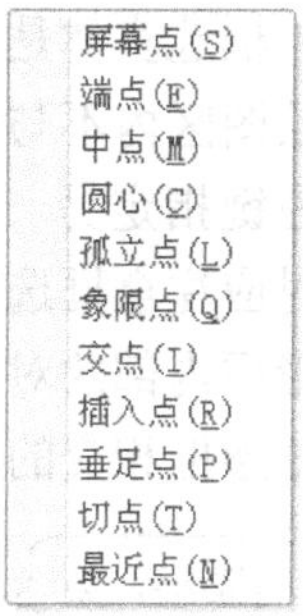

图 2-9 工具点菜单

当使用工具点捕捉时，其他设定的捕捉方式暂时被取消，这就是工具点捕捉优先原则。

【实例 2-2】绘制如图 2-10 所示的公切线。

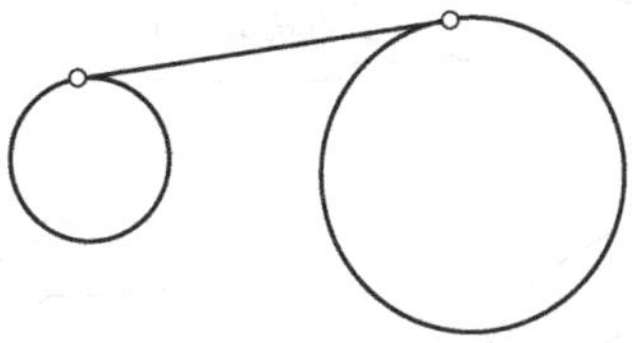

图 2-10 【实例 2-2】图

操作步骤

[1] 单击【直线】命令按钮。

[2] 系统提示“第一点”：按空格键，在工具点菜单中选“切点”，拾取圆，捕捉切点。

[3] 系统提示“下一点”：按空格键，在工具点菜单中选“切点”，拾取另一圆，捕捉切点。

2.4 选择对象

绘图时所用的直线、圆弧、块及图幅等图形元素或图组，在交互软件中称为实体。电子图板中的实体有下面几种类型：直线、圆或圆弧、点、椭圆、块、剖面线、尺寸等。

2.4.1 点选

点选实体又称单个拾取实体，即在命令行提示**拾取添加**时用光标直接选中要拾取的对象，按下鼠标左键即选择了该实体。此时，被选中的实体会高亮显示（默认颜色为红色）。

2.4.2 框选

框选实体是用一个矩形线框将实体选中，如图 2-11 所示。当命令行提示**拾取添加**时，在绘图区内不与任何实体交叉处按下鼠标左键后，命令行提示 “另一角点”。此时，用鼠标左键指定另一个角点与上一个点构成一个矩形，该矩形称为“窗口”。需要说明的是，此时应注意框选窗口的两个点的拾取，如果矩形窗口是从左向右定义的，那么只有完全在矩形框内部的对象会被选中。如果拾取窗口是从右向左定义的，那么位于矩形框内部或者与矩形框相交的对象都会被选中，如图 2-11 中框选点的选取不同，拾取的实体就不同。

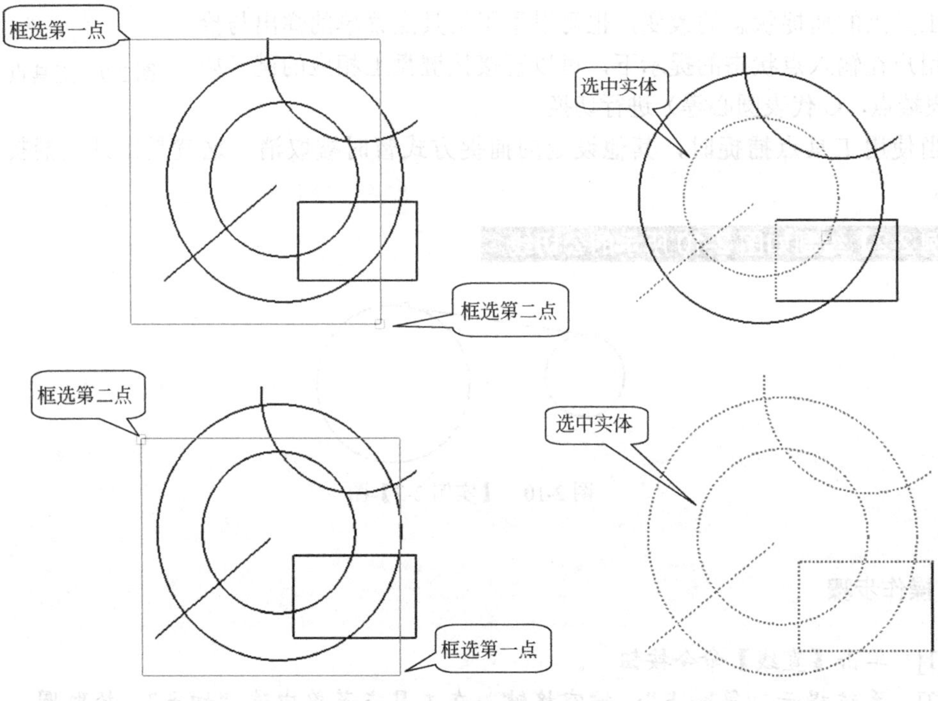

图 2-11　框选实体

对象被选中后呈高亮显示状态（默认为红色虚线），以示与其他对象的区别。系统在各种对象上显示的实心小方框称为夹点，如图 2-12 所示。选中夹点并拖动可以进行各种编辑操作。

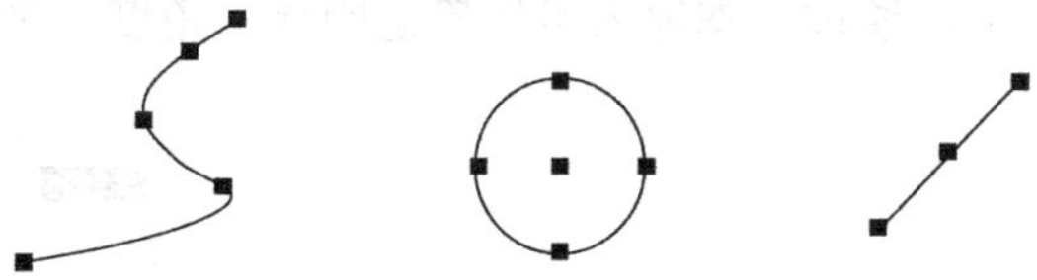

图 2-12　夹点

2.5 右键菜单

CAXA 电子图板在选择对象时，或者在无命令执行状态下，均可以通过单击鼠标右键调出右键菜单。需要注意的是，在不同区域或者不同的操作状态下，打开的右键菜单内容也不同，如图 2-13 所示为不同状态下的右键菜单。

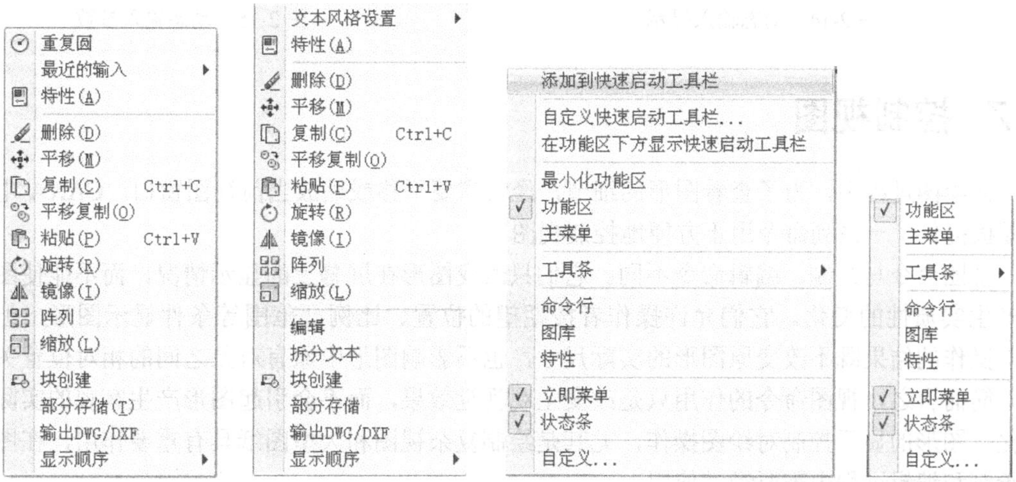

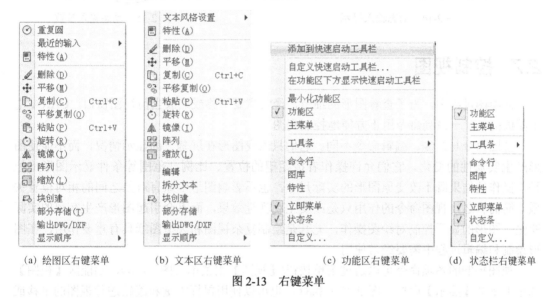

(a) 绘图区右键菜单　(b) 文本区右键菜单　(c) 功能区右键菜单　(d) 状态栏右键菜单

图 2-13　右键菜单

2.6 动态输入

CAXA 电子图板允许在状态栏输入区或者命令行中输入命令和点坐标。同时 CAXA 电子图板也提供了一个特殊的交互工具“动态输入”，可以在光标附近显示命令界面，进行命令和参数的输入。动态输入可以使用户专注于绘图区。启用动态输入时，在光标附近会显示命令提示。如果命令在执行时需要确定坐标点，光标附近也会出现坐标提示，如图 2-14 所示。

需要确定坐标点时，可以使用鼠标单击，也可以在动态输入的坐标提示中用键盘直接输入坐标值，而不用在命令行中输入。在输入过程中，可使用 Tab 键在不同的输入框内切换。

当命令提示输入第二点时，工具提示将显示距离和角度值。工具提示中的值将随着光标移动而改变。按 Tab 键可以移动到要更改的值。标注输入可用于圆弧、圆、椭圆、直线和多段线。如图 2-15 所示，通过动态输入可以确定距离、角度、半径等参数。

图 2-14　动态输入提示

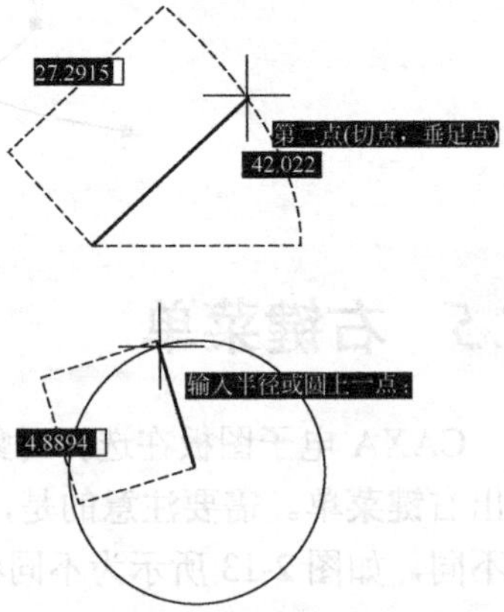

图 2-15　动态输入参数

2.7 控制视图

在绘图过程中，为了查看图形的细节，经常需要平移或缩放当前视图窗口。CAXA 电子图板提供了一系列命令用于方便地控制视图。

视图命令与绘制、编辑命令不同。它们只改变图形在屏幕上的显示情况，而不能使图形产生实质性的变化。它们允许操作者按期望的位置、比例、范围等条件显示图形，但是，操作的结果既不改变原图形的实际尺寸，也不影响图形中原有对象之间的相对位置关系。简而言之，视图命令的作用只是改变主观视觉效果，而不会引起图形产生客观的实际变化。图形的显示控制对绘图操作，尤其是绘制复杂视图和大型图纸具有重要作用，在图形绘制和编辑过程中需要经常使用。

视图控制的各项命令可以通过菜单按钮/【视图】主菜单（图 2-16）、功能区【视图】选项卡下的【显示】面板（图 2-17）执行，也可以使用鼠标中键和滚轮进行视图的平移或缩放。

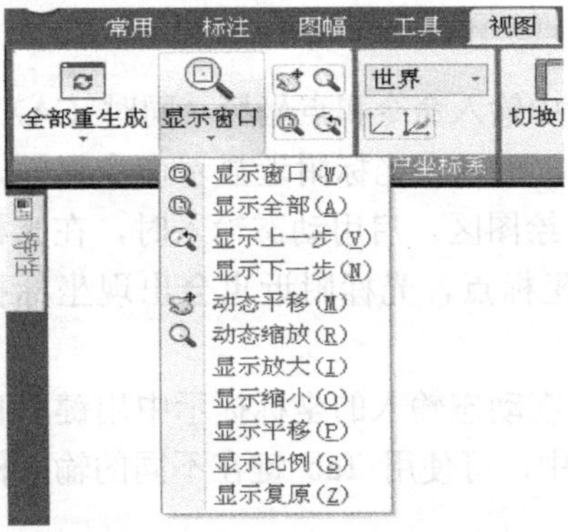

图 2-16　通过主菜单执行视图命令

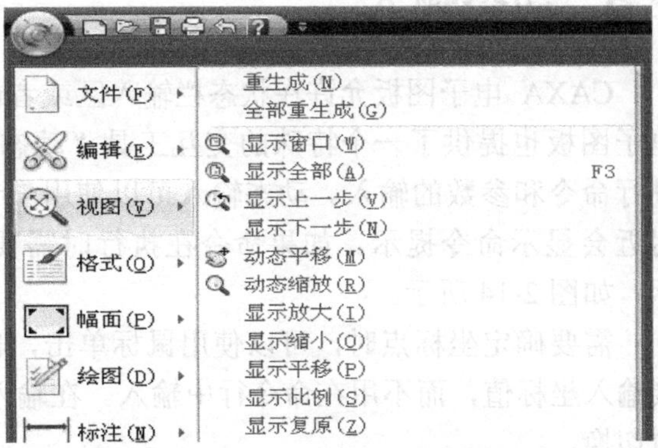

图 2-17　通过功能区执行视图命令

2.7.1 全部重生成

将所有显示失真的图形进行重新生成。

在菜单栏中选择【视图】/【重生成】命令，或单击功能区【视图】选项卡中【显示】面板上的按钮，可将绘图区内所有显示失真的图形全部重生成。

2.7.2 显示窗口

通过指定一个矩形区域的两个角点，放大该区域的图形至充满整个绘图区。

在菜单栏中选择【视图】/【显示窗口】命令，或单击功能区【视图】选项卡中【显示】面板上的按钮，根据提示在所需位置指定显示窗口的第一个角点，再移动鼠标时，会出现一个由方框表示的窗口，窗口大小可随鼠标的移动而改变。窗口所确定的区域就是即将被放大的部分。指定第二个角点后，窗口的中心将成为新的屏幕显示中心。在该方式下，不需要给定缩放系数，CAXA 电子图板将针对给定窗口范围按尽可能大的原则，将选中区域内的图形按充满屏幕的方式重新显示出来，如图 2-18 所示。

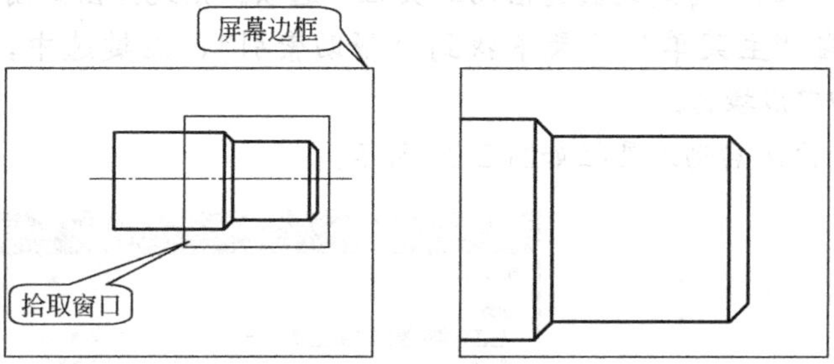

（a）拾取窗口　　（b）显示结果

图 2-18　显示窗口操作

2.7.3 动态平移

拖动鼠标平行移动图形。

在菜单栏中选择【视图】/【动态平移】命令，或单击功能区【视图】选项卡中【显示】面板上的按钮，光标变成动态平移的图标，按住鼠标左键，移动鼠标就能平行移动视图。按 Esc 键或者单击鼠标右键可以结束动态平移操作。

也可以按住鼠标中键直接进行平移，松开鼠标中键即可退出。

2.7.4 显示全部

将当前绘制的所有图形全部显示在屏幕绘图区内。

在菜单栏中选择【视图】/【显示全部】命令，或单击功能区【视图】选项卡中【显示】面板上的按钮，用户当前所画的全部图形将在屏幕绘图区内显示出来，而且系统会按尽可能大的原则，将图形按充满屏幕的方式重新显示出来。

2.8 界面定制

CAXA 电子图板的界面风格是完全开放的，用户可以依照自己的习惯对界面进行定制。

在工具栏或功能区中单击鼠标右键，弹出右键快捷菜单，在菜单中列出了“功能区”、“主菜单”、“立即菜单”、“特性”等内容。每一个选项都显示出当前的显示状态，带✓表示当前正在显示，单击即可切换为不显示。

此外，还可进行“自定义快速启动工具栏”、“最小化工具栏”等操作。

【实例 2-3】将帮助索引的图标定义到快速启动工具栏中。

操作步骤

[1] 在功能区任意位置处单击鼠标右键，系统弹出如图 2-19 所示的快捷菜单，左侧带“✓”表示该选项当前在屏幕上处于显示状态。

[2] 单击菜单中的“自定义快速启动工具栏”选项。系统弹出如图 2-20 所示的【自定义】对话框，在“主菜单”目录下找到“帮助索引”，左键选中，再单击 添加(A) >>、确定 按钮，即完成操作。

[3] 完成后的快速启动工具栏如图 2-21 所示。

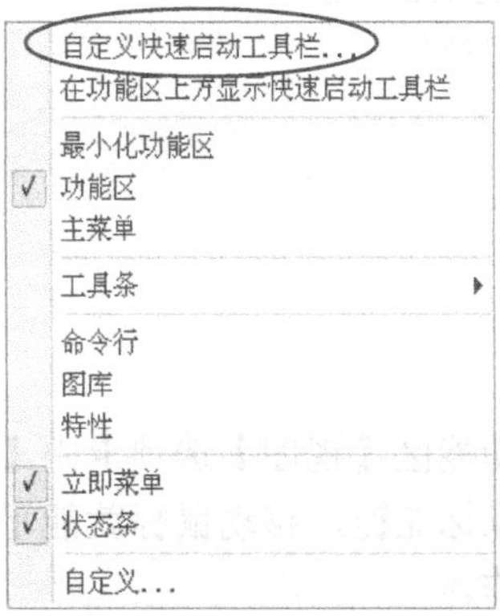

图 2-19 右键快捷菜单

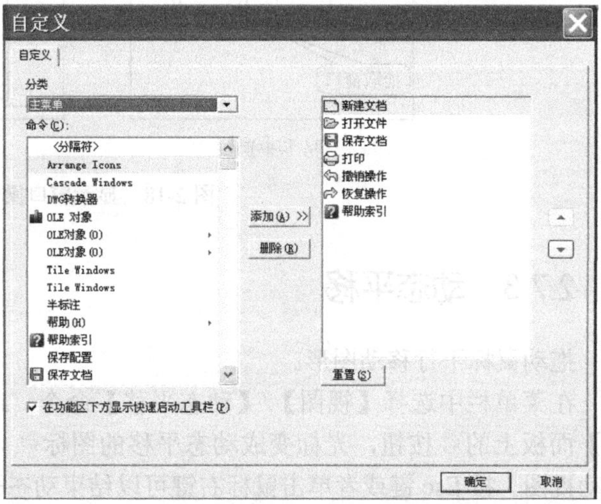

图 2-20 【自定义】对话框

图 2-21 自定义快速启动工具栏

提示：利用图 2-19 所示的右键快捷菜单还可改变快速启动工具栏的位置。

2.9 习题

1．新建一个文件（文件名为“三角形”），用绝对坐标和相对坐标分别绘制边长为 60mm 的等边三角形，如图 2-22 所示，并保存。

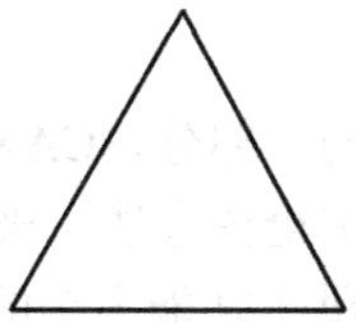

图 2-22　等边三角形

2．打开文件名为“三角形”的文件，并在该文件中用相对坐标法绘制等边五角星，如图 2-23 所示，重新保存（文件名为“基本练习”）。

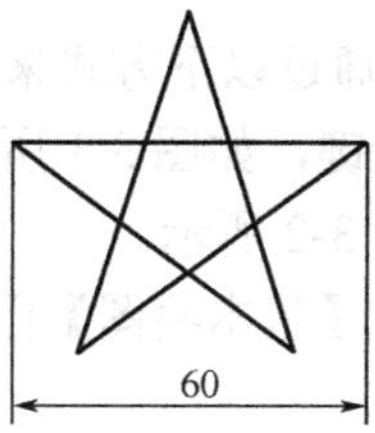

图 2-23　等边五角星

第 3 章　基本绘图操作

图形绘制是计算机绘图非常重要的一部分，CAXA 电子图板 2013 以先进的计算机技术和简捷的操作方式来代替传统的手工绘图方法，极大地提高了图形绘制的效率。

CAXA 电子图板 2013 为用户提供了功能齐全的作图方式。图形绘制主要包括基本曲线、高级曲线、块、图片等几个部分。本章将系统介绍 CAXA 电子图板 2013 的绘图功能，主要包括基本曲线和高级曲线的绘制。

基本绘图包括直线、平行线、圆、圆弧、中心线、矩形、多段线、等距线、剖面线和填充。

绘制基本曲线的每个功能都可以通过以下方式来实现。

- 在命令行中输入命令或按快捷键，如图 3-1 所示。
- 选择【绘图】菜单命令，如图 3-2 所示。
- 单击【常用】功能区选项卡中【基本绘图】面板上的相应按钮，如图 3-3 所示。

图 3-1　在命令行中输入相应命令

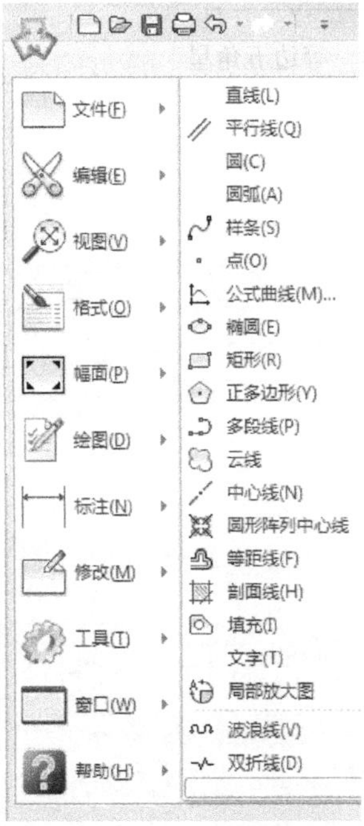

图 3-2　【绘图】菜单命令

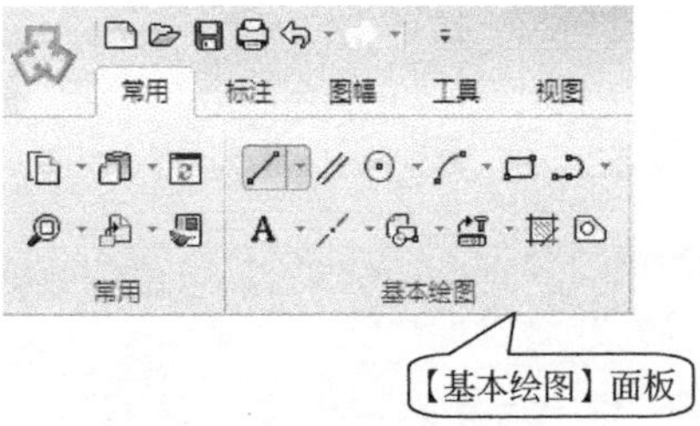

图 3-3　【基本绘图】面板

3.1 绘制直线

直线是构成图形实体的基本元素。直线可以是一条线段，也可以是多条连续的线段。

CAXA 电子图板 2013 提供了 5 种直线绘制方式：两点线、角度线、角等分线、切线/法线和等分线。

【直线】命令输入方式有以下几种。

- 下拉菜单：单击菜单按钮/【绘图】/【直线】。
- 工具栏：单击【常用】选项卡中【基本绘图】面板上的按钮。
- 命令行：输入“line”或“l”并按回车键。

执行以上任意一种输入方式，工作界面左下角都会出现立即菜单和操作提示，如图 3-4 所示。单击，可进行选项之间的切换。

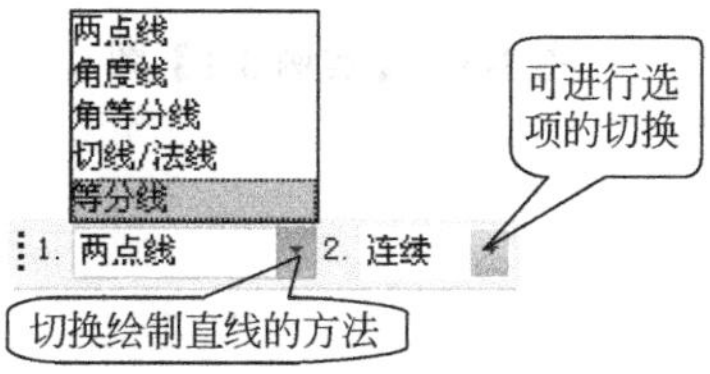

图 3-4 【直线】立即菜单

3.1.1 两点线

通过确定直线的起点和终点坐标来绘制直线。在【直线】立即菜单中选择 1: 两点线 后，出现立即菜单如图 3-4 所示。说明如下：

在下拉列表框[2:]中，“单根”是指每次绘制的直线段是相互独立的；“连续”表示每段直线段相互连接，前一段直线段的终点作为下一段直线段的起点。

3.1.2 角度线

在【直线】立即菜单中选择 1: 角度线 后，出现立即菜单如图 3-5 所示。说明如下：

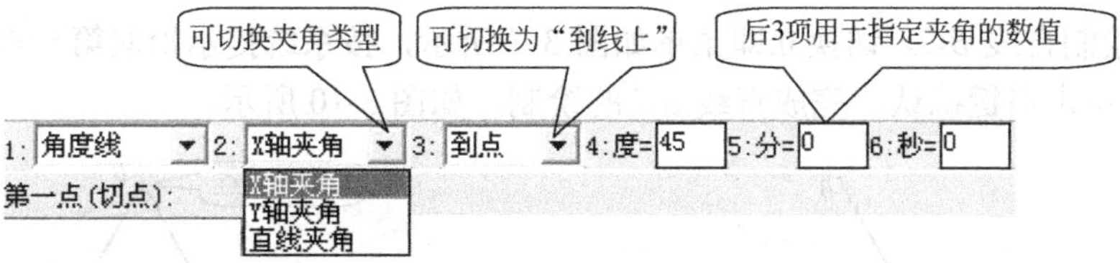

图 3-5 【角度线】立即菜单

- 在下拉列表框[2:]中，各选项分别表示所画角度线与 X 轴、Y 轴或某一直线形成的夹角。
- 在下拉列表框[3:]中，“到线上”即指定终点位置在选定直线上，此时系统不提示输入第二点，而是提示选定所到的直线。
- 在系统提示下输入第一点，然后拖动生成的角度线到合适的长度，单击鼠标左键即可。

📖 注意：角度以逆时针方向为正方向。

【实例 3-1】利用直线命令绘制如图 3-6 所示的正三角形（边长为 30mm）。

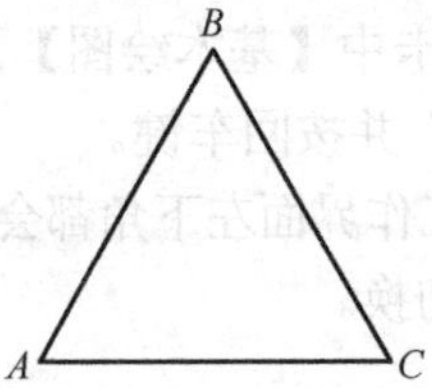

图 3-6 【实例 3-1】图

操作步骤

[1] 单击【直线】命令按钮 ⁄。

[2] 选择如图 3-7 所示的立即菜单，输入第一点（0，0），按系统提示，再输入第二点@（30，0），绘制直线 *AC*。

图 3-7 【两点线】立即菜单

[3] 绘制直线 *AB*。切换立即菜单如图 3-8 所示，按系统提示，拾取直线 *AC*，指定第一点 *A*，然后输入长度 30，完成直线 *AB* 的绘制，如图 3-9 所示。

图 3-8 【角度线】立即菜单

[4] 绘制直线 *BC*。切换立即菜单如图 3-7 所示，按系统提示拾取第一点 *B*，再拾取第二点 *C* 并单击右键确认，完成直线 *BC* 的绘制，如图 3-10 所示。

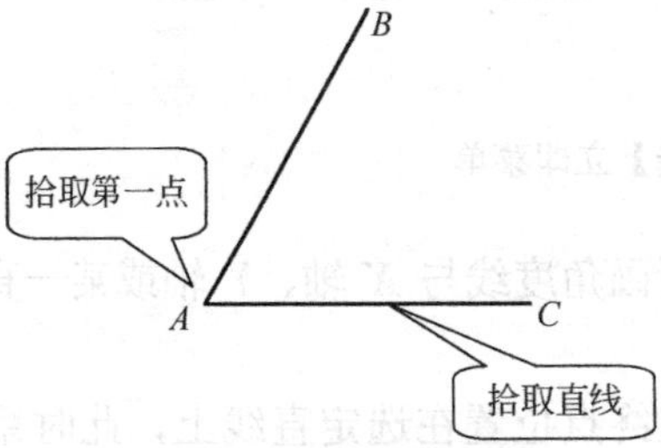

图 3-9 绘制直线 *AB*

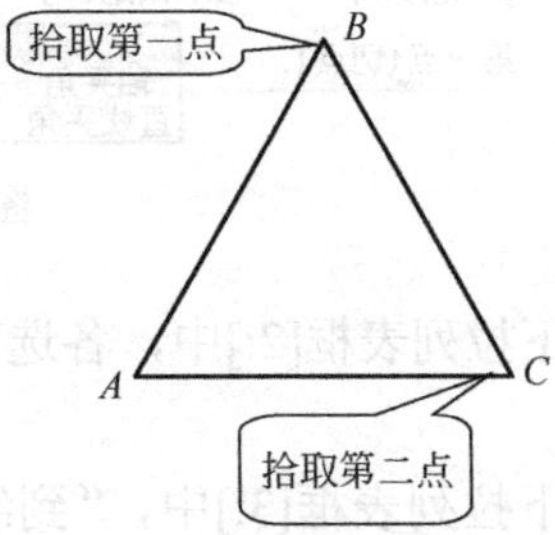

图 3-10 绘制直线 *BC*

3.1.3 角等分线

按给定等分份数和给定长度绘制一个角的等分线。选择【直线】立即菜单中的1: 角等分线，如图 3-11 所示。输入所需份数和等分线长度，分别拾取所要等分角的两边，单击鼠标右键确认。图 3-12 为∠*BAC* 的四等分线。

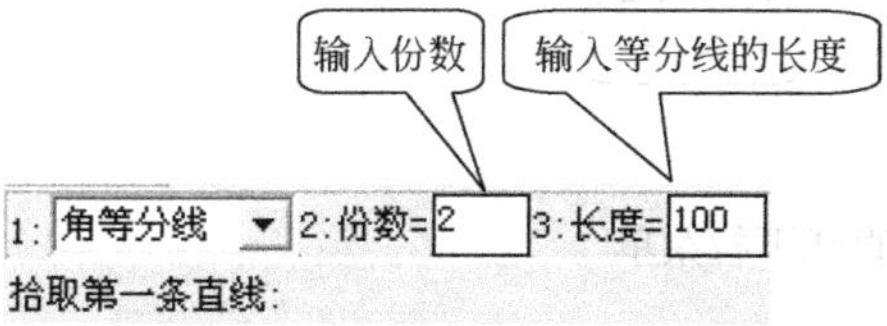

图 3-11 【角等分线】立即菜单

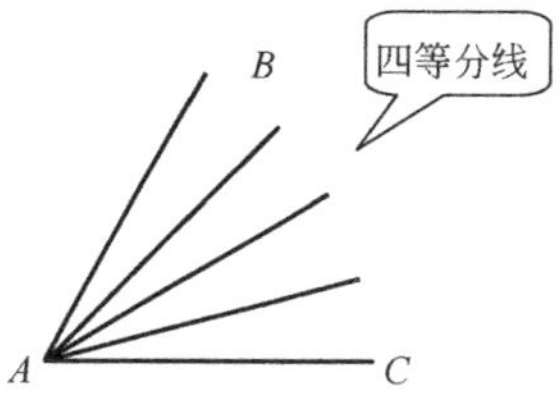

图 3-12 角等分线示例

3.1.4 切线/法线

绘制过给定点且与曲线平行或垂直的直线，即绘制曲线的切线或法线。选择【直线】立即菜单中的1: 切线/法线，如图 3-13 所示。

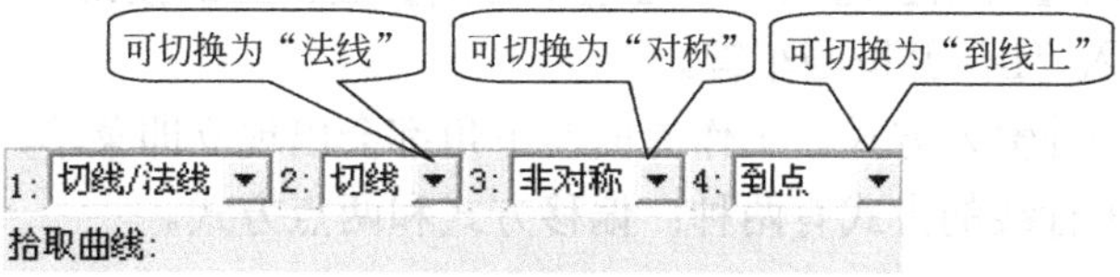

图 3-13 【切线/法线】立即菜单

> 提示："对称"表示以第一点为中心，同时向两侧画线；"非对称"则表示只向某一侧画线。

3.1.5 等分线

按给定份数绘制两直线间的等分线，此功能可以大大提高制表速度。选择【直线】立即菜单中的1: 等分线，如图 3-14 所示。按系统提示，输入等分量，依次拾取符合条件的两直线即可完成操作。图 3-15 为等分线示例。

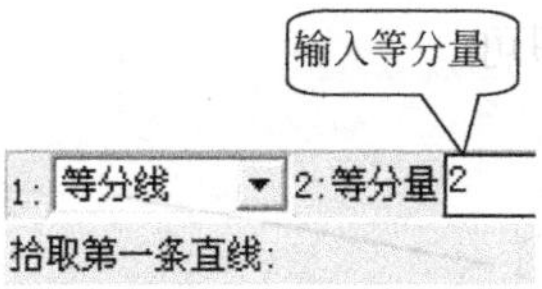

图 3-14 【等分线】立即菜单

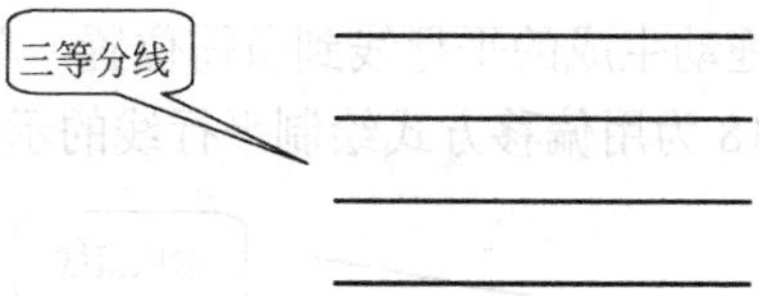

图 3-15 等分线示例

单击【基本绘图】面板上【直线】命令按钮后的下拉箭头，可打开如图 3-16 所示的下拉菜单，单击其中的按钮也可绘制各种类型的直线，但要注意的是，此时出现的立即菜单与前面介绍的各类直线的立即菜单略有不同。

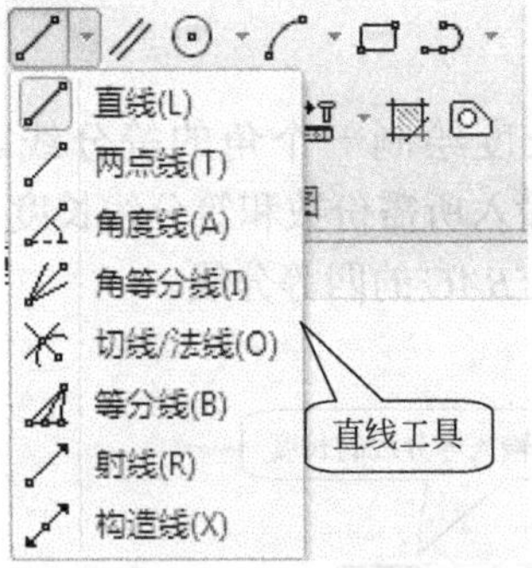

图 3-16　直线下拉菜单

3.2 绘制平行线

【平行线】命令用于绘制与已知直线平行的直线。

【平行线】命令输入方式有以下几种。

- 下拉菜单：单击菜单按钮/【绘图】/【平行线】。
- 工具栏：单击【常用】选项卡中【基本绘图】面板上的按钮。
- 命令行：输入“ll”并按回车键。

执行以上任意一种输入方式，工作界面左下角都会出现立即菜单，如图 3-17 所示。

绘制已知直线平行线的方式有两种：偏移方式和两点方式。

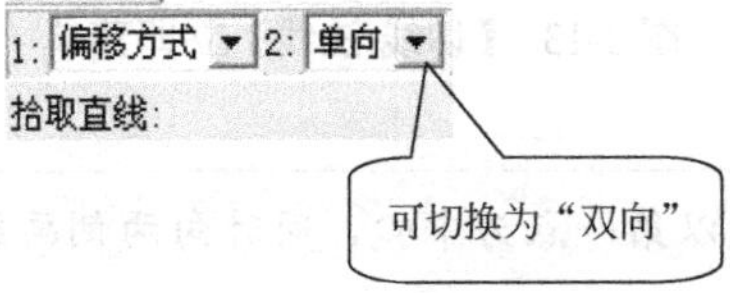

图 3-17　【平行线】立即菜单

3.2.1　偏移方式

选择【平行线】立即菜单中的 1: 偏移方式，如图 3-17 所示。“单向”表示只在已知直线一侧画平行线，“双向”表示在直线两侧都画平行线。

按照系统提示，用左键拾取已知某一直线，然后在提示区输入偏移距离，按 Enter 键或用鼠标拖动生成的平行线到所需位置，单击左键确定即可。

图 3-18 为用偏移方式绘制平行线的示例。

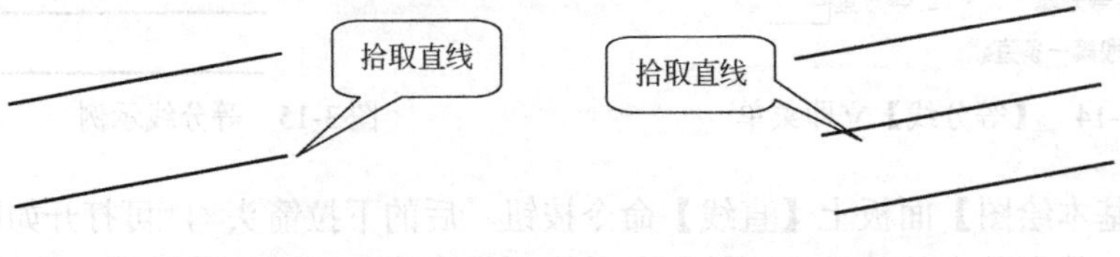

（a）单向偏移　　（b）双向偏移

图 3-18　用偏移方式绘制平行线的示例

3.2.2 两点方式

选择【平行线】立即菜单中的 1: 两点方式 ，如图 3-19 所示。

图 3-19 中的“距离”是指平行线与所绘直线的距离。

按照系统提示，拾取直线，然后输入平行线起点，用鼠标拖动平行线到需要的位置，单击左键，或输入平行线长度，单击右键确认即可。图 3-20 为用两点方式绘制平行线的示例。

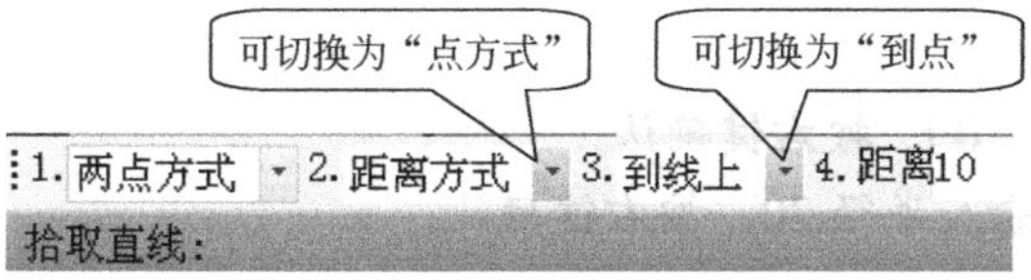

图 3-19 【两点方式】立即菜单

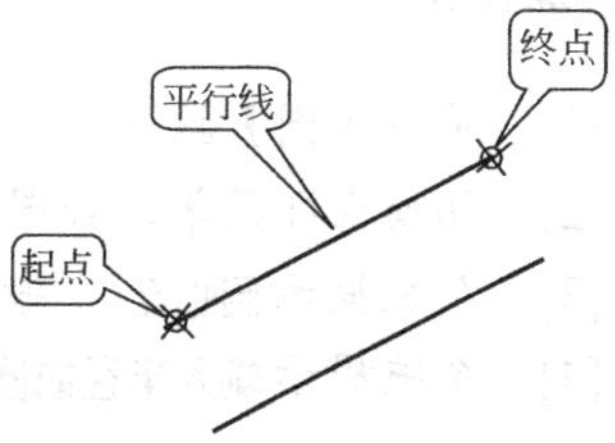

图 3-20 用两点方式绘制平行线的示例

3.3 绘制圆

CAXA 电子图板 2013 提供了 4 种绘制圆的方式：圆心_半径方式、两点方式、三点方式、两点_半径方式。

【圆】命令输入方式有以下几种。

- 菜单栏：单击菜单按钮 /【绘图】/【圆】。
- 工具栏：单击【常用】选项卡中【基本绘图】面板上的按钮。
- 命令行：输入“circle”、“cir”或“c”并按回车键。

执行任意绘制圆的命令，在工作界面下方即出现绘制圆的立即菜单，如图 3-21 所示。

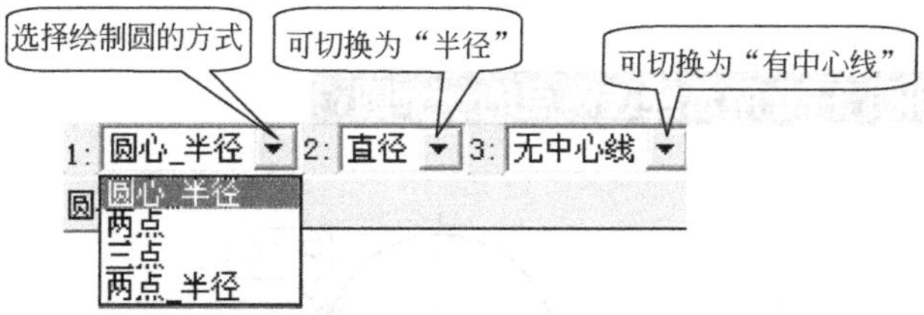

图 3-21 【圆】立即菜单

3.3.1 圆心_半径方式

选择【圆】立即菜单中的 1: 圆心_半径 ，如图 3-21 所示。输入圆心后，用户可连续输入半径或圆上点，作出同心圆，单击右键即可结束输入。

【实例 3-2】绘制如图 3-22 所示的圆，已知圆心在原点上，半径为 20mm，要求有中心线，且中心线延长长度为 8mm。

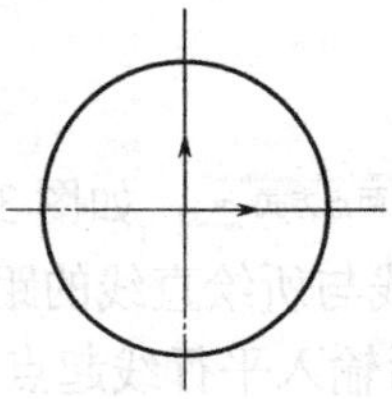

图 3-22 【实例 3-2】图

操作步骤

[1] 单击【圆】按钮⊙。

[2] 切换立即菜单，如图 3-23 所示。

[3] 系统提示圆心点:，输入坐标（0，0），按右键确认。

[4] 系统提示输入半径或圆上一点:，输入半径 20，按右键确认。

图 3-23 【圆心_半径】方式立即菜单

3.3.2 两点方式

选择【圆】立即菜单中的 1: 两点，如图 3-24 所示。

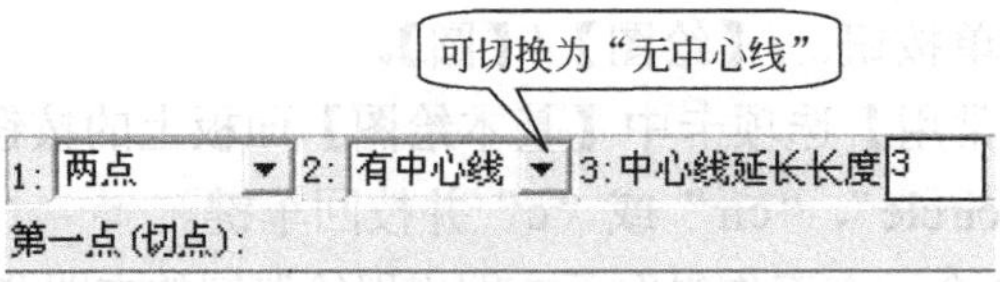

图 3-24 【两点】方式立即菜单

【实例 3-3】绘制如图 3-25 所示经过两点的一个圆。

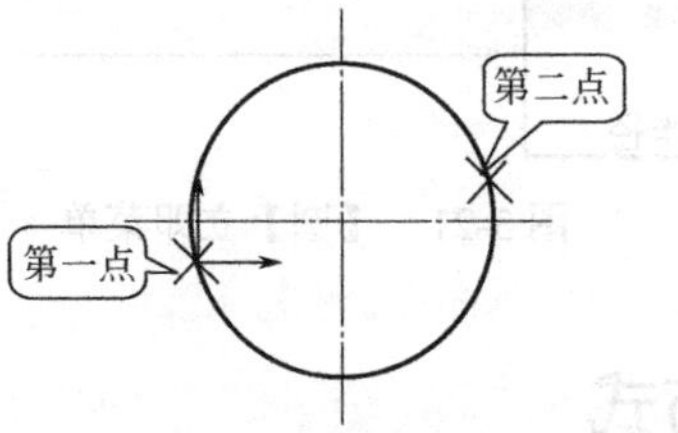

图 3-25 绘制两点圆

操作步骤

[1] 单击【圆】按钮⊙。

[2] 切换立即菜单，如图 3-26 所示。

[3] 按照系统提示，依次拾取第一、第二点，即可绘制出以这两点距离为直径的圆。

图 3-26 绘制两点圆立即菜单

3.3.3 三点方式

选择【圆】立即菜单中的 1: 三点，如图 3-27 所示。

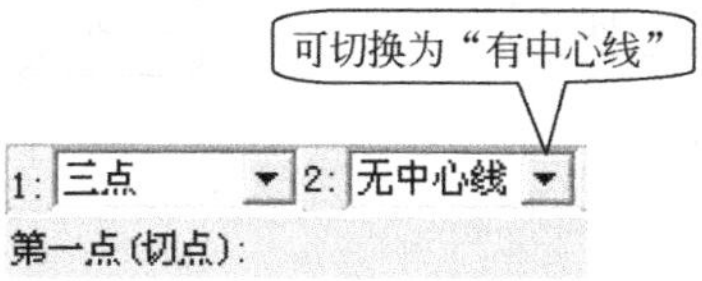

图 3-27 【三点】方式立即菜单

【实例 3-4】如图 3-28 所示，在已知三角形 *ABC* 的基础上，利用三点方式，绘制其内切圆。

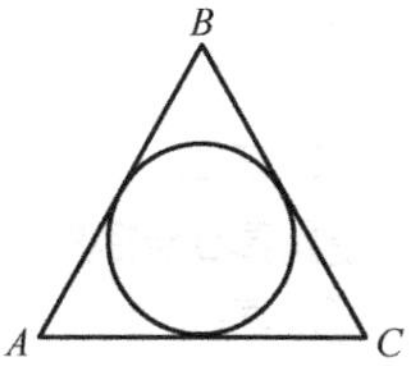

图 3-28 绘制内切圆

操作步骤

[1] 单击【圆】按钮。

[2] 切换立即菜单，如图 3-27 所示。

[3] 系统提示“第一点”，按空格键，弹出工具点菜单，如图 3-29 所示，选择“切点”，拾取直线 *AC* 的切点，如图 3-30 所示。

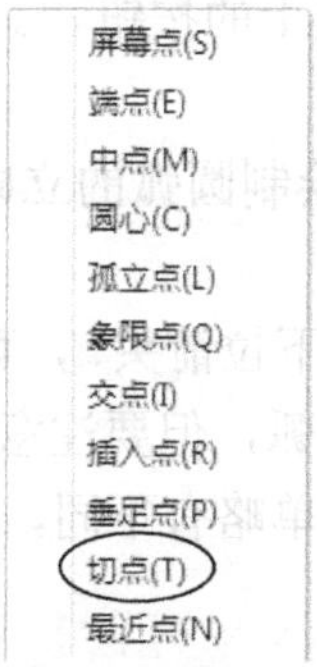

图 3-29 工具点菜单

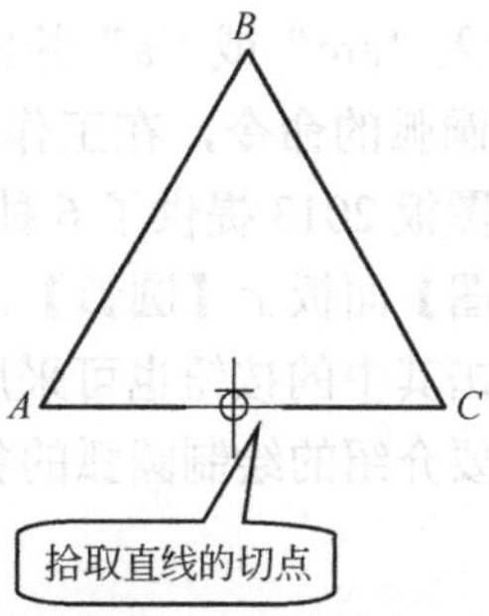

图 3-30 拾取切点

[4] 重复步骤[3]，依次拾取三角形另外两边的切点，即可绘出内切圆。

3.3.4 两点_半径方式

选择【圆】立即菜单中的 1: 两点_半径 ，如图 3-31 所示。按照系统提示，依次拾取两个点，然后输入圆半径，即可绘制过上述两点的圆。图 3-32 为【两点_半径】方式绘图示例。

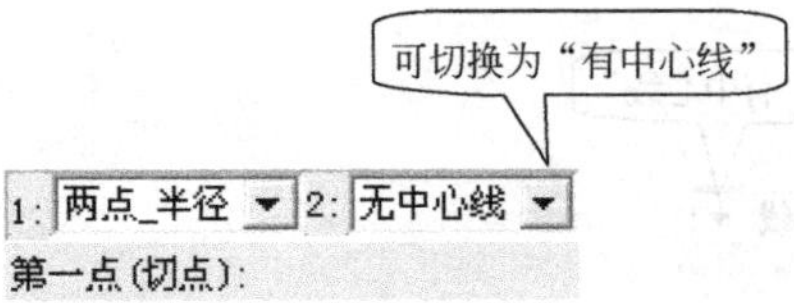

图 3-31 【两点_半径】方式立即菜单

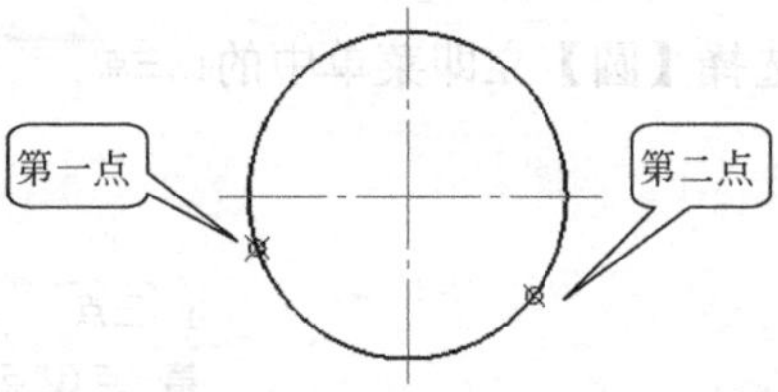

图 3-32 【两点_半径】方式绘图示例

单击【基本绘图】面板上【圆】命令按钮后的下拉箭头，可打开如图 3-33 所示的下拉菜单，单击其中的按钮也可采用各种方法绘制圆，但要注意的是，此时出现的立即菜单与前面介绍的绘制圆的各种方法的立即菜单略有不同。

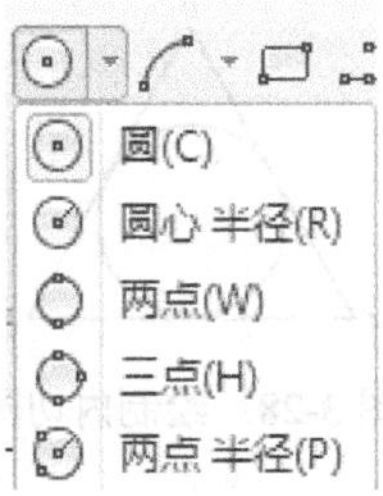

图 3-33 圆的下拉工具菜单

3.4 绘制圆弧

【圆弧】命令输入方式有以下几种。

- 下拉菜单：单击菜单按钮/【绘图】/【圆弧】。
- 工具栏：单击【常用】选项卡中【基本绘图】面板上的按钮。
- 命令行：输入“arc”或“a”并按回车键。

执行任意绘制圆弧的命令，在工作界面下方即出现绘制圆弧的立即菜单，如图 3-34 所示。CAXA 电子图板 2013 提供了 6 种圆弧绘制方式。

单击【基本绘图】面板上【圆弧】命令按钮后的下拉箭头，可打开如图 3-35 所示的下拉菜单，单击其中的按钮也可采用各种方法绘制圆弧，但要注意的是，此时出现的立即菜单与后面将要介绍的绘制圆弧的各种方法的立即菜单略有不同。

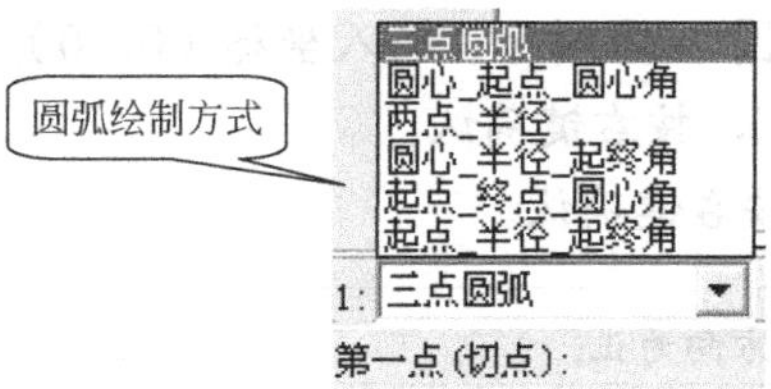

图 3-34 【圆弧】立即菜单

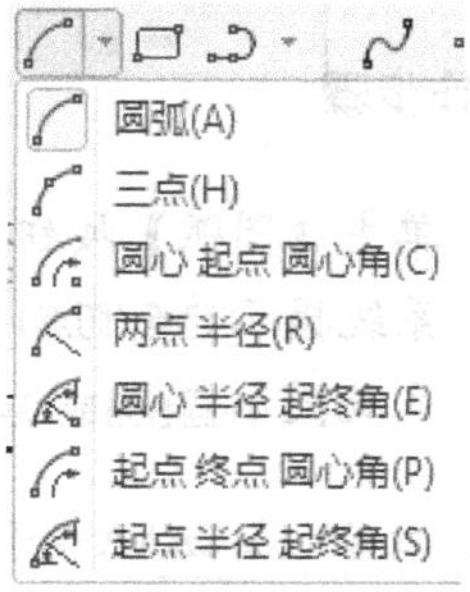

图 3-35 圆弧的下拉工具菜单

3.4.1 三点方式

选择【圆弧】立即菜单中的 1: 三点圆弧，如图 3-36 所示。按照系统提示，依次拾取三个点，单击右键确认，则可绘制一条经过上述三点的圆弧。

图 3-37 为【三点圆弧】绘制示例。

图 3-36 【三点圆弧】立即菜单

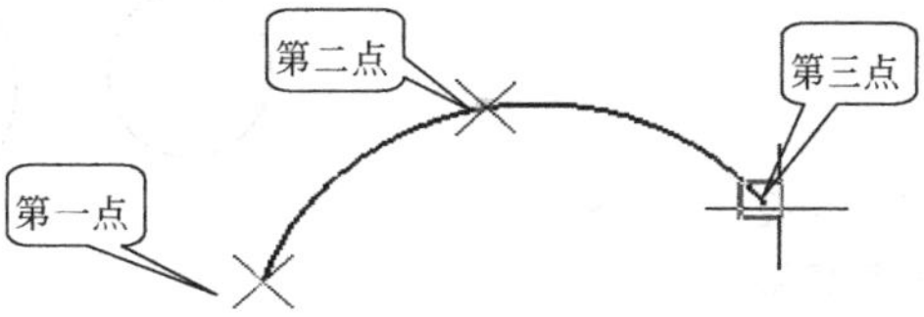

图 3-37 【三点圆弧】绘制示例

3.4.2 圆心_起点_圆心角方式

选择【圆弧】立即菜单中的 1: 圆心_起点_圆心角，如图 3-38 所示。按提示要求输入圆心和圆弧起点，当系统提示“圆心角或终点”时，输入一个圆心角数值或输入终点，即可绘制出圆弧，也可以用鼠标拖动进行选取。

【实例 3-5】绘制如图 3-39 所示的圆弧，该圆弧以原点为圆心，以点（20，0）为起点，角度为 90°。

图 3-38 【圆心_起点_圆心角】立即菜单

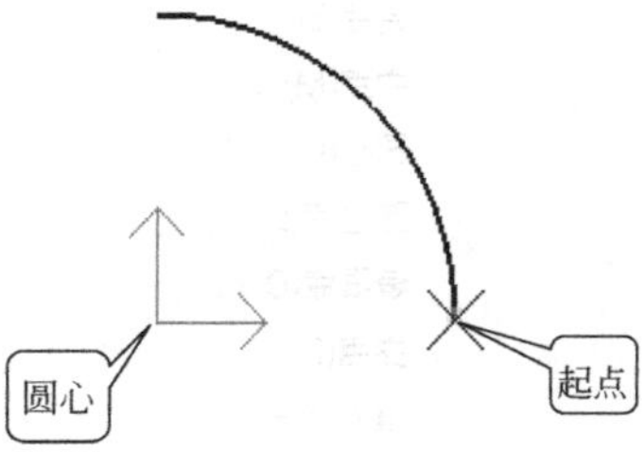

图 3-39 【圆心_起点_圆心角】绘制圆弧

操作步骤

[1] 单击【圆弧】按钮，切换立即菜单如图 3-38 所示，输入坐标（0，0）。

[2] 系统提示起点(切点):，输入坐标（20，0），按右键确认。

[3] 系统提示圆心角或终点(切点):，输入 90，按右键确认。

提示：在 CAXA 电子图板中，圆弧以逆时针方向为正。

3.4.3 两点_半径方式

选择【圆弧】立即菜单中的 1: 两点_半径，如图 3-40 所示。按照系统提示，依次拾取两点，即可生成一段起点、终点固定，半径由鼠标拖动改变的动态圆弧。

【实例 3-6】绘制如图 3-41 所示两圆的相切圆弧。

图 3-40 【两点_半径】立即菜单

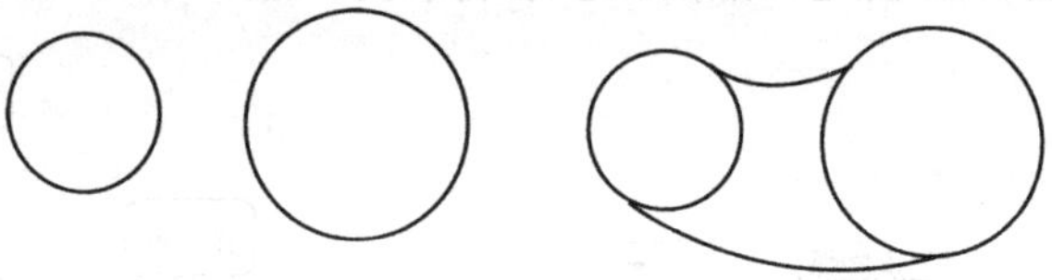

（a）操作前　（b）操作后

图 3-41 【实例 3-6】图

操作步骤

[1] 单击【圆弧】按钮，切换立即菜单如图 3-40 所示。

[2] 按空格键，在弹出的工具点菜单中选择“切点”，如图 3-42 所示。

[3] 在小圆上拾取切点，如图 3-43 所示。

[4] 重复步骤[2]，用相同的方法拾取大圆的切点，输入直径完成外切圆弧。

[5] 用相同的方法完成内切圆弧。

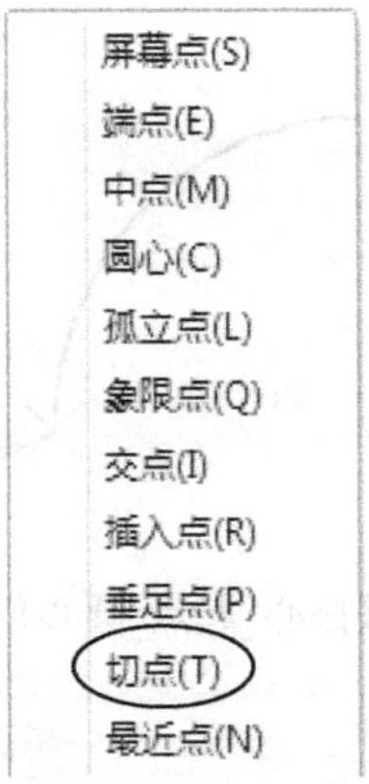

图 3-42 工具点菜单

图 3-43 拾取切点

📖 注意：圆弧的弯曲方向由光标所在位置决定，光标位置不同，圆弧弯曲方向也不同，选择一个方向，单击左键确认。

3.4.4 圆心_半径_起终角方式

选择【圆弧】立即菜单中的 1: 圆心_半径_起终角，如图 3-44 所示。在立即菜单中可以更改半径、起始角、终止角的数值。

📖 提示：起、终角均指与 *X* 轴正向的夹角，逆时针为正。

【实例 3-7】绘制如图 3-45 所示的圆弧，该圆弧以原点为圆心，半径为 30mm，起始角为-30°，终止角为 60°。

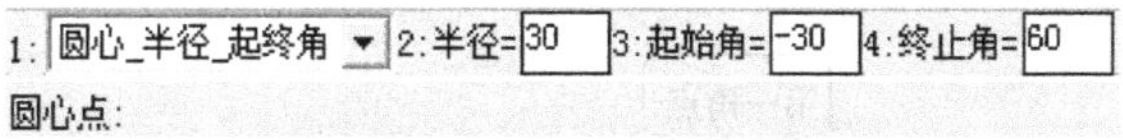

图 3-44 【圆心_半径_起终角】立即菜单

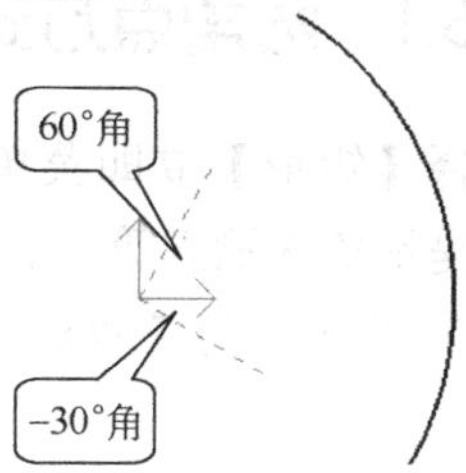

图 3-45 【圆心_半径_起终角】绘制圆弧

操作步骤

[1] 单击【圆弧】按钮，切换如图 3-44 所示的立即菜单。

[2] 输入圆心点（0，0），单击左键确认即可。

3.4.5 起点_终点_圆心角方式

选择【圆弧】立即菜单中的 1: 起点_终点_圆心角，如图 3-46 所示。输入圆心角的数值，再按提示输入起点、终点，即可绘制圆心角固定的圆弧。

图 3-46 【起点_终点_圆心角】立即菜单

3.4.6 起点_半径_起终角方式

已知起点、半径和起终角绘制圆弧。选择【圆弧】立即菜单中的 1: 起点_半径_起终角，如图 3-47 所示。在菜单中输入半径数值、起始角和终止角的大小，用鼠标或键盘确定圆弧的起点，即可绘制一条起点、半径、起始角、终止角均为用户设定值的圆弧。

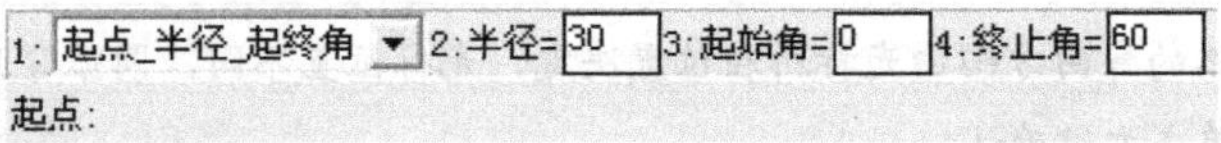

图 3-47 【起点_半径_起终角】立即菜单

3.5 绘制矩形

【矩形】命令输入方式有以下几种。

- 下拉菜单：单击菜单按钮 /【绘图】/【矩形】。
- 工具栏：单击【常用】选项卡中【基本绘图】面板上的按钮。
- 命令行：输入“rect”并按回车键。

执行任意绘制矩形的命令，在工作界面下方即出现【矩形】立即菜单。CAXA 电子图板 2013 提供了两种矩形绘制方式。

3.5.1 两角点方式

选择【矩形】立即菜单中的 1: 两角点，如图 3-48 所示。可选择 “有中心线”方式，按提示依次输入第一、二角点，单击左键确认即可。

图 3-49 所示为【两角点】方式绘制矩形示例。

图 3-48 【两角点】方式立即菜单

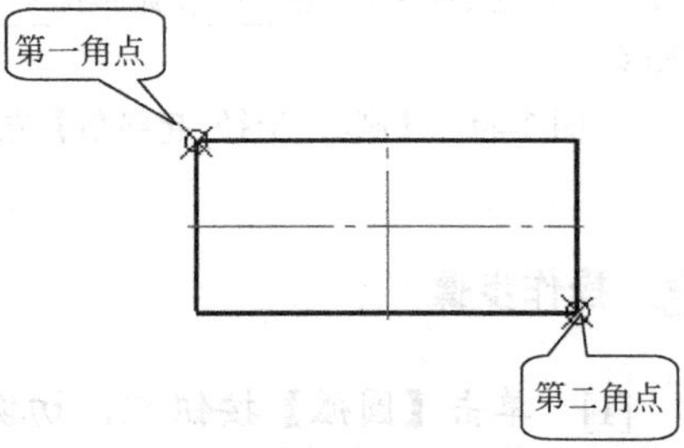

图 3-49 【两角点】方式绘制矩形示例

> 提示：在已知矩形的长和宽，且使用【两角点】方式时，用相对坐标要更简单。比如第一角点坐标为（20，15），长、宽为 36、18，则第二角点绝对坐标为（56，33），相对坐标为“@36，18”。

3.5.2 长度和宽度方式

选择【矩形】立即菜单中的 1: 长度和宽度，如图 3-50 所示。

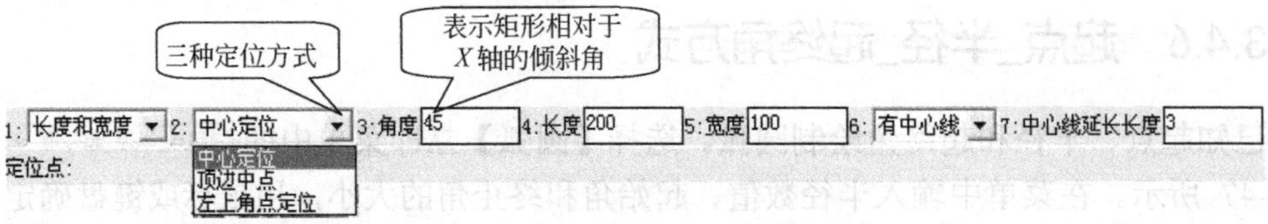

图 3-50 【长度和宽度】方式立即菜单

输入一点或单击鼠标左键，即可绘制矩形。矩形的三种定位方式，如图 3-51 所示。

- 中心定位：矩形的中心“挂”在十字光标上。
- 顶边中点定位：矩形的顶边中点“挂”在十字光标上。
- 左上角点定位：矩形的左上角点“挂”在十字光标上。

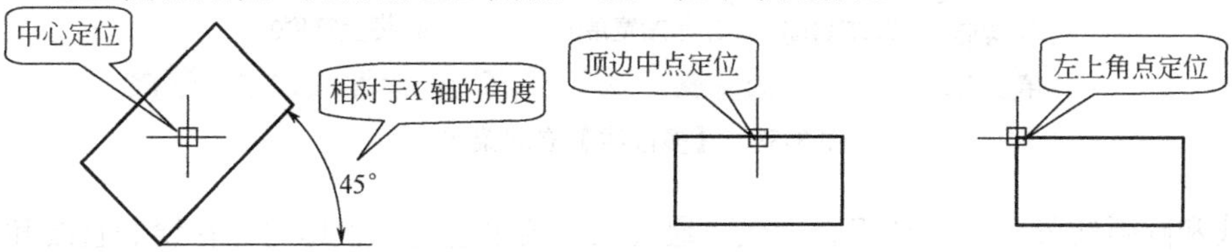

图 3-51　矩形的三种定位方式

3.6　绘制中心线

绘制圆、圆弧、孔、轴、椭圆的一对正交中心线，或者在两平行对称的直线间生成一条中心线。

【中心线】命令输入方式有以下几种。

- 下拉菜单：单击菜单按钮 /【绘图】/【中心线】。
- 工具栏：单击【基本绘图】面板上的按钮 。
- 命令行：输入“centerl”并按回车键。

执行任意一种绘制中心线的命令，工作界面下方即出现绘制中心线的立即菜单。按照系统提示拾取曲线。图 3-52 所示是绘制中心线的示例。

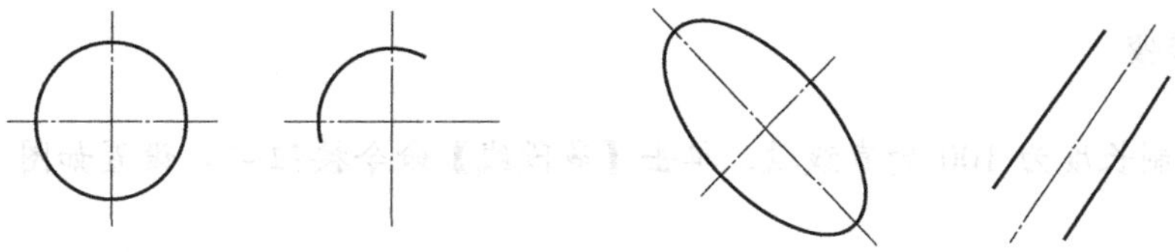

图 3-52　绘制中心线的示例

提示：当拾取的两条线是平行线时，拾取完第二条直线后，系统会提示“左键切换，右键确认：”，单击左键切换中心线方向，单击右键则画出中心线。

3.7　绘制多段线

多段线是由直线或圆弧构成的首尾相接或不相接的图线。

【多段线】命令输入方式有以下几种。

- 下拉菜单：单击菜单按钮 /【绘图】/【多段线】。
- 工具栏：单击【常用】选项卡中【基本绘图】面板上的按钮 。
- 命令行：输入“contour”并按回车键。

执行任意一种绘制多段线的命令，工作界面下方即出现绘制多段线的立即菜单，如图 3-53 所示。可以在“直线”和“圆弧”之间相互切换，生成由直线和圆弧构成的多段线。

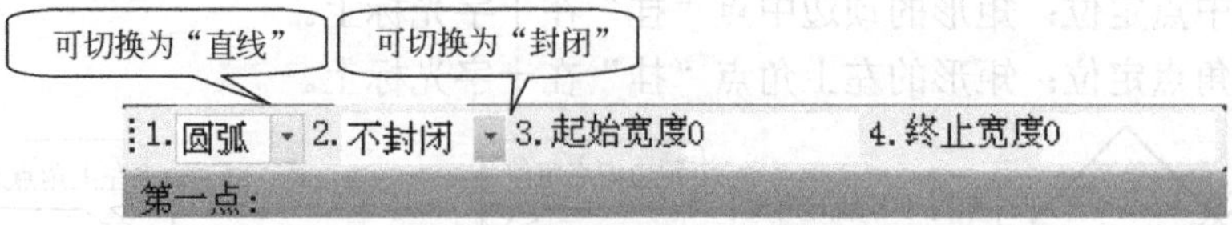

图 3-53 【多段线】立即菜单

直线和圆弧线段可以连续组合生成，通过立即菜单进行切换即可。在绘制直线和圆弧时可以使用动态输入及智能点工具进行精确输入，从而使绘图准确，并提高绘制效率。

【实例 3-8】绘制如图 3-54 所示的平面图形（不标注尺寸）。

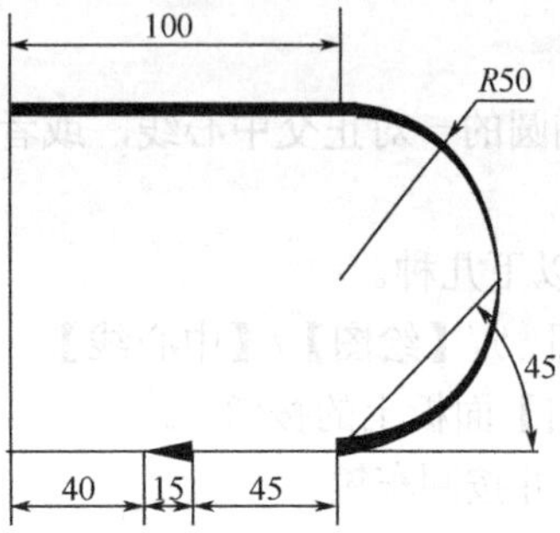

图 3-54 封闭多段线示例

操作步骤

[1] 绘制长度为 100 的直线段。单击【多段线】命令按钮，设置如图 3-55 所示的立即菜单。

图 3-55 绘制水平直线立即菜单

任意指定一点作为直线的第一点。命令行提示“下一点”，输入直线第二点的相对坐标值“@100，0”。

[2] 绘制上半圆弧。切换如图 3-56 所示的立即菜单，输入圆弧下一点的相对坐标值“@50，-50”。

图 3-56 绘制上半圆弧立即菜单

[3] 绘制下半圆弧。切换如图 3-57 所示的立即菜单，输入圆弧下一点的相对坐标“@-50，-50”。

图 3-57　绘制下半圆弧立即菜单

[4]　绘制长度为 45 的直线段。切换如图 3-58 所示的立即菜单，输入直线第二点的相对坐标“@-45，0”。

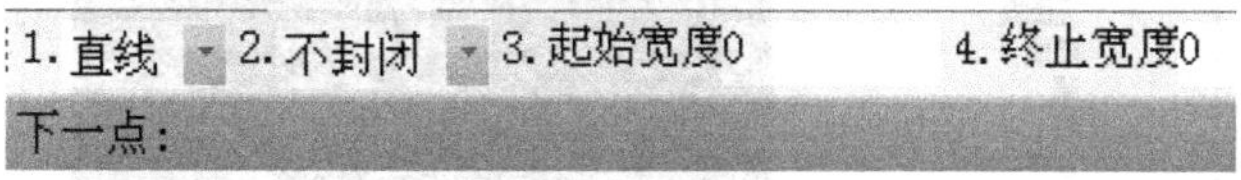

图 3-58　绘制直线立即菜单

[5]　绘制箭头线段。切换如图 3-59 所示的立即菜单，输入直线第二点的相对坐标“@-5，0”。

图 3-59　绘制箭头线段立即菜单

[6]　绘制长度为 40 的线段。切换回如图 3-58 所示的立即菜单，输入相对坐标“@-40，0”，完成作图。

3.8　绘制剖面线

在绘制零件图时，常采用剖视的表达方法，利用 CAXA 电子图板 2013 可绘制剖面线。

【剖面线】命令输入方式有以下几种。

- 下拉菜单：单击菜单按钮/【绘图】/【剖面线】。
- 工具栏：单击【常用】选项卡中【基本绘图】面板上的按钮。
- 命令行：输入“hatch”并按回车键。

执行任意一种绘制剖面线的命令，工作界面下方即出现绘制剖面线的立即菜单，如图 3-60 所示。确定绘制区域有两种方式：“拾取点”和“拾取边界”，可在立即菜单中进行选择。在立即菜单中可改变剖面线的比例、间距和角度。

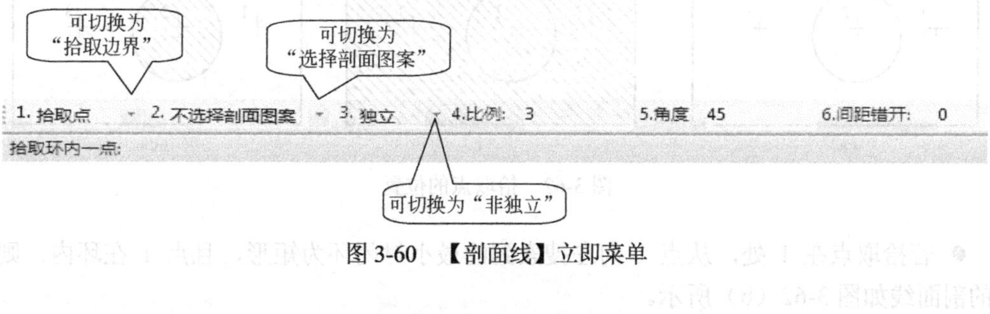

图 3-60　【剖面线】立即菜单

注意：指定的区域必须是封闭的，否则操作无效。

在立即菜单中，如果设定为“不选择剖面图案”，则系统将生成默认图案。如果设定为“选择剖面图案”，在确认剖面区域后，弹出如图 3-61 所示的对话框。在此对话框中可以设置剖面线的比例、旋转角、间距错开等参数。

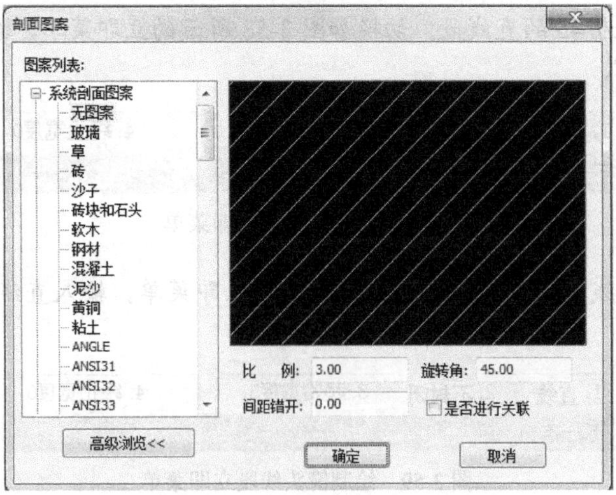

图 3-61 【剖面图案】对话框

3.8.1 拾取点

在待画剖面线的封闭环内拾取一点，系统根据拾取点的位置，从右向左搜索最小内环，根据环生成剖面线。如果拾取点在环外，则操作无效。

用鼠标左键拾取封闭环内的一点，系统搜索到的封闭环上的各条曲线变为红色，按鼠标右键确认后，即可画出剖面线。

提示：系统总是在用户拾取加亮的所有线条（也就是边界）内部绘制剖面线，所以在拾取环内点或拾取边界后，一定要仔细观察哪些线条被加亮了。通过调整被加亮的边界线，就可以调整剖面线的形成区域。

如图 3-62（a）所示，矩形和圆均为封闭环。

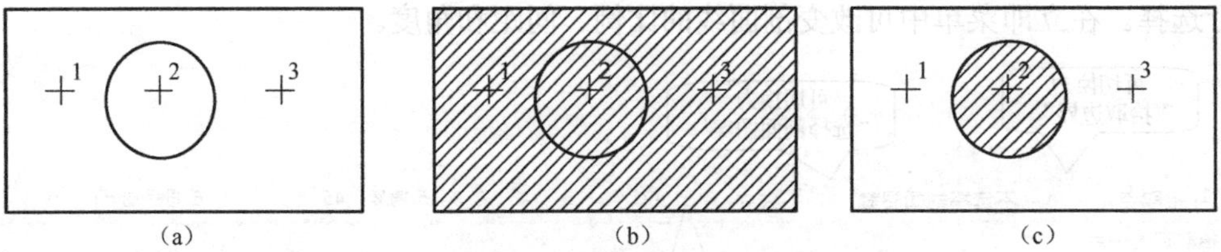

图 3-62 拾取点的位置

● 若拾取点在 1 处，从点 1 向左搜索到的最小封闭环为矩形，且点 1 在环内，则画出的剖面线如图 3-62（b）所示。

● 若拾取点在 2 处，从点 2 向左搜索到的最小封闭环为圆，且点 2 在环内，则在圆内生成剖面线，如图 3-62（c）所示。

● 若拾取点在 3 处，从点 3 向左搜索到的最小封闭环为圆，但点 3 在圆外，则操作无效。

按顺序依次拾取不同位置的点后，单击鼠标右键确认，即可生成不同的剖面线。

图 3-63 所示为拾取点绘制剖面线示例。

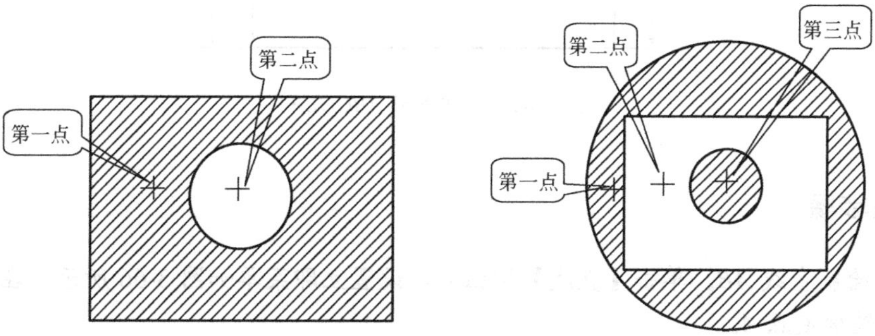

图 3-63　拾取点绘制剖面线示例

3.8.2　拾取边界

根据拾取到的曲线搜索环生成剖面线。如果拾取到的曲线不能生成互不相交的封闭环，则操作无效。被拾取的边界变为红色，拾取结束，单击鼠标右键确认，如果边界正常，则画出剖面线。

> 提示：拾取边界时，可用鼠标单个拾取，也可用窗口拾取。

图 3-64 所示为拾取边界绘制剖面线示例。图 3-64（a）中用窗口拾取圆和四边形，按鼠标右键确认，即在圆和四边形之间生成剖面线；图 3-64（b）中，圆与四边形重叠的区域不能构成互不相交的封闭环，用拾取边界方式不能画出剖面线。

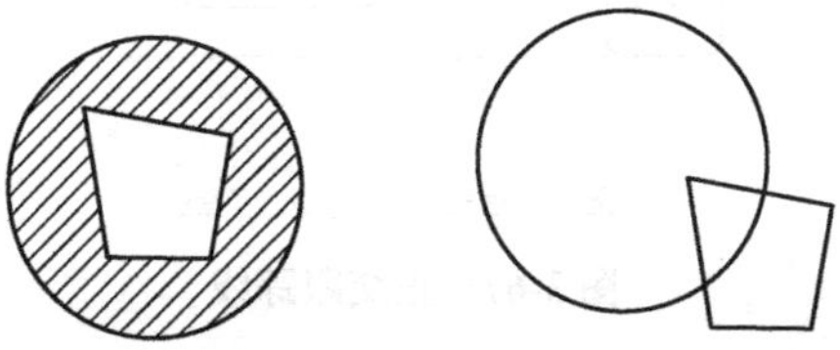

（a）正确的边界　　（b）不正确的边界

图 3-64　拾取边界绘制剖面线示例

> 提示：在拾取边界曲线不能够生成互不相交的封闭环境的情况下，应改用拾取点的方式。

3.9　绘图实例

【实例 3-9】绘制如图 3-65 所示的平面图形 *ABCDEF*（不标注尺寸）。

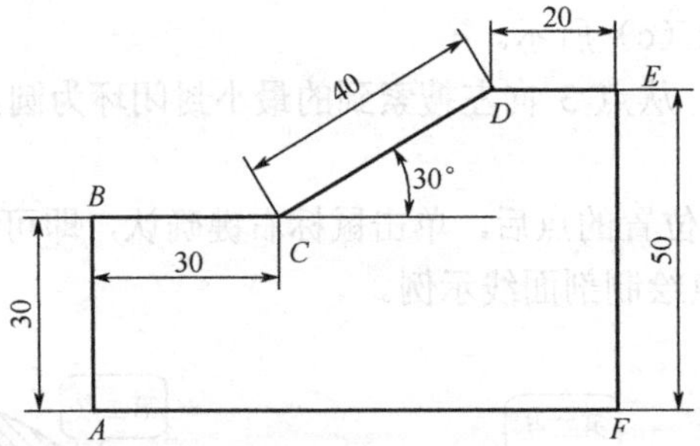

图 3-65　平面图形 *ABCDEF*

操作步骤

[1]　绘制直线 *AB*。单击【直线】按钮，设置立即菜单如图 3-66 所示，在适当位置用鼠标左键确定点 *A*。

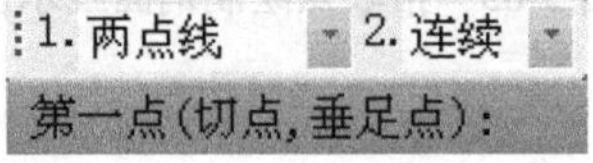

图 3-66　【两点线】立即菜单

[2]　命令行提示第二点(切点,垂足点):，输入点 *B* 相对坐标“@0，30”。

> 提示：步骤[2]也可打开正交模式，将光标放置在点 *A* 的上方，生成一条正交跟踪线，如图 3-67 所示，直接输入长度 30。

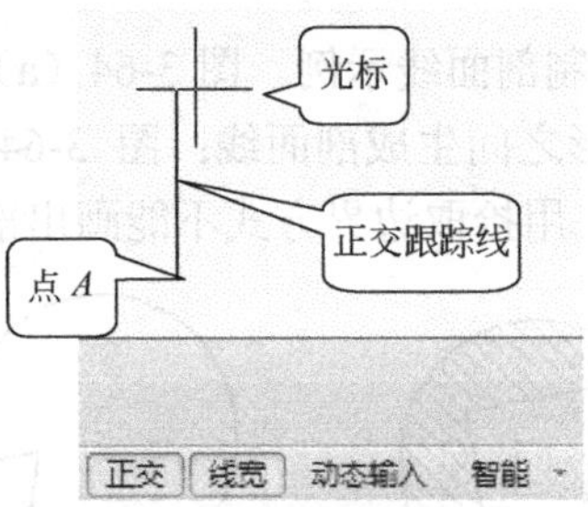

图 3-67　正交跟踪线

[3]　命令行提示第二点(切点,垂足点):，输入点 *C* 相对坐标“@30，0”。

[4]　绘制直线 *CD*。切换立即菜单如图 3-68 所示，拾取第一点 *C* 点，输入长度 40，绘制角度线直线 *CD*。

图 3-68　【角度线】立即菜单

[5]　绘制直线 *DE*。单击【直线】按钮，设置立即菜单如图 3-66 所示，打开正交模

式，拾取点 *D* 为第一点。将光标放置在点 *D* 的右侧，直接输入长度 20 得到直线 *DE*，如图 3-69 所示。

[6] 绘制直线 *EF*。将光标放置在点 *E* 的下方，直接输入长度 50 得到直线 *EF*。

[7] 拾取点 *A* 完成绘图。

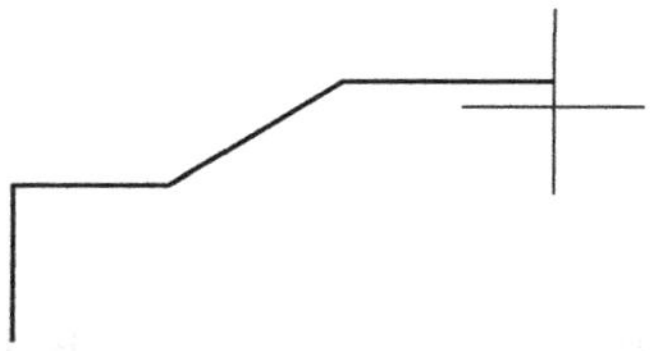

图 3-69　绘制直线 *DE*

【实例 3-10】绘制如图 3-70 所示的图形（不标注尺寸）。

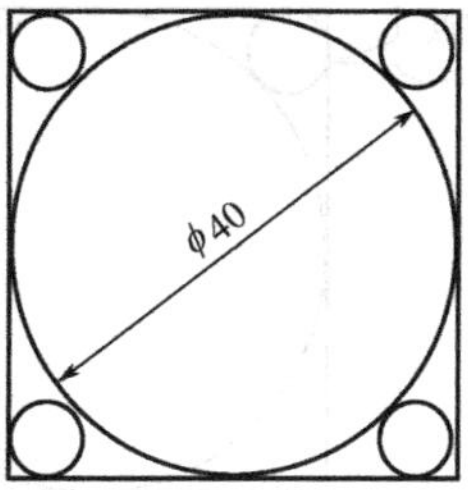

图 3-70　【实例 3-10】图

操作步骤

[1] 绘制大圆。单击【圆】按钮，设置如图 3-71 所示的立即菜单，在适当位置指定圆心，输入直径 40。

图 3-71　【圆】立即菜单

[2] 绘制正方形。单击【矩形】命令按钮，设置立即菜单如图 3-72 所示。拾取圆心为正方形的中心定位点，绘制外切正四边形，如图 3-73 所示。

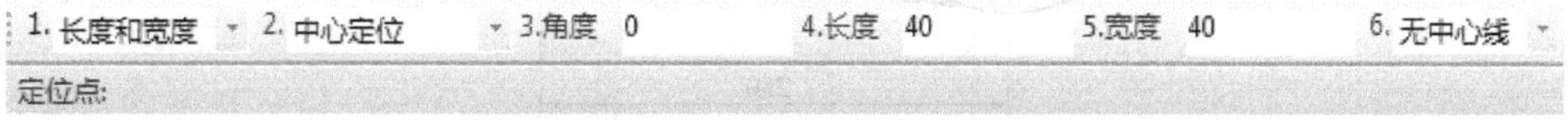

图 3-72　【矩形】立即菜单

[3] 绘制内切圆。选择【圆】/【三点】命令，按空格键，在如图 3-74 所示的工具点菜单中选择“切点”，拾取大圆上的点。

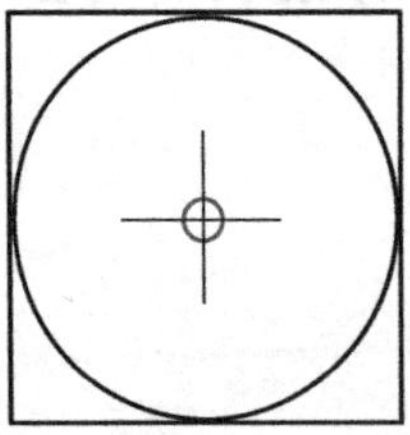

图 3-73　绘制外切正四边形

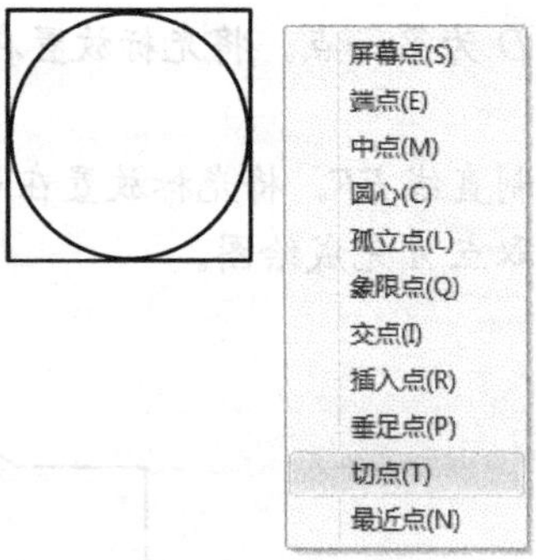

图 3-74　工具点菜单

[4]　重复步骤[3]中的方法，依次拾取小圆与正四边形另外两个切点，如图 3-75 所示。

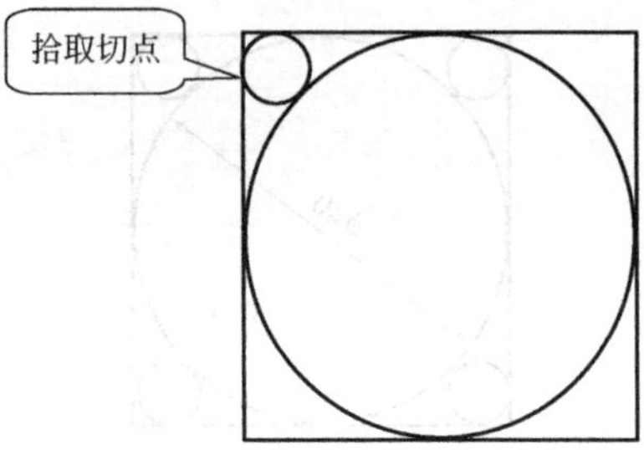

图 3-75　拾取切点

[5]　重复步骤[3]、[4]中的方法，绘制另外三个小圆。

提示：步骤[5]中，绘制另外三个小圆时，采用【阵列】命令可快速完成（见第 5 章）。

【实例 3-11】绘制如图 3-76 所示的图形（不标注尺寸）。

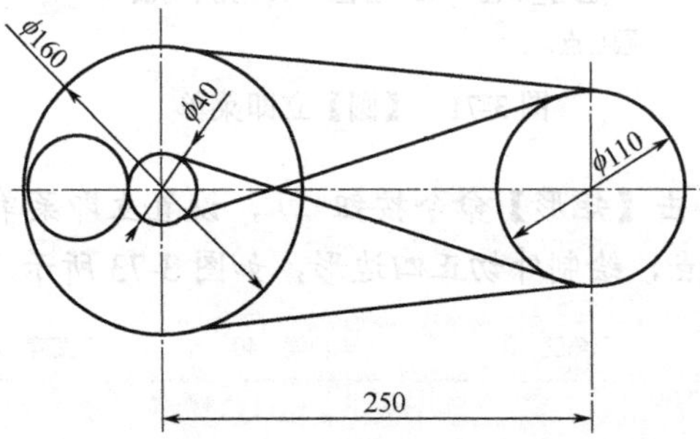

图 3-76　【实例 3-11】图

操作步骤

[1]　绘制直径为 40、160 的圆。单击【圆】按钮⊙，选择如图 3-77 所示的立即菜单。输入圆心坐标（0，0），分别输入直径 40、160。

图 3-77 【圆】立即菜单

[2] 绘制直径为 110 的圆。重复步骤[1]，指定圆心（250，0），输入直径 110，如图 3-78 所示。

[3] 绘制内切圆。单击【圆】按钮⊙，选择【两点】方式立即菜单，如图 3-79 所示。

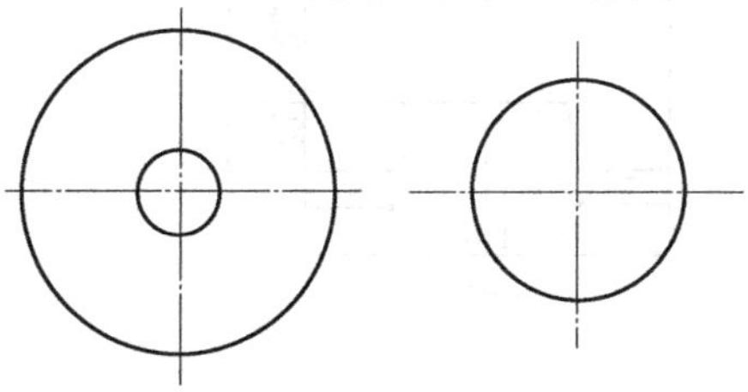

图 3-78 绘制圆

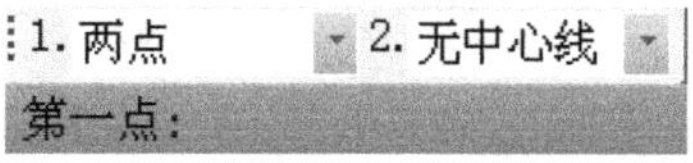

图 3-79 【两点】方式立即菜单

[4] 按空格键，弹出工具点菜单，选择“切点”，拾取两个切点，如图 3-80 所示。

[5] 绘制外切线。选择【直线】命令，设置 1: 两点线 2: 单个 立即菜单，重复步骤[4]，拾取大圆上的切点，引出一条切线，如图 3-81 所示。

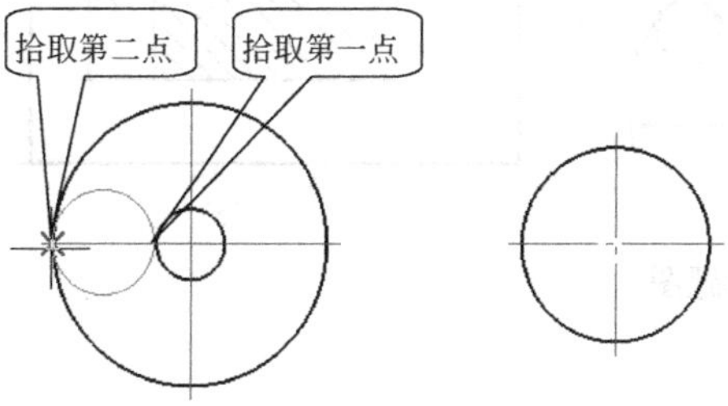

图 3-80 拾取切点

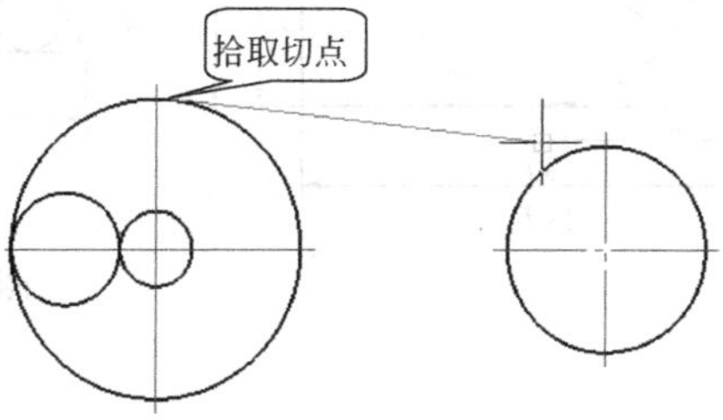

图 3-81 在大圆上拾取切点

[6] 重复步骤[4]，拾取直径为 110 的圆，确定两圆的外公切线，如图 3-82 所示。

[7] 重复步骤[4]～[6]，拾取不同位置切点，绘制其余三条公切线，完成作图，如图 3-83 所示。

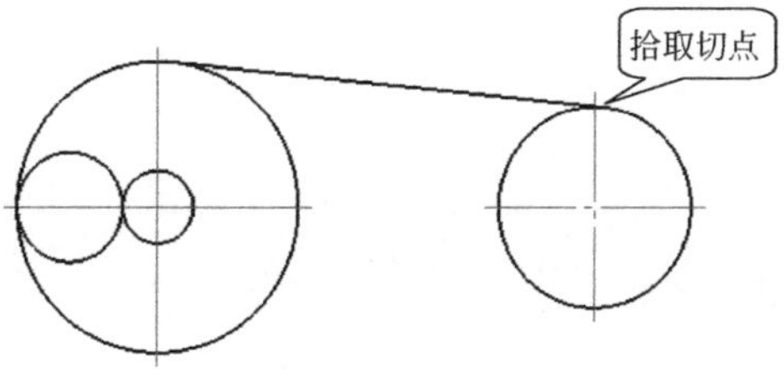

图 3-82 绘制公切线

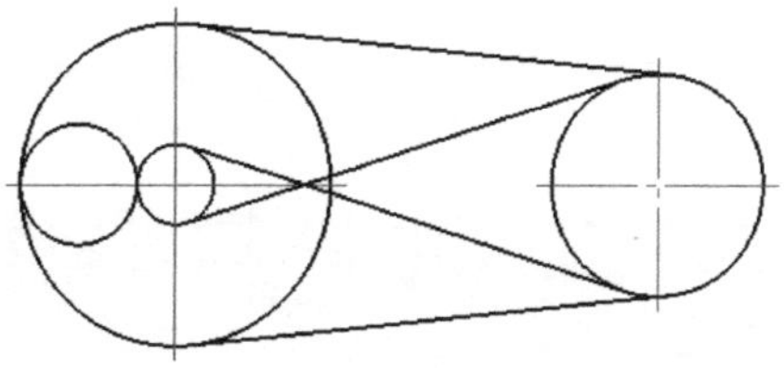

图 3-83 完成作图

📖 提示：在绘制相切曲线时，如系统给出“第一点(切点)：”等类似的点拾取提示，可利用工具点菜单，方便地捕捉切点。

3.10 习题

绘制图 3-84 所示的图形，不须标注尺寸。

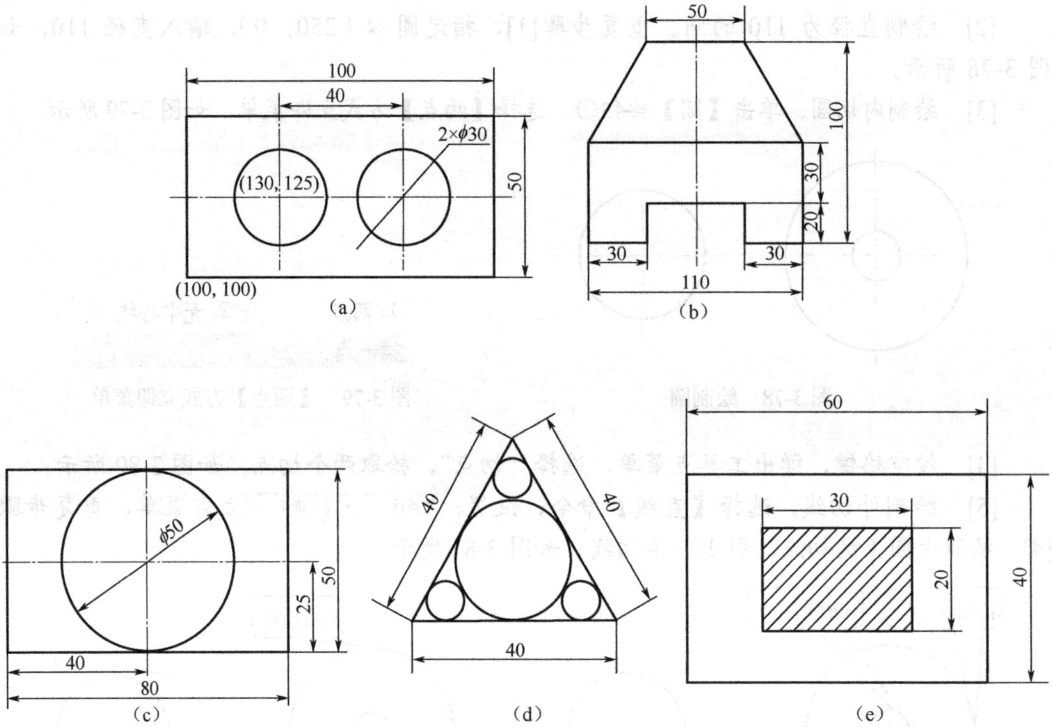

图 3-84　习题图

第 4 章　高级绘图命令

CAXA 电子图板 2013 为用户提供了功能齐全的绘图方式。图形绘制主要包括基本绘图、高级绘图等几个部分。本章将在基本绘图的基础上，详细介绍高级绘图工具。

CAXA 电子图板 2013 机械工程图中由基本元素组成的一些特定的图形或特定的曲线称为高级曲线，主要包括样条、点、公式曲线、椭圆、正多边形、圆弧拟合样条、局部放大图、波浪线、双折线、箭头、齿轮、孔和轴等类型。高级曲线绘制命令可从菜单输入，如图 4-1 所示；也可单击功能区【常用】选项卡【高级绘图】面板中相应的按钮，如图 4-2 所示；还可以用键盘输入命令。

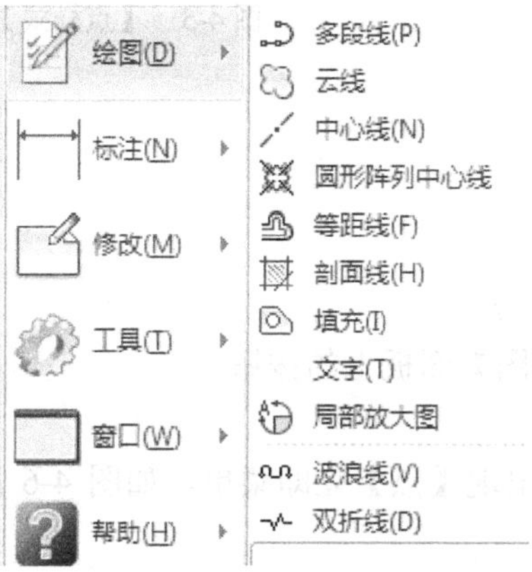

图 4-1　高级绘图菜单

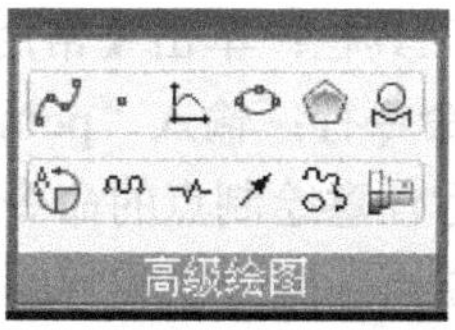

图 4-2　【高级绘图】面板

4.1　绘制独立点

点的作用主要是表示节点或者参考点，所有的绘图操作都离不开输入点。绘图过程中，有时要把一条直线或圆弧分成几等份，并且需要保留这些等分点。CAXA 电子图板 2013 为此提供了方便、快捷的点绘制功能。

4.1.1　点的设置

在下拉主菜单中选择【格式】/【点】命令，如图 4-3 所示。或者在功能区【工具】选项卡中单击【选项】面板中的 按钮，如图 4-4 所示，弹出【点样式】对话框，可以对点的大小、样式进行设置，如图 4-5 所示。点样式有两种显示方式：一种是“像素大小”，即点的大小随窗口的变化而变化；另一种是“绝对大小”，即点的大小一旦确定，即保持不变。

图 4-3　【格式】菜单

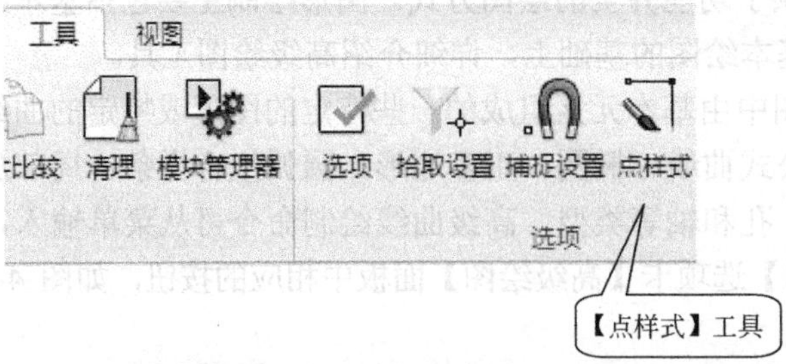

图 4-4 【点样式】工具

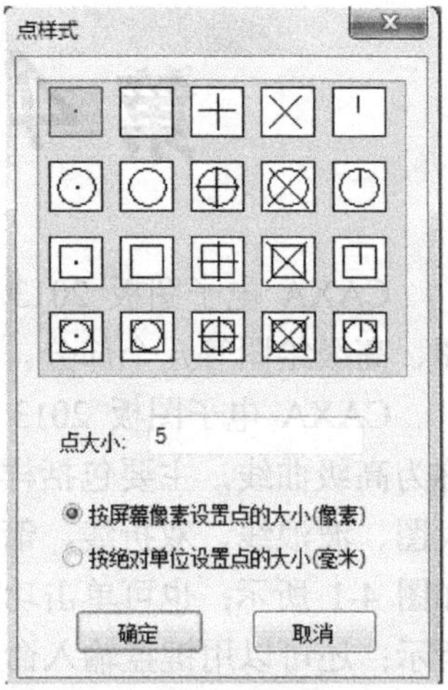

图 4-5 【点样式】对话框

4.1.2 绘制点

【点】命令输入方式有以下几种。

- 下拉菜单：单击菜单按钮/【绘图】/【点】。
- 工具栏：单击【常用】选项卡中【高级绘图】面板上的按钮。
- 命令行：输入“point”并按回车键。

执行任意绘制点的命令，在工作界面下方即出现【点】立即菜单，如图 4-6 所示。可绘制孤立点、等分点和等距点。

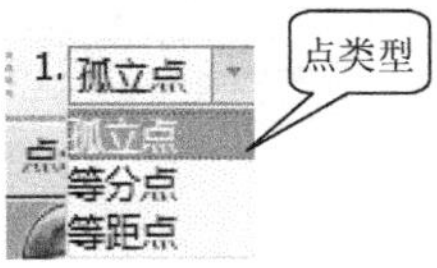

图 4-6 【点】立即菜单

1. 孤立点

选择【点】立即菜单中的“1: 孤立点”，确认点位置的方式有以下 3 种。

- 在绘图窗口，单击鼠标左键确定。
- 在命令行中输入点的坐标。
- 使用对象捕捉功能，捕捉图上的特殊点，如交点、切点等。

2. 等分点

绘制直线或圆弧的等分点。选择【点】立即菜单中的“1: 等分点”，如图 4-7 所示，在“2: 等分数”中输入要等分的份数，拾取要等分的曲线，即可绘制其等分点。

图 4-8 所示为直线的四等分点。

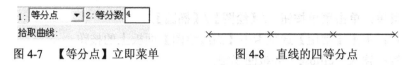

图 4-7　【等分点】立即菜单

图 4-8　直线的四等分点

3. 等距点

选择【点】立即菜单中的 1. 等距点，如图 4-9 所示。

图 4-9　【等距点】立即菜单

【实例 4-1】绘制如图 4-10 所示的等弧长点，圆弧 *AB* 的弧长为 20mm，以点 *A* 为起点作四等分点。

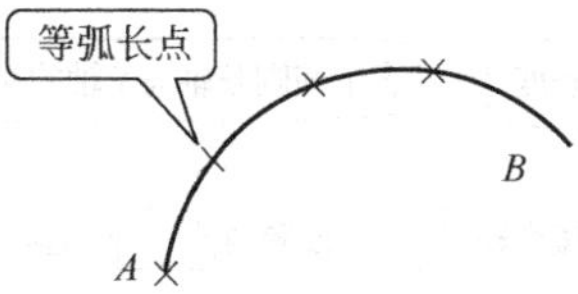

图 4-10　圆弧的等弧长点

操作步骤

[1]　单击【点】按钮，切换立即菜单如图 4-11 所示。

[2]　拾取圆弧 *AB*，选择起点 *A*，选择方向，如图 4-12 所示，完成作图。

图 4-11　【等距点】立即菜单

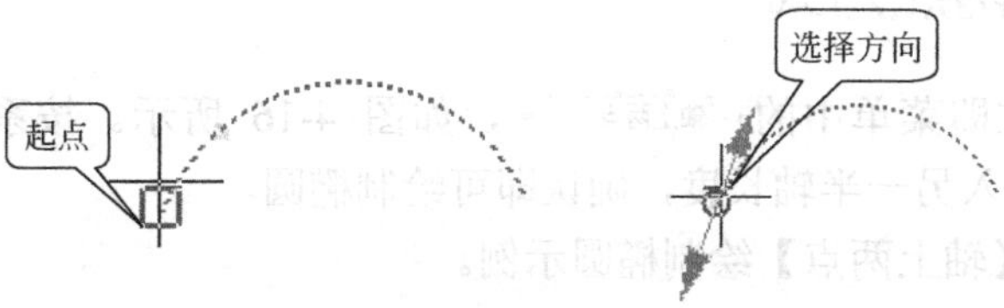

图 4-12　选择起点与方向

4.2 绘制椭圆

【椭圆】命令输入方式有以下几种。

● 下拉菜单：单击菜单按钮/【绘图】/【椭圆】。
● 工具栏：单击【常用】选项卡中【高级绘图】面板上的按钮。
● 命令行：输入“ellipse”并按回车键。

执行任意绘制椭圆的命令，在工作界面下方即出现【椭圆】立即菜单，如图 4-13 所示。CAXA 电子图板 2013 提供了三种椭圆绘制方式。

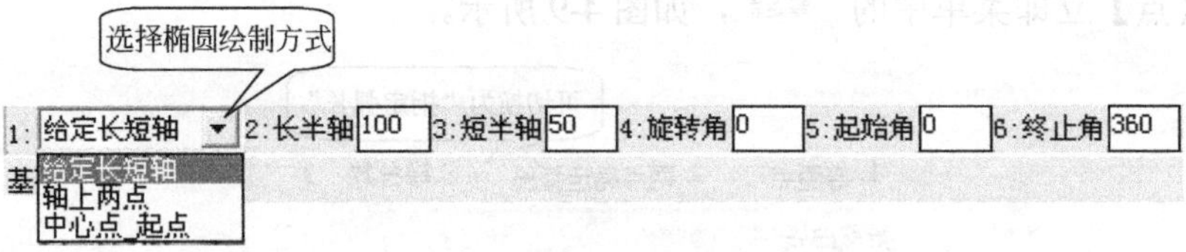

图 4-13 【椭圆】立即菜单

4.2.1 给定长短轴方式

选择【椭圆】立即菜单中的 1: 给定长短轴，如图 4-14 所示。

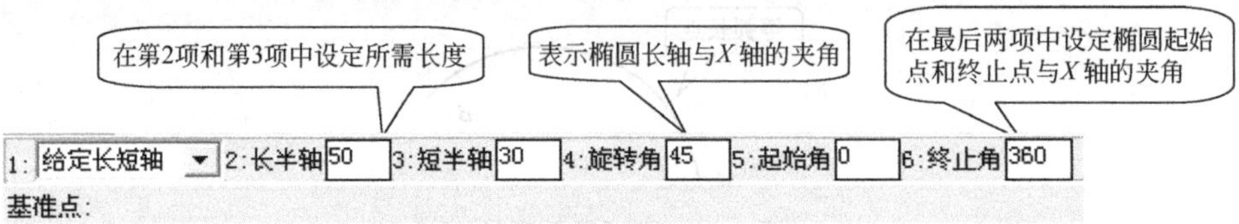

图 4-14 【给定长短轴】立即菜单

图 4-15 所示为相关示例，其中长半轴为 50，短半轴为 30，长轴与 X 轴的夹角为 45°。

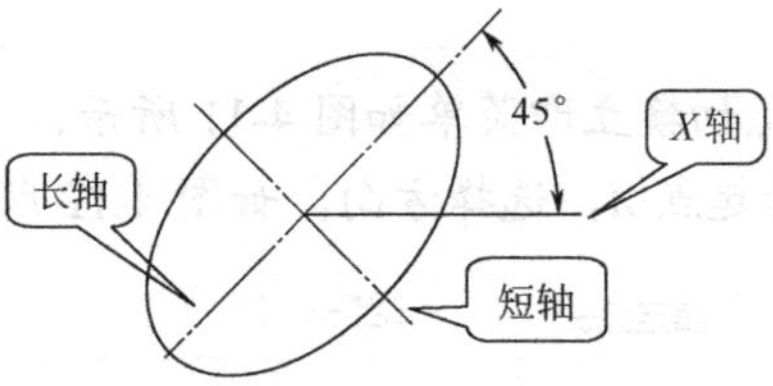

图 4-15 【给定长短轴】绘制椭圆示例

4.2.2 轴上两点方式

选择【椭圆】立即菜单中的 1: 轴上两点，如图 4-16 所示。按系统提示依次拾取第一、第二点，然后输入另一半轴长度，确认即可绘制椭圆。

图 4-17 所示为【轴上两点】绘制椭圆示例。

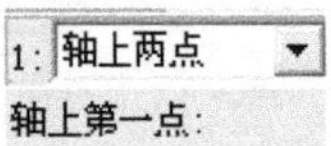

图 4-16 【轴上两点】立即菜单

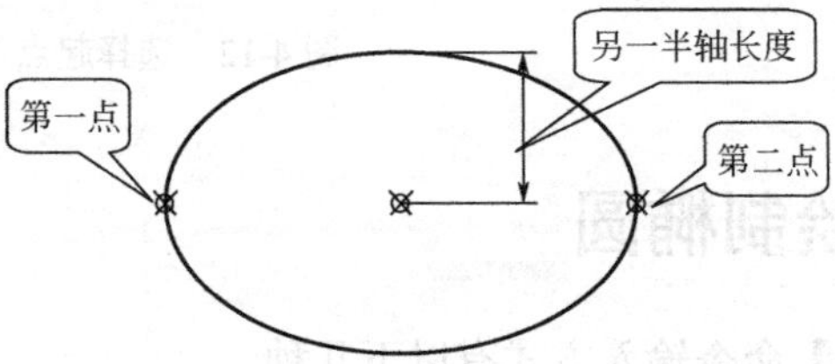

图 4-17 【轴上两点】绘制椭圆示例

4.2.3 中心点_起点方式

选择【椭圆】立即菜单中的 1: 中心点_起点，按照系统提示输入中心点和起点，然后输入另一半轴长度，确认即可绘制椭圆。

图 4-18 所示为【中心点_起点】绘制椭圆示例。

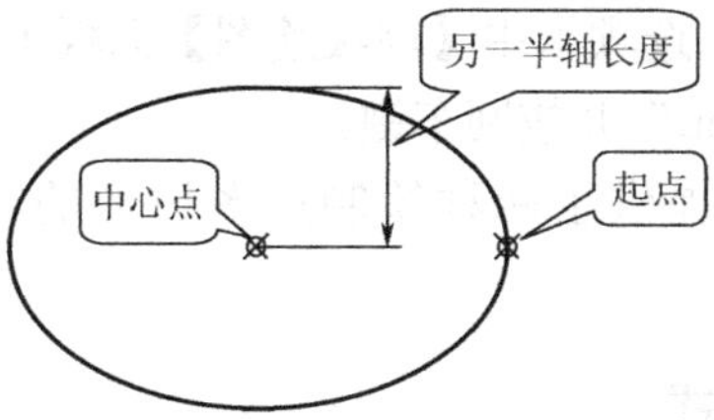

图 4-18 【中心点_起点】绘制椭圆示例

4.3 绘制样条曲线

样条曲线是指通过或接近一系列给定点的平滑曲线。如图 4-19 所示为过给定点（样条插值点）的样条曲线。可由鼠标或键盘输入点，也可以从外部样条数据文件中直接读取样条。它主要用于波浪线、相贯线、截交线的绘制，也可用于过给定点绘制曲线。

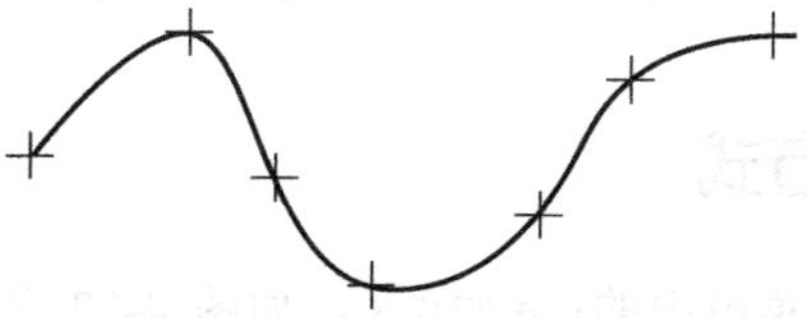

图 4-19 过给定点的样条曲线

【样条曲线】命令输入方式有以下几种。

- 下拉菜单：单击菜单按钮 /【绘图】/【样条曲线】。
- 工具栏：单击【常用】选项卡中【高级绘图】面板上的按钮 。
- 命令行：输入“spline”并按回车键。

执行任意绘制样条曲线的命令，在工作界面下方即出现【样条曲线】立即菜单，如图 4-20 所示。

图 4-20 【样条曲线】立即菜单

提示：“闭曲线”表示首尾相接的样条曲线。

4.4 绘制正多边形

正多边形是各边相等且相邻边夹角也相等的多边形。

【正多边形】命令输入方式有以下几种。

- 下拉菜单：单击菜单按钮/【绘图】/【正多边形】。
- 工具栏：单击【常用】选项卡中【高级绘图】面板上的按钮。
- 命令行：输入“polygon”并按回车键。

CAXA 电子图板 2013 提供了两种绘制正多边形的方式：“中心定位”和“底边定位”。

4.4.1 中心定位方式

选择【正多边形】立即菜单中的 1: 中心定位，如图 4-21 所示。设置好各参数，按命令提示即可绘制正多边形。

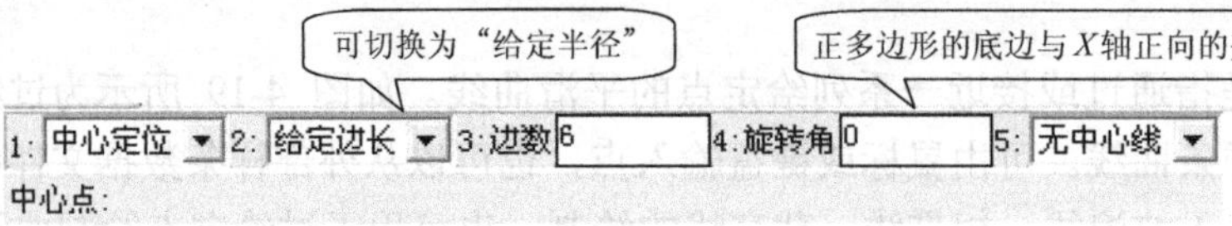

图 4-21 【中心定位】立即菜单

4.4.2 底边定位方式

选择【正多边形】立即菜单中的 1: 底边定位，如图 4-22 所示。按提示输入第一点，然后输入边长或用鼠标捕捉底边另外一点，确认即可绘制正多边形。

图 4-22 【底边定位】立即菜单

图 4-23 所示为正多边形绘制示例。

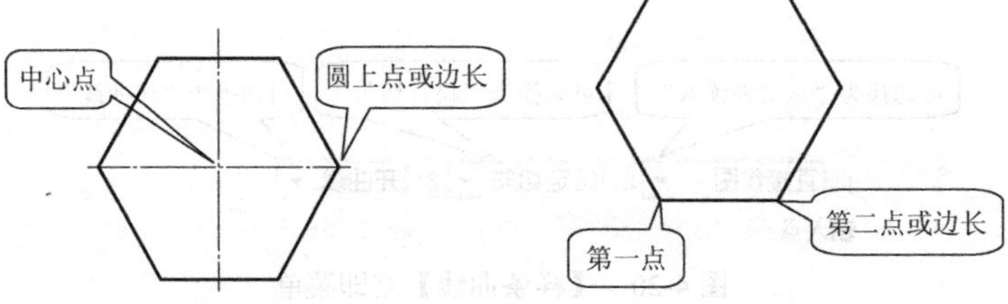

（a）中心定位　（b）底边定位

图 4-23 正多边形绘制示例

4.5 绘制波浪线

按给定方式绘制波浪线。此功能常用于绘制剖面线的边界线，一般用细实线。

【波浪线】命令输入方式有以下几种。

- 下拉菜单：单击菜单按钮/【绘图】/【波浪线】。
- 工具栏：单击【常用】选项卡中【高级绘图】面板上的按钮 。
- 命令行：输入“wavel”并按回车键。

执行任意一种绘制波浪线的命令，工作界面下方即出现【波浪线】立即菜单，如图 4-24 所示，输入波峰数值，按操作提示输入几个点，一条光滑的波浪线就绘制出来了，如图 4-25 所示，其中波浪线段数为每两点之间波峰和波谷的个数。按右键确认结束操作。

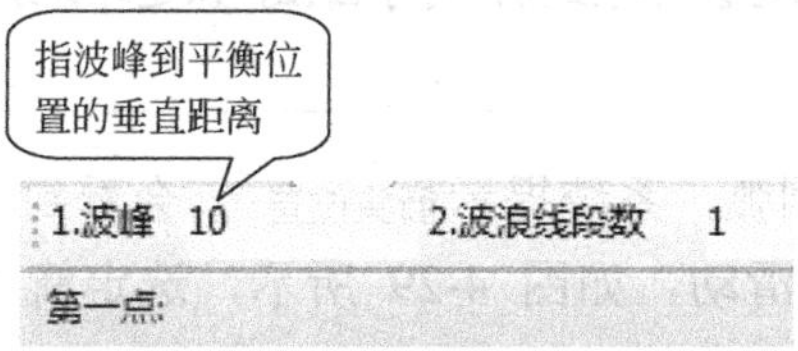

图 4-24 【波浪线】立即菜单

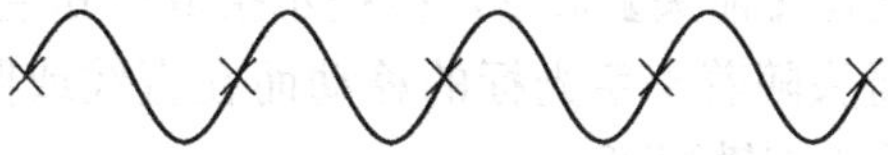

图 4-25 波浪线示例

4.6 绘制双折线

由于图幅的限制，有些图形元素无法全部画出，因而可以用双折线表示。

【双折线】命令输入方式有以下几种。

- 下拉菜单：单击菜单按钮/【绘图】/【双折线】。
- 工具栏：单击【常用】选项卡中【高级绘图】面板上的按钮。
- 命令行：输入“condup”并按回车键。

执行任意一种绘制双折线的命令，工作界面下方即出现【双折线】立即菜单，如图 4-26 所示。

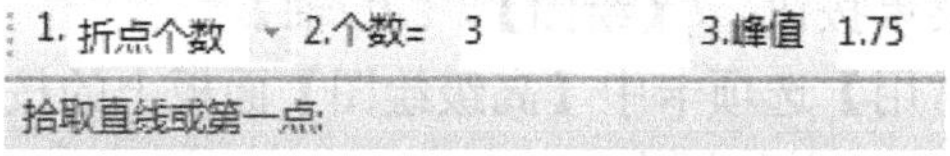

图 4-26 【双折线】立即菜单

按操作提示，用户可以通过两点画双折线，也可以直接拾取一条现有直线将其改为双折线。

图 4-27 所示为双折线绘制示例。

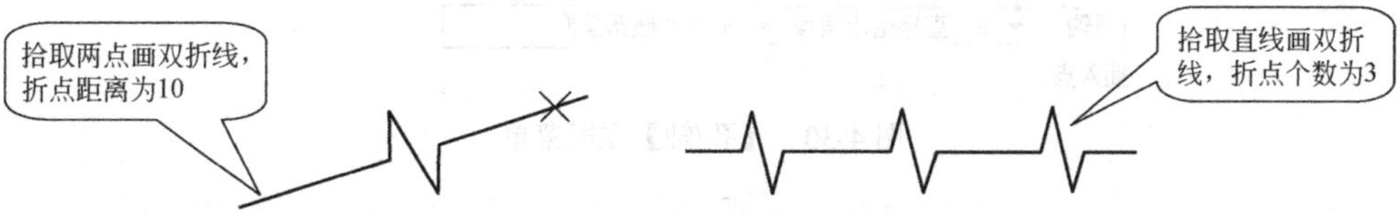

图 4-27 双折线绘制示例

4.7 绘制箭头

在直线、圆弧或某一点处按指定的正向或反向绘制一个实心箭头。

【箭头】命令输入方式有以下几种。

- 下拉菜单：单击菜单按钮/【绘图】/【箭头】。
- 工具栏：单击【常用】选项卡中【高级绘图】面板上的按钮。
- 命令行：输入“arrow”并按回车键。

执行任意一种绘制箭头的命令，工作界面下方即出现【箭头】立即菜单，如图 4-28 所示。

> 提示：对于直线，以坐标中 X 轴和 Y 轴的正向为箭头的正向。对于圆弧，以逆时针方向为箭头的正向。

选择【箭头】命令，按提示拾取已知直线或圆弧，系统提示箭头位置:，会看到一个红色的箭头随着十字光标的移动而在直线或圆弧上滑动，如图 4-29 所示，选定箭头的位置，单击左键即可。

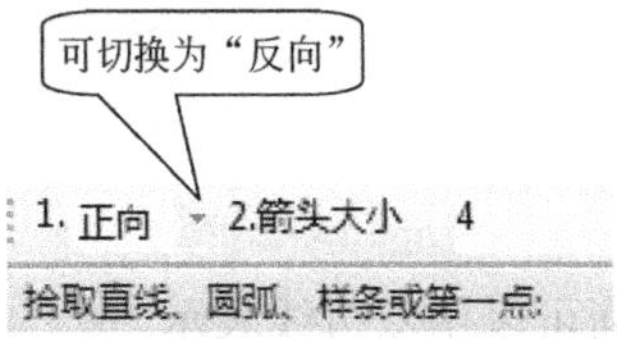

图 4-28 【箭头】立即菜单

图 4-29 绘制直线或圆弧的箭头

4.8 绘制轴和孔

在给定位置绘制带有中心线的孔或轴，或者绘制带有中心线的圆锥孔或圆锥轴。

【孔/轴】命令输入方式有以下几种。

- 下拉菜单：单击菜单按钮/【绘图】/【孔/轴】。
- 工具栏：单击【常用】选项卡中【高级绘图】面板上的按钮。
- 命令行：输入“hole”并按回车键。

执行任意一种绘制轴或孔的命令，工作界面下方即出现【孔/轴】立即菜单，如图 4-30 所示。

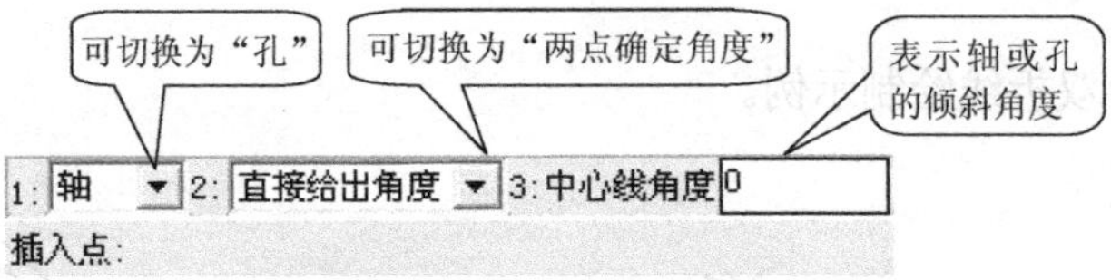

图 4-30 【孔/轴】立即菜单

按照系统提示给定插入点后，立即菜单如图 4-31 所示。若两直径不相同，则画出的是圆锥轴或圆锥孔。

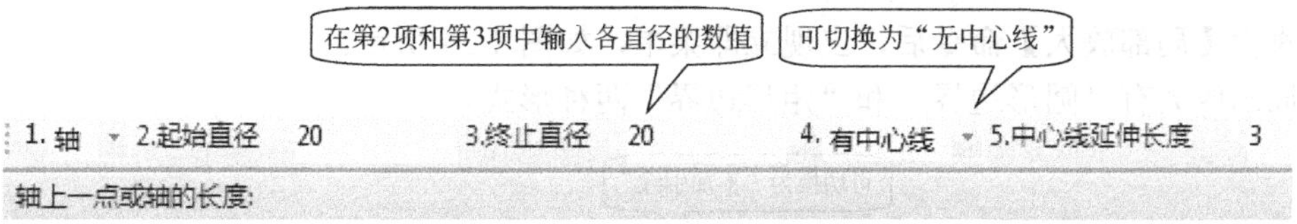

图 4-31　给定插入点后的立即菜单

提示：轴与孔的绘制方法相同，区别在于画孔时省略了两端的端面线。

【实例 4-2】绘制如图 4-32 所示的阶梯轴。

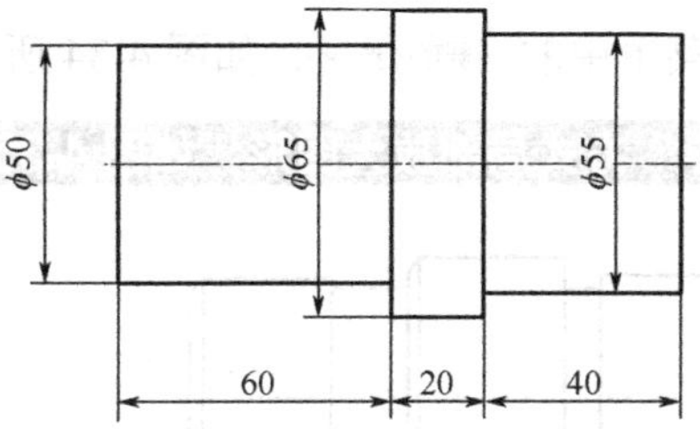

图 4-32　阶梯轴

操作步骤

[1] 单击【孔/轴】按钮，设置立即菜单如图 4-33 所示，在适当位置指定插入点。

[2] 输入轴的长度 60。

[3] 重复以上步骤，改变直径和轴的长度，向右拖动鼠标，绘制第二、三段轴。

图 4-33　阶梯轴立即菜单

提示：在绘制过程中，输入起始直径的值，终止直径也随之改变，与起始直径保持一致。在画圆锥轴或圆锥孔时，直径要分别输入。

4.9 局部放大

局部放大就是用一个圆形窗口或矩形窗口将图形的任意一个局部进行放大，在机械图样中会经常使用这一功能。

【局部放大】命令输入方式有以下几种。

- 下拉菜单：单击菜单按钮/【绘图】/【局部放大图】。
- 工具栏：单击【常用】选项卡中【高级绘图】面板上的按钮。
- 命令行：输入“enlarge”并按回车键。

执行【局部放大】命令后，出现立即菜单，如图 4-34 所示。

局部放大有“圆形边界”和“矩形边界”两种形式。

图 4-34 【局部放大】立即菜单

4.9.1 圆形边界

选择【局部放大】立即菜单中的 1: 圆形边界，如图 4-34 所示。

【实例 4-3】使用“圆形边界”方式局部放大图形，如图 4-35 所示。

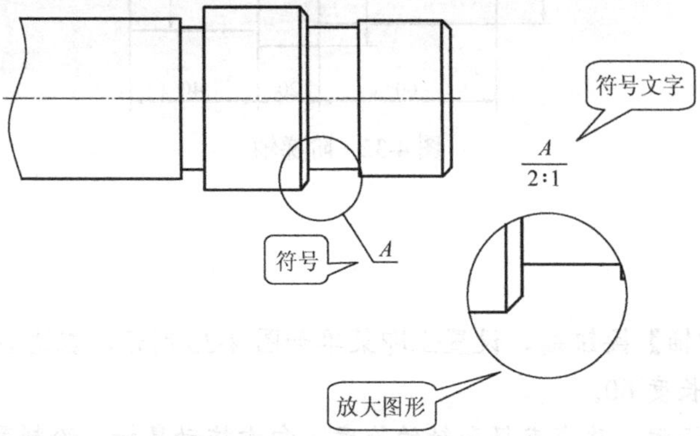

图 4-35 “圆形边界”局部放大图

操作步骤

[1] 单击【局部放大】按钮，切换立即菜单如图 4-34 所示。

[2] 命令行提示“中心点”，在要放大图形的部位拾取一点为中心点。

[3] 系统提示 输入半径或圆上一点:，出现一动态圆，输入半径或指定圆上一点，确定该圆，如图 4-36 所示。

[4] 确定完圆形边界后，命令行提示 符号插入点:。拖动引线，指定符号插入点，如图 4-37 所示。

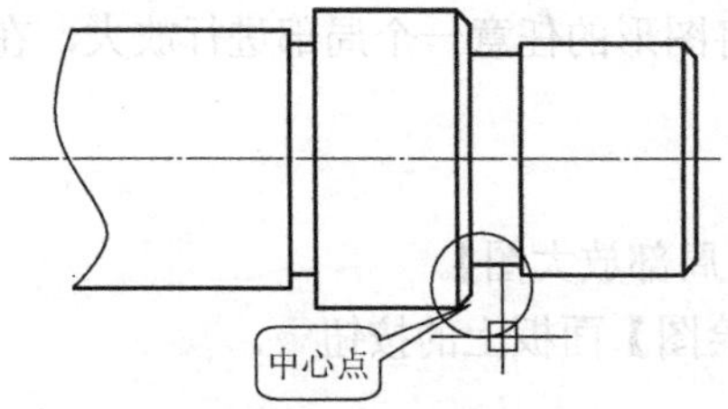

图 4-36 确定中心点和圆

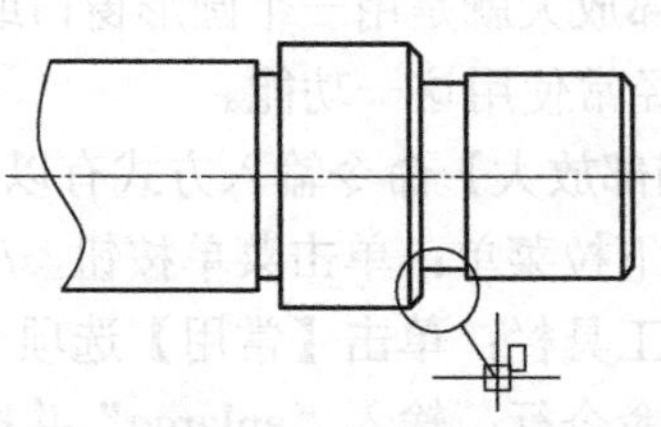

图 4-37 符号插入点

[5] 放大的局部图形随光标移动，如图 4-38 所示，系统提示实体插入点:。

[6] 指定插入点后，系统提示输入角度或由屏幕上确定:<-360,360>。按回车键，确定放大图形的角度为 0°。

[7] 符号文字随光标移动，系统提示符号插入点:。

[8] 如图 4-39 所示，指定符号插入点，完成操作。

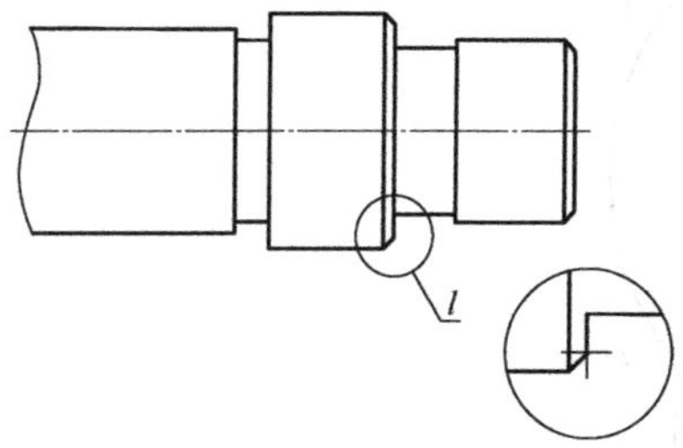

图 4-38 放大的局部图形

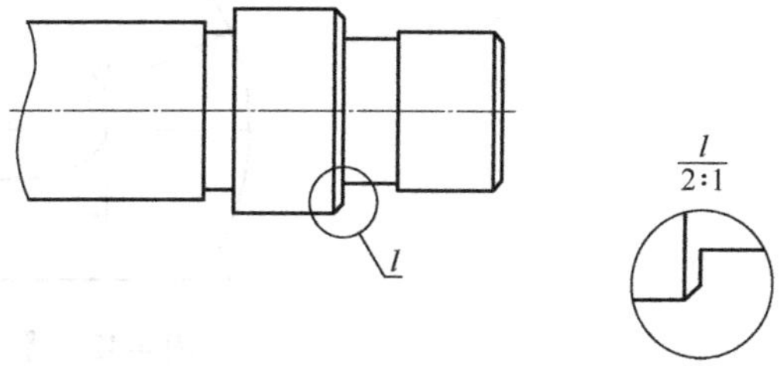

图 4-39 指定符号插入点

4.9.2 矩形边界

选择【局部放大】立即菜单中的 1: 矩形边界，如图 4-40 所示。按系统提示输入局部放大图形的矩形两角点，若选择“边框可见”，则生成矩形边框。当选择“边框不可见”时，系统不加引线，也不会弹出“引线”立即菜单。其余操作与“圆形边界”局部放大图形相同。

图 4-40 【矩形边界】立即菜单

图 4-41 所示为“矩形边界”局部放大图形示例。

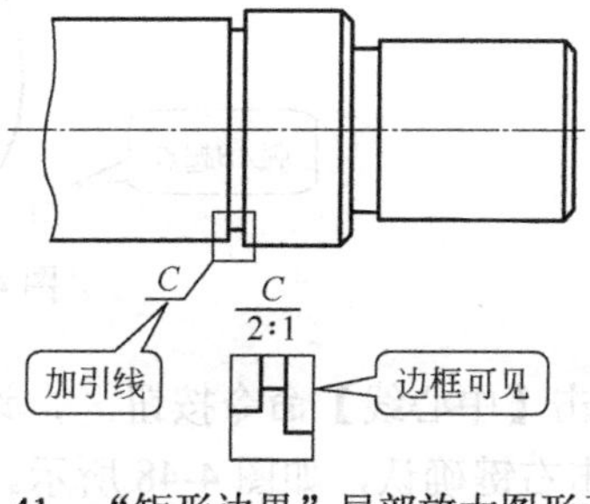

图 4-41 “矩形边界”局部放大图形示例

4.10 绘图实例

【实例 4-4】绘制如图 4-42 所示的图形（不标注尺寸）。

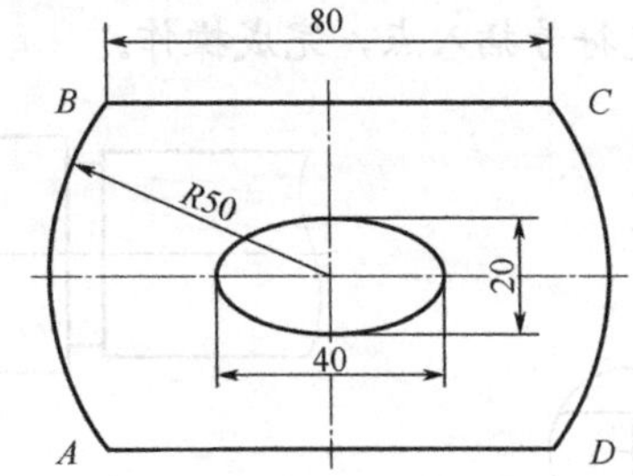

图 4-42 【实例 4-4】图

操作步骤

[1] 绘制直线 *AD*。单击【直线】按钮，设置立即菜单如图 4-43 所示，在适当位置用鼠标左键确定点 *A*，输入点 *D* 的相对坐标“@80，0”。

[2] 绘制直线 *BC*。单击【平行线】命令按钮，设置立即菜单如图 4-44 所示，拾取直线 *AD*，输入偏移距离为 60，绘制直线 *BC*。

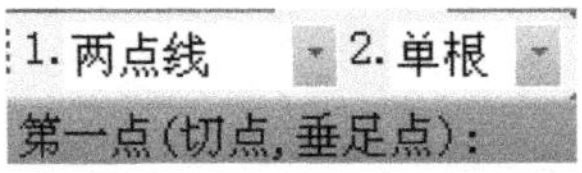

图 4-43 【两点线】立即菜单

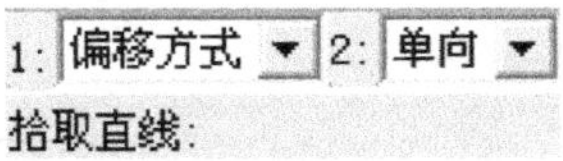

图 4-44 【平行线】立即菜单

[3] 绘制圆弧 *AB*。选择【圆弧】命令，切换立即菜单如图 4-45 所示，拾取点 *A* 为圆弧的起点，点 *B* 为圆弧的第二点，输入直径 50，绘制圆弧 *AB*。

[4] 绘制圆弧 *CD*。用相同的方式绘制圆弧 *CD*，如图 4-46 所示。

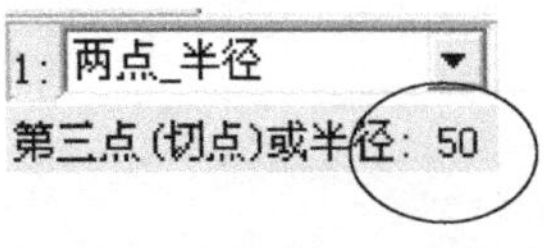

图 4-45 【圆弧】立即菜单

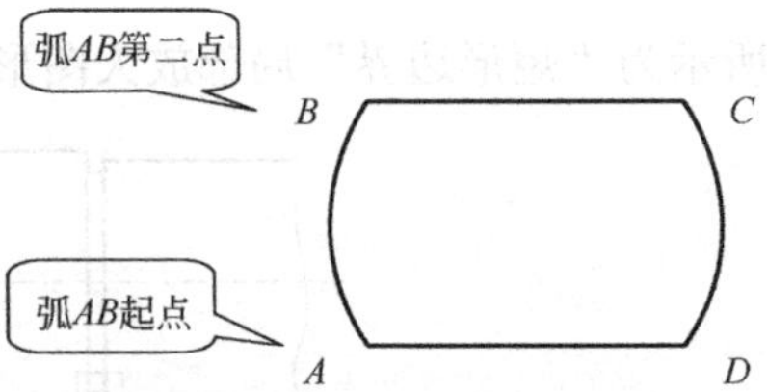

图 4-46 绘制圆弧

[5] 绘制水平中心线。单击【中心线】命令按钮，设置延伸长度为 15，如图 4-47 所示，拾取直线 *AB*、*CD*，单击右键确认，如图 4-48 所示。

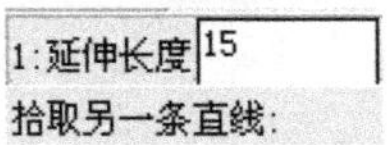

图 4-47 【中心线】立即菜单

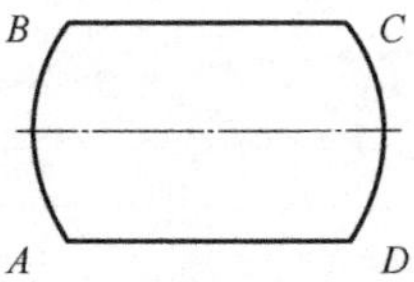

图 4-48 绘制水平中心线

[6] 绘制竖直中心线。重复上一步，拾取直线 *AD*、*BC*，单击左键切换后，单击右键确认。两中心线交点为 *O*，如图 4-49 所示。

[7] 绘制椭圆。单击【椭圆】命令按钮，设置立即菜单如图 4-50 所示，拾取点 *O* 为基准点，确认，结果如图 4-51 所示。

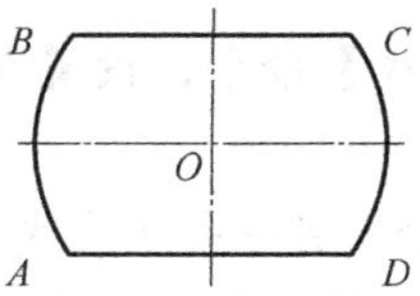

图 4-49 绘制垂直中心线

图 4-50 【椭圆】立即菜单

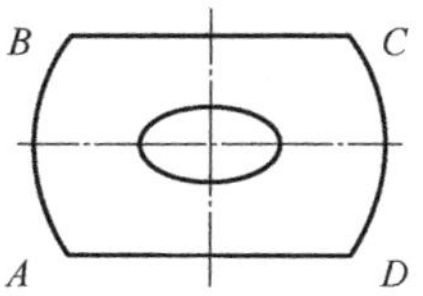

图 4-51 完成图形

【实例 4-5】绘制如图 4-52 所示的图形（不标注尺寸）。

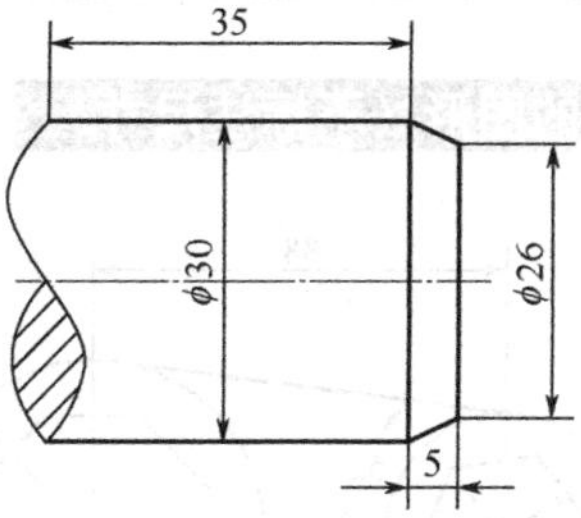

图 4-52 【实例 4-5】图

操作步骤

[1] 绘制阶梯轴。单击【孔/轴】按钮，选择如图 4-53 所示的立即菜单。

图 4-53 【孔/轴】立即菜单

[2] 在适当位置指定插入点，设置立即菜单如图 4-54 所示。

图 4-54 绘制轴立即菜单

[3] 重复步骤[2]，立即菜单如图 4-55 所示，绘制图形如图 4-56 所示。

图 4-55 绘制圆锥轴立即菜单

[4] 绘制波浪线。选择【波浪线】命令，设置合适的波峰（约为直径的 1/10），如图 4-57 所示，绘制波浪线。

[5] 将波峰改为其相反数，再绘制另一条波浪线，如图 4-58 所示。

[6] 将多余线段剪掉（裁剪操作见第 5 章），并添加剖面线，完成作图，如图 4-59 所示。

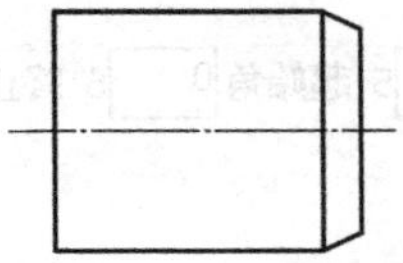

图 4-56 绘制轴

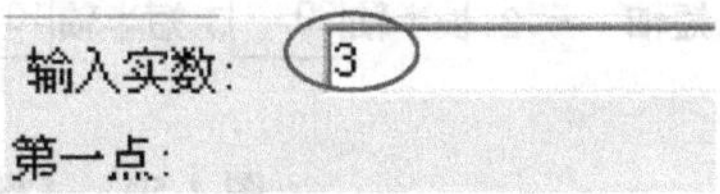

图 4-57 【波浪线】立即菜单

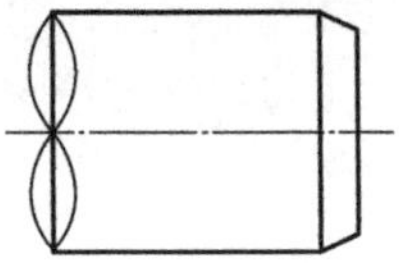

图 4-58 绘制波浪线

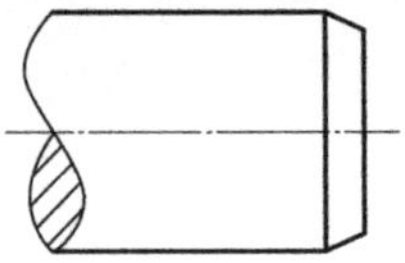

图 4-59 完成作图

提示：绘制波浪线前须将图层切换到细实线层（见第 6 章）。

【实例 4-6】绘制如图 4-60 所示的图形（不标注尺寸）。

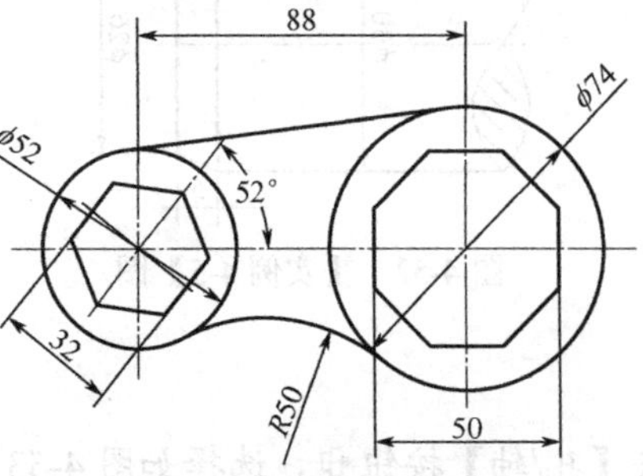

图 4-60 【实例 4-6】图

操作步骤

[1] 绘制圆。选择【圆】命令，立即菜单如图 4-61 所示，输入圆心坐标（0，0），绘制直径为 52 的圆。

图 4-61 【圆】立即菜单

[2] 重复步骤[1]，输入圆心坐标（88，0），绘制直径为74的圆。

[3] 绘制正六边形。选择【正多边形】命令，立即菜单如图4-62所示，绘制正六边形。

图4-62　正六边形立即菜单

[4] 绘制正八边形。选择【正多边形】命令，立即菜单如图4-63所示，捕捉大圆圆心为中心点，输入半径25，绘制正八边形。

图4-63　正八边形立即菜单

[5] 绘制外公切线。按【实例3-11】中绘制切线的方法绘制两圆的外公切线，如图4-64所示。

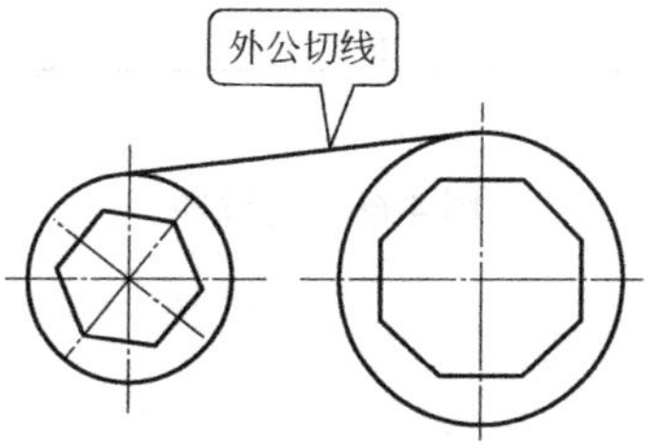

图4-64　绘制外公切线

[6] 绘制公切圆弧。选择“两点_半径”方式绘制圆弧。

[7] 按空格键，弹出工具点菜单，选择“切点”，拾取大圆切点；类似地，拾取小圆切点为第二点，然后输入半径50，绘制公切圆弧，如图4-65所示。

提示：在绘制相切曲线时，如系统给出“第一点(切点):”等类似的点拾取提示，可利用工具点菜单，方便地捕捉切点。

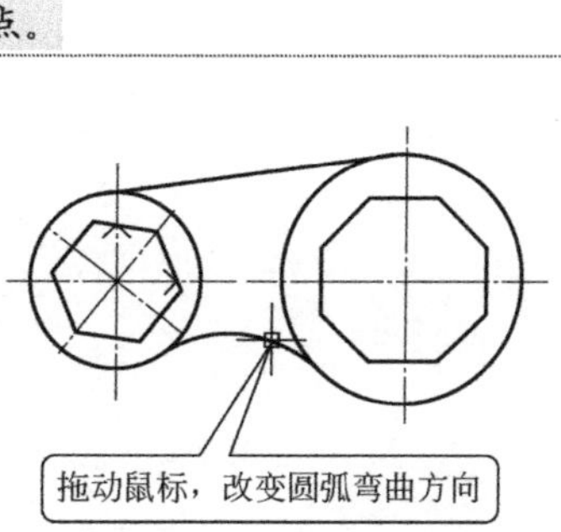

图4-65　绘制公切圆弧

4.11 习题

绘制如图 4-66 所示的图形，不标注尺寸。

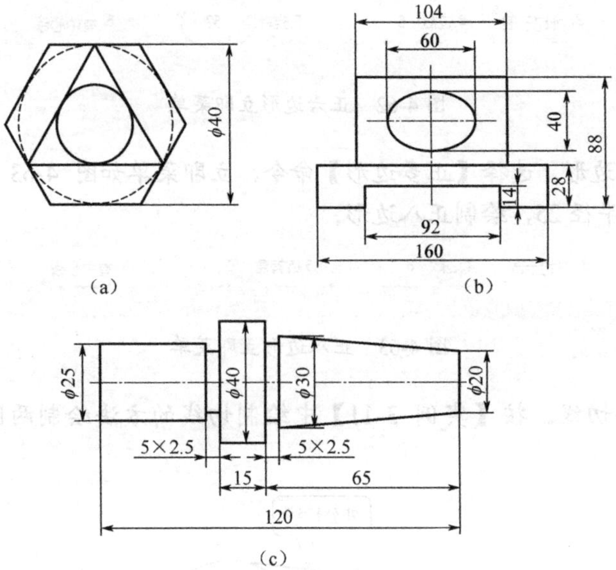

图 4-66　习题图

第 5 章　图形编辑

对当前图形进行编辑是交互式绘图软件不可缺少的基本功能。它对提高绘图速度及质量都具有至关重要的作用。CAXA 电子图板 2013 充分考虑了用户的需求，为用户提供了功能齐全、操作灵活方便的编辑功能。

电子图板的编辑功能包括基本编辑、图形编辑和属性编辑三个方面。

基本编辑主要是一些常用的编辑功能，如复制、剪切和粘贴等；图形编辑是对各种图形对象进行平移、裁剪、旋转等操作；属性编辑是对各种图形对象进行图层、线型、颜色等属性的修改。

熟练、灵活地利用编辑功能，可显著提高作图效率以及作图质量。

5.1 图形修改

图形编辑是指对图形中的单个实体如曲线、文字、尺寸标注、块等进行修改和编辑，主要包括删除、裁剪、过渡、齐边、拉伸、打断、夹点编辑、平移、复制、镜像、旋转、阵列、比例缩放、局部放大等。

图形编辑命令主要集中在【修改】菜单中，如图 5-1 所示。选择所需命令，即可进行相应操作。也可单击【常用】选项卡中【修改】面板上的图标，如图 5-2 所示。还可以使用从键盘输入命令的方式来进行所需操作。

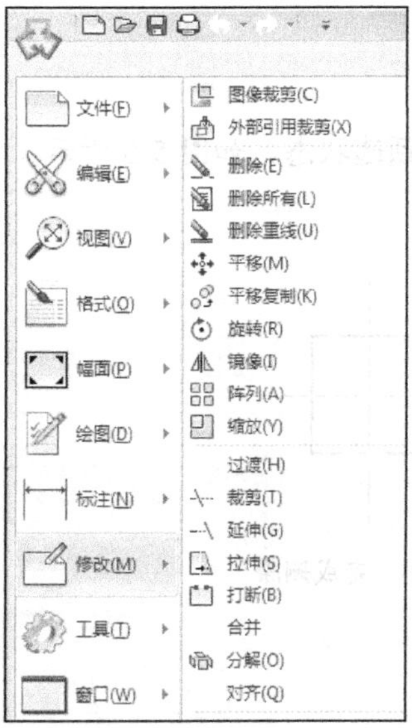

图 5-1　【修改】菜单

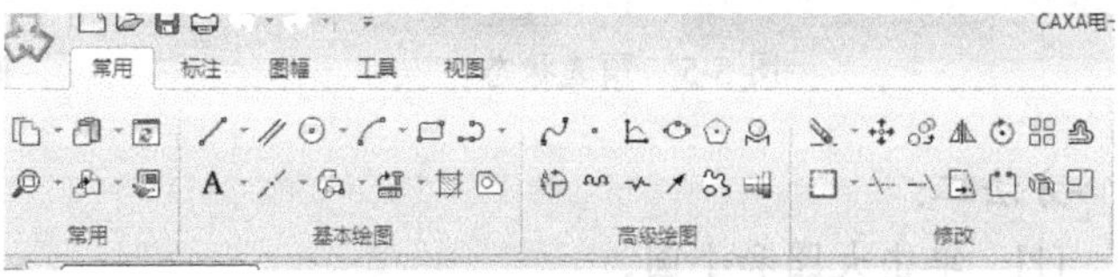

图 5-2　【修改】面板

5.1.1 删除

删除命令用来清除图面中不需要的实体。

删除命令的输入方式有以下几种。

- 下拉菜单：选择【修改】/【删除】或选择【编辑】/【清除】。
- 工具栏：单击【修改】面板中的图标。
- 命令行：输入“delete”、“del”或“e”并按回车键。

在命令状态下，即提示行显示命令:时，拾取一个或一组元素，这些元素变为红色虚线，这时称为预选状态。在此状态下，可通过以下两种方法进行删除。

- 按键盘上的 Delete 键，删除所选元素。
- 单击鼠标右键，弹出右键快捷菜单，如图 5-3 所示，从中选择“删除”，所选元素即被删除。

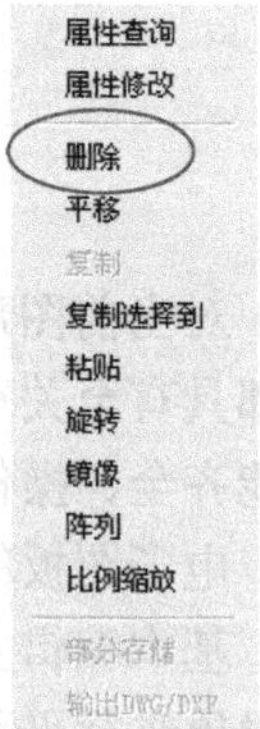

图 5-3 右键快捷菜单

【实例 5-1】删除图 5-4 中的两个圆。

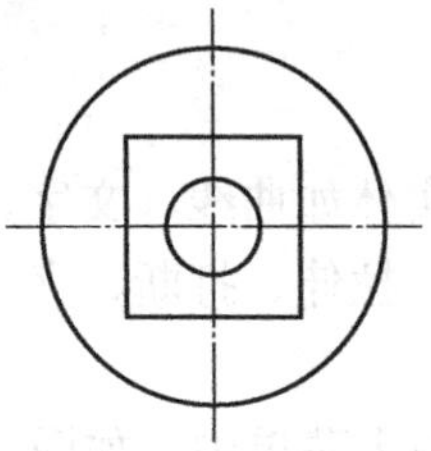

图 5-4 【实例 5-1】图

操作步骤

方法一:

[1] 单击大圆、小圆。大圆、小圆变为红色虚线，进入预选状态，如图 5-5 所示。

[2] 按 Delete 键，完成删除，如图 5-6 所示。

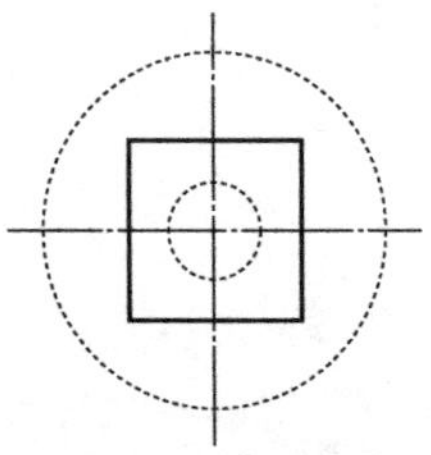

图 5-5 预选状态

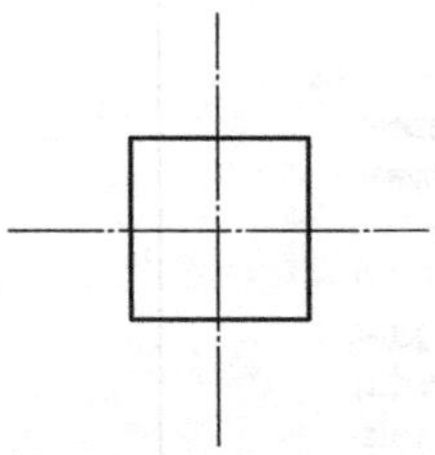

图 5-6 完成删除

方法二:

[1] 单击大圆和小圆。

[2] 单击鼠标右键，弹出右键快捷菜单，如图 5-3 所示。从中选择“删除”，即可完成操作。

方法三：

[1] 单击图标。

[2] 系统提示拾取添加时，单击两圆，按回车键确认。

> 注意：当命令行提示为“拾取添加”时，鼠标指针变为小方框。

5.1.2 裁剪

裁剪用于对给定曲线进行修整，删除不需要的部分。

裁剪命令输入方式有以下几种。

- 下拉菜单：选择【修改】/【裁剪】。
- 工具栏：单击【修改】面板中的图标。
- 命令行：输入“trim”并按回车键。

执行裁剪命令后，出现立即菜单，如图 5-7 所示。

图 5-7 【裁剪】立即菜单

> 提示：对于与其他曲线不相交的一条单独曲线，不能使用裁剪命令，只能用删除命令将其删掉。

1. 快速裁剪

在立即菜单中选择 1: 快速裁剪，系统提示拾取要裁剪的曲线:，用鼠标直接点取要被裁剪的曲线，系统根据与该曲线相交的曲线自动确定裁剪边界，单击鼠标左键，即完成裁剪命令。

快速裁剪在相交较简单的边界情况下可发挥巨大的优势，它具有很强的灵活性，在实践过程中熟练运用可大大提高工作效率。

【实例 5-2】将图 5-8 所示的图形编辑成图 5-9 所示的图形。

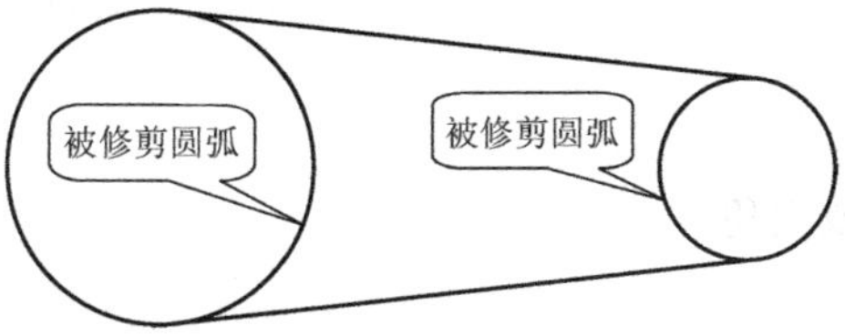

图 5-8 裁剪前的图形

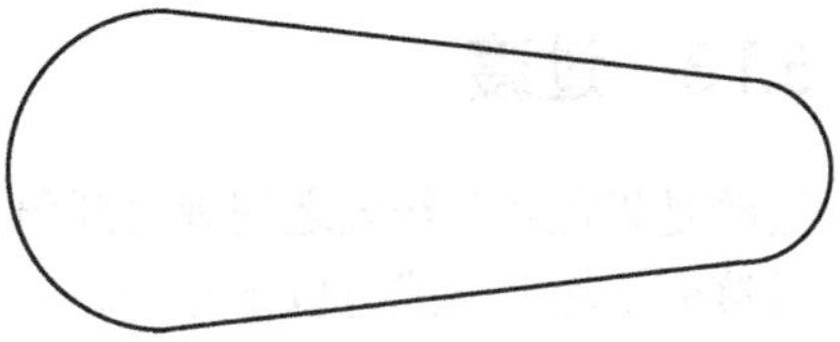

图 5-9 裁剪后的图形

操作步骤

[1] 单击【裁剪】图标。

[2] 选择 1: 快速裁剪。

[3] 用鼠标依次拾取要被修剪的圆弧。

[4] 单击鼠标右键确认。

2．拾取边界

拾取边界裁剪方法是拾取一条或多条曲线作为剪刀线，构成裁剪边界，对一系列曲线进行裁剪。系统将裁剪掉所拾取到的曲线段，保留在剪刀线另一侧的曲线段，如图 5-10 所示。

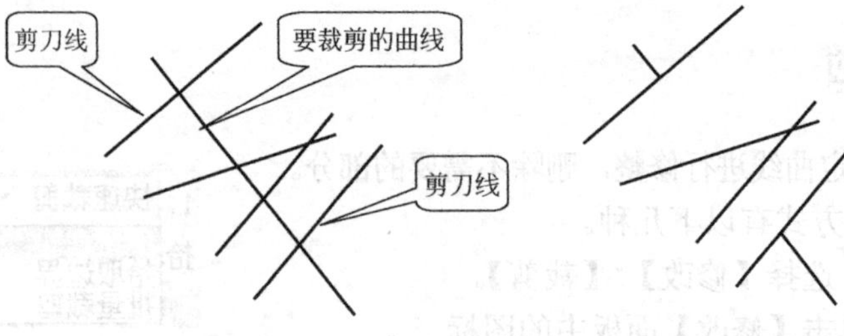

（a）裁剪前的图形　　（b）裁剪后的图形

图 5-10　拾取边界绘图示例

具体的操作步骤如下：

[1]　单击【裁剪】图标。

[2]　在立即菜单中选择 1: 拾取边界 。按照系统提示拾取剪刀线，单击鼠标右键确认。

[3]　按系统提示拾取要裁剪的曲线，则拾取的曲线与边界之间的部分被裁剪掉。

3．批量裁剪

当曲线较多时，可以对曲线进行批量裁剪。在立即菜单中选择 1: 批量裁剪 ，根据系统提示拾取剪刀链；系统提示拾取要裁剪的曲线，用鼠标依次拾取或用窗口拾取，单击鼠标右键确认；选择要裁剪的方向，完成裁剪。

提示：剪刀链可以是一条曲线，也可以是首尾相接的多条曲线。

5.1.3 过渡

过渡是指在两条线段之间画出圆角、倒角或尖角。

过渡命令输入方式有以下几种。

- 下拉菜单：选择【修改】/【过渡】。
- 工具栏：单击【修改】面板中的图标。
- 命令行：输入“corner”并按回车键。

执行过渡命令后，出现立即菜单，如图 5-11（a）所示。

注意：单击过渡工具图标后的下拉箭头 也可选择过渡方式，如图 5-11（b）所示。注意两种命令输入方式的立即菜单是不同的。

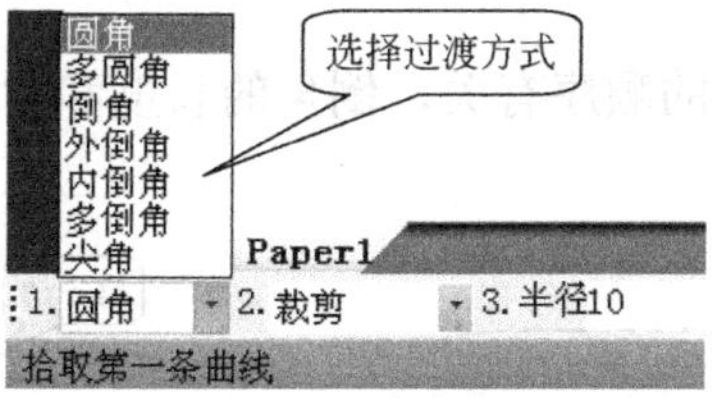

（a）立即菜单中的过渡方式

（b）工具图标下的过渡方式

图 5-11　过渡方式

1. 圆角

圆角过渡即在各曲线之间进行圆弧连接。

选择【过渡】立即菜单中的 1: 圆角，出现如图 5-12 所示的【圆角】立即菜单。

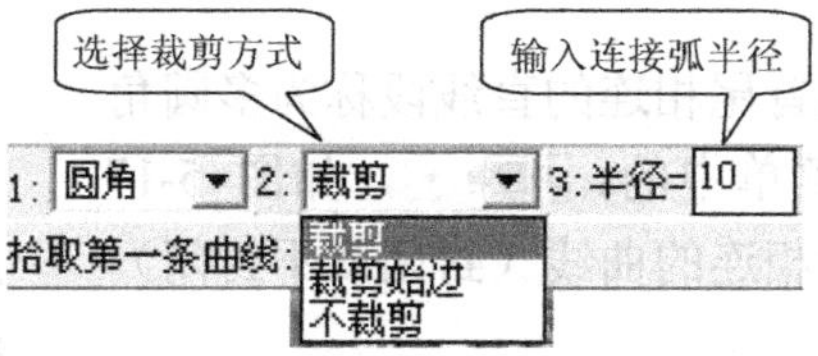

图 5-12　【圆角】立即菜单

圆角过渡中有三种裁剪方式可供选择。

- 裁剪：表示对被连接曲线多余的部分同时进行裁剪。
- 裁剪始边：表示只裁剪所拾取的第一条曲线（即始边）。
- 不裁剪：保留原来的曲线。

按照系统提示，依次拾取要过渡的两条曲线即可完成圆角过渡。图 5-13 所示为圆角过渡示例。

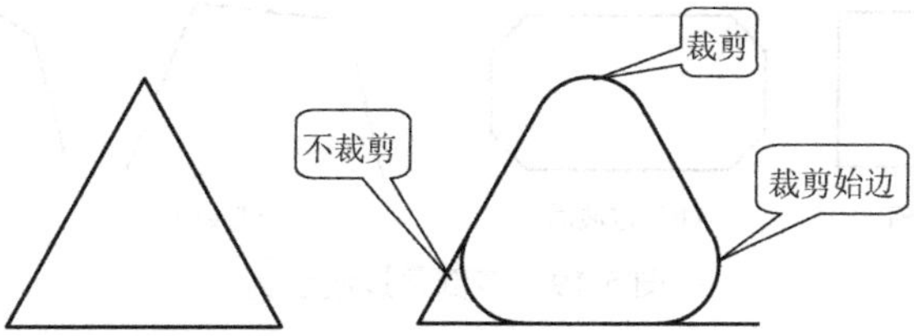

（a）过滤前的图形　　（b）过渡后的图形

图 5-13　圆角过渡示例

注意：无交点曲线段也可进行圆角过渡，如图 5-14 所示。

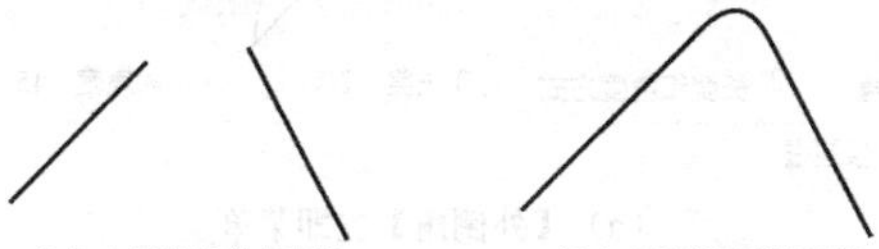

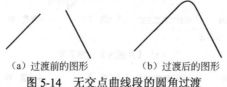

（a）过渡前的图形　　（b）过渡后的图形

图 5-14　无交点曲线段的圆角过渡

2. 倒角

倒角即在两直线之间进行直线倒角的过渡。

选择【过渡】立即菜单中的1: 倒角，如图 5-15 所示。按照系统提示依次拾取两条直线，即可绘制出倒角。

对于非 45° 倒角，倒角与拾取直线的顺序有关，倒角的长度和角度是相对于拾取的第一条直线而言的，如图 5-16 所示。

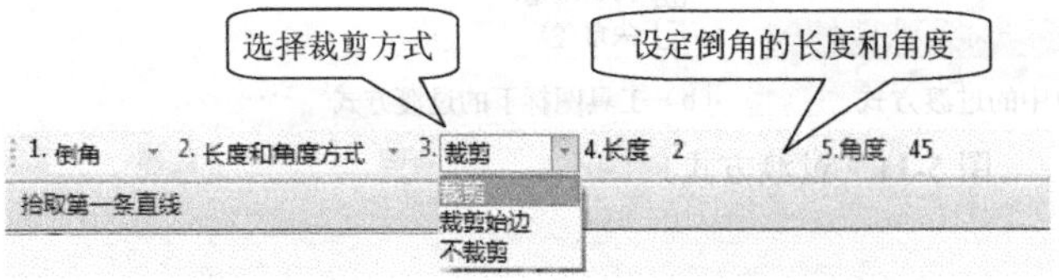

图 5-15 【倒角】立即菜单

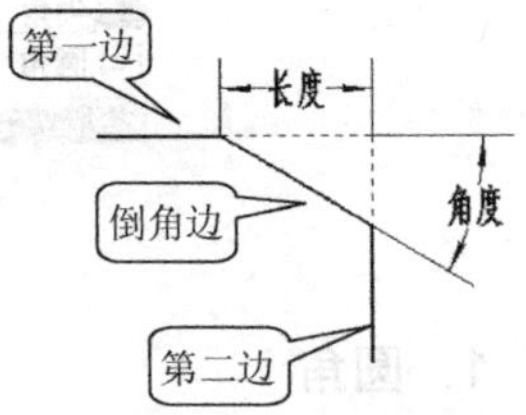

图 5-16 倒角的长度和角度

3. 多圆角和多倒角

用给定半径过渡一系列首尾相连的直线段称为多圆角过渡。选择【过渡】立即菜单中的1: 多圆角，如图 5-17 所示。按系统提示拾取首尾相连的曲线（封闭或不封闭）即可。

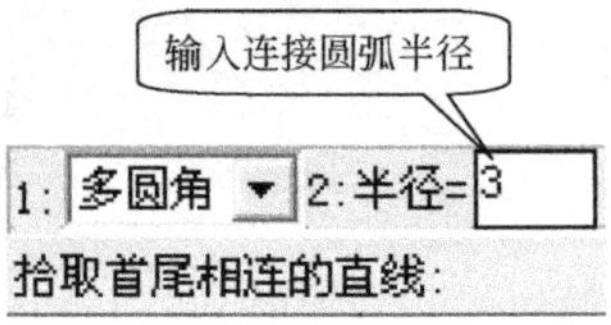

图 5-17 【多圆角】立即菜单

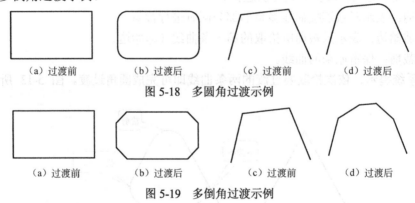

多倒角与多圆角操作类似。图 5-18、图 5-19 所示为多圆角和多倒角过渡示例。

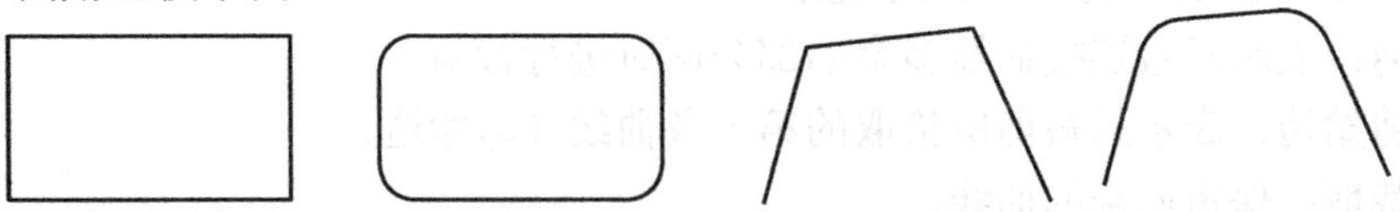

（a）过渡前 （b）过渡后 （c）过渡前 （d）过渡后

图 5-18 多圆角过渡示例

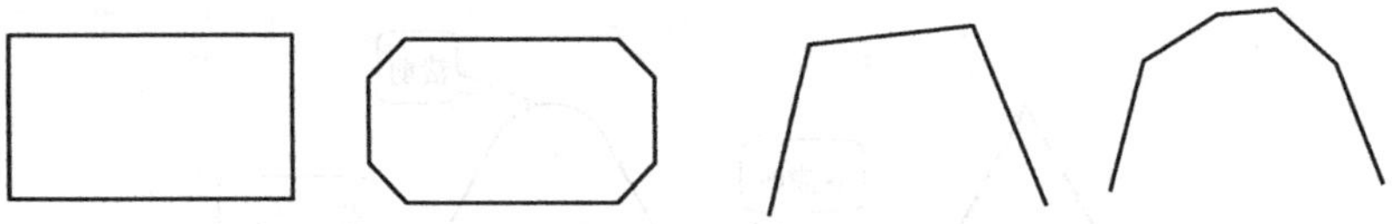

（a）过渡前 （b）过渡后 （c）过渡前 （d）过渡后

图 5-19 多倒角过渡示例

4. 外倒角和内倒角

选择【过渡】立即菜单中的1: 外倒角或1: 内倒角，如图 5-20 所示。

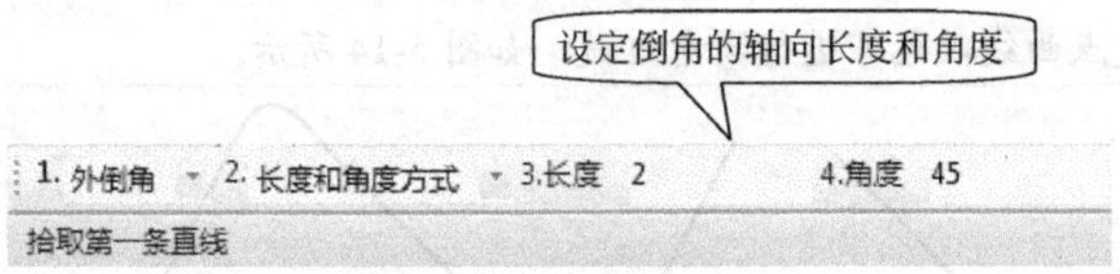

（a）【外倒角】立即菜单

（b）【内倒角】立即菜单

图 5-20 【内倒角】和【外倒角】立即菜单

【实例 5-3】将图 5-21（a）所示的阶梯轴倒角为图 5-21（b）所示的形式。

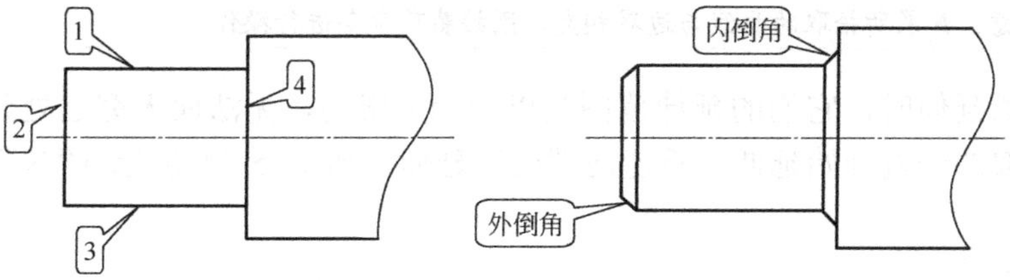

（a）操作前 （b）操作后

图 5-21 【实例 5-3】图

【分析】 本例操作既有外倒角，也有内倒角。首先选择“外倒角”方式，设置轴向长度为 2，倒角为 45°，然后选择线段 1、2、3，可绘制出外倒角。再选择“内倒角”方式，同样设置轴向长度为 2，倒角为 45°，然后选择线段 1、3、4，可作出内倒角。

本例的操作步骤相对简单，读者可自行练习。

> 注意：①内、外倒角主要用于在轴、孔上绘制倒角，而倒角多用于平面图形中两直线间的倒角过渡。②绘制外倒角或内倒角时，拾取的三条直线无顺序要求，但位置必须类似于图 5-22 所示，即直线 1、3 同垂直于直线 2，并且在直线 2 的同侧。

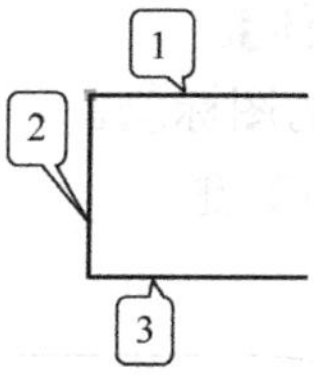

图 5-22 内、外倒角三条直线的位置

5.1.4 齐边

齐边是以一条曲线为边界对一系列曲线进行裁剪或延伸。

齐边命令输入方式有以下几种。

- 下拉菜单：选择【修改】/【延伸】。
- 工具栏：单击【修改】面板中的图标-\。
- 命令行：输入“edge”并按回车键。

操作步骤如下：

[1] 执行延伸命令，系统提示拾取剪刀线:，剪刀线即为边界。

[2] 拾取剪刀线后，系统提示拾取要编辑的曲线: ，根据作图需要拾取一系列曲线进行编辑修改。

[3] 单击鼠标右键结束操作。

若拾取的曲线与边界无交点，则系统将曲线按其本身的趋势（如直线的方向、圆弧的圆心和半径均不发生改变）延伸至边界，如图 5-23 所示。

📖 注意：如果所拾取的曲线与边界相交，则按裁剪命令进行操作。

圆或圆弧延伸时，它们的延伸范围是以半径为限的，无法向无穷远处延伸，而且圆弧只能从拾取的一端开始延伸，不能两端同时延伸，如图 5-24 所示（"×"表示拾取的位置）。

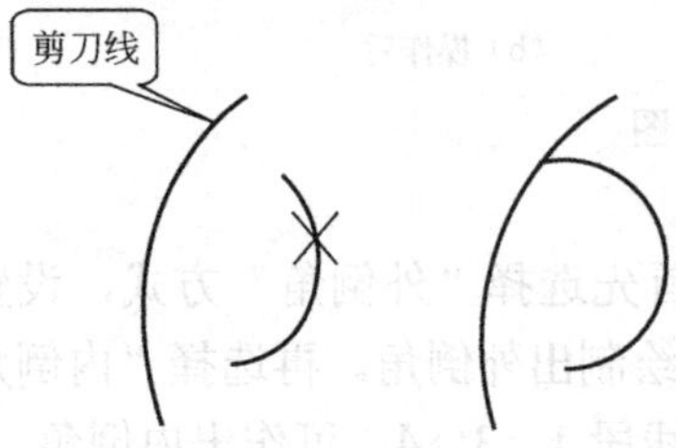

图 5-23　延伸操作

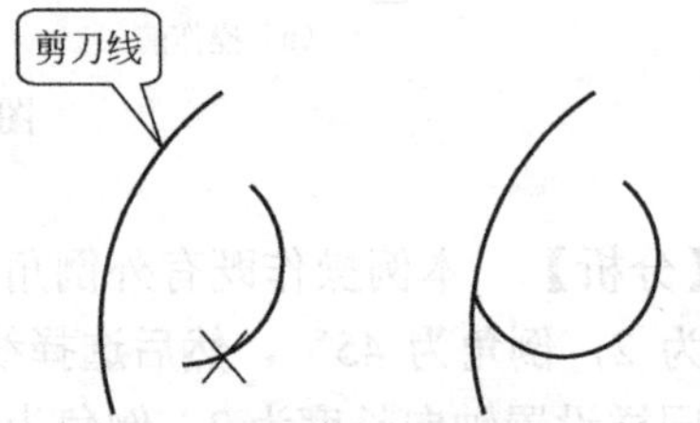

图 5-24　圆弧的延伸

5.1.5　拉伸

在保持曲线原有趋势不变的前提下，对曲线或曲线组进行拉伸或缩短处理。

拉伸命令输入方式有以下几种。

- 下拉菜单：选择【修改】/【拉伸】。
- 工具栏：单击【修改】面板上的图标。
- 命令行：输入"stretch"并按回车键。

【拉伸】立即菜单如图 5-25 所示。

图 5-25　【拉伸】立即菜单

1．单条曲线拉伸

执行拉伸命令，在立即菜单中选择 1: 单个拾取，如图 5-26 所示的，可在保持曲线原有趋势不变的前提下，对曲线进行拉伸或缩短处理。按提示要求用鼠标拾取所要拉伸的直线或圆弧的一端，按下鼠标左键后，该线段即消失。当再次移动鼠标时，光标会拖动一条被拉伸的线段。移动至指定位置，按下鼠标左键后，一条被拉伸的线段就会显示出来。当然也可以将线段缩短，其操作与拉伸完全相同。

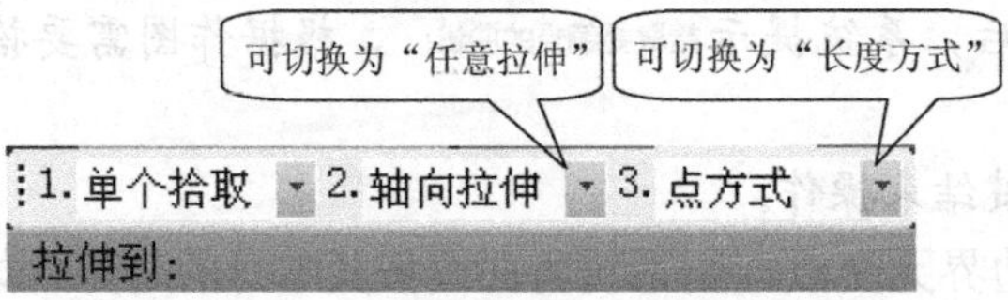

图 5-26　【单个拾取】立即菜单

图 5-27 所示为拉伸直线示例。

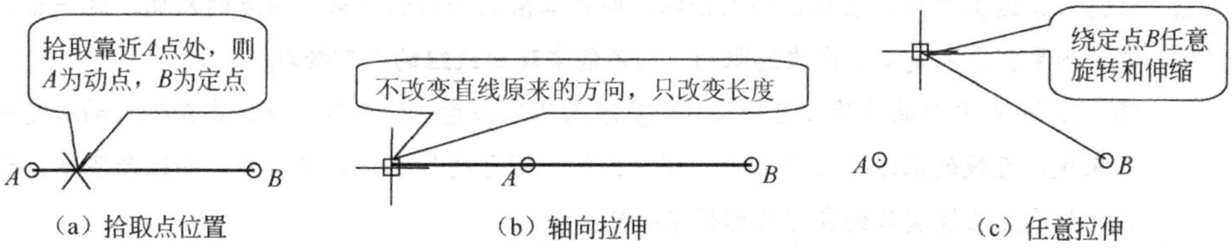

图 5-27　拉伸直线示例

若拾取的是圆，则以圆心为定点，通过拖动鼠标或输入坐标值拉伸半径，也可输入半径值。

当拾取的曲线是圆弧时，系统弹出的立即菜单如图 5-28 所示。

- 弧长拉伸、角度拉伸：圆心和半径不变，圆心角改变，用户可以用键盘输入新的圆心角。
- 半径拉伸：圆心和圆心角不变，半径改变，用户可以输入新的半径值。
- 自由拉伸：圆心、半径和圆心角都可以改变。

> **注意：拾取圆弧时，除自由拉伸外，其余拉伸方式均可在立即菜单的第 3 个下拉列表框中选择“绝对值”或“增量值”。**

拾取样条曲线后，系统提示拾取插值点:，用鼠标点取某一插值点后，提示变为拉伸到:，输入一点，或将拾取的插值点拉伸到新的位置，即可完成拉伸操作，如图 5-29 所示。

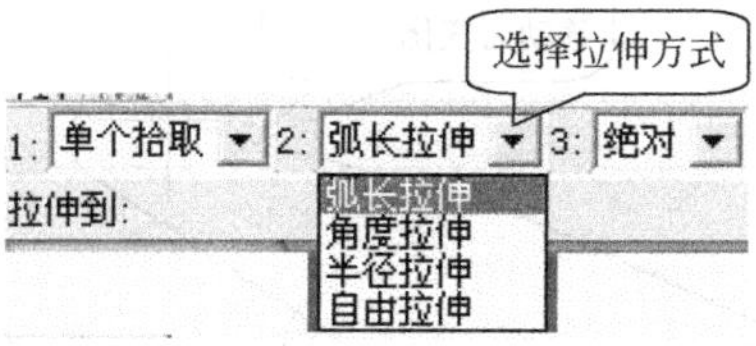

图 5-28　圆弧或圆拉伸立即菜单

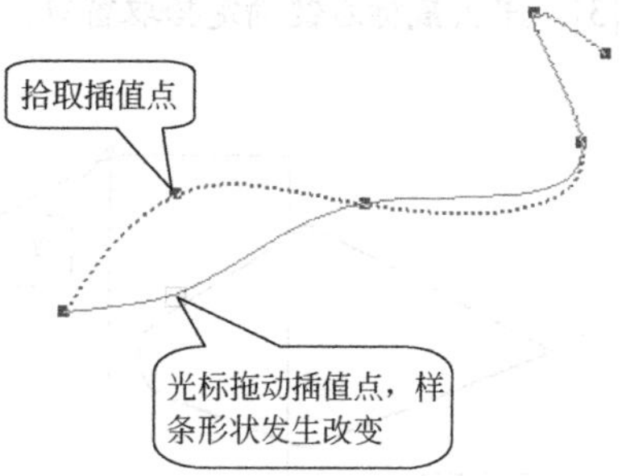

图 5-29　拉伸样条

2．曲线组拉伸

拾取移动窗口内图形的指定部分，即可将窗口内的图形一起拉伸。选择【拉伸】立即菜单中的 1: 窗口拾取 ，如图 5-30 所示。

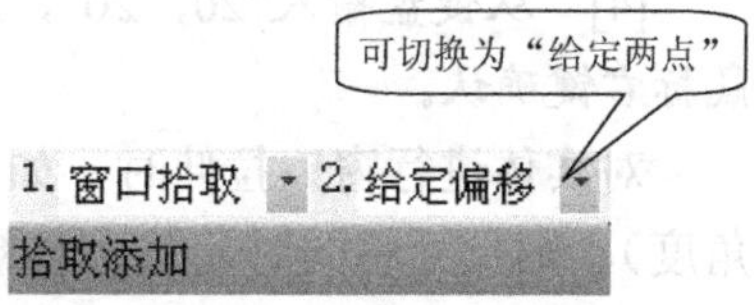

图 5-30　【窗口拾取】立即菜单

按提示要求用鼠标指定待拉伸曲线组窗口中的第一角点，之后提示变为“另一角点”。再拖动鼠标选择另一角点，即可形成一个窗口。

拾取完成后，在立即菜单中选择“给定偏移”，提示又变为“X 和 Y 方向偏移量或位置点”。此时，再移动鼠标，或从键盘输入一个位置点，窗口内的曲线组即被拉伸。

注意：①这里窗口必须从右向左拾取，即第二角点必须位于第一角点的左侧，这一点至关重要，如果窗口不是从右向左选取的，则不能实现曲线组的全部拾取。

②“X 和 Y 方向偏移量”是指相对于基准点的偏移量，这个基准点是由系统自动给定的。一般来说，直线的基准点在中点处，圆、圆弧、矩形的基准点在中心处，而组合实体、样条曲线的基准点在该实体的包容矩形的中心处。

【实例 5-4】用“给定偏移”方式拉伸图 5-31（a）所示图形成为图 5-31（b）所示图形。拉伸部分相对于其基准点在 *X* 和 *Y* 轴均偏移 20mm。

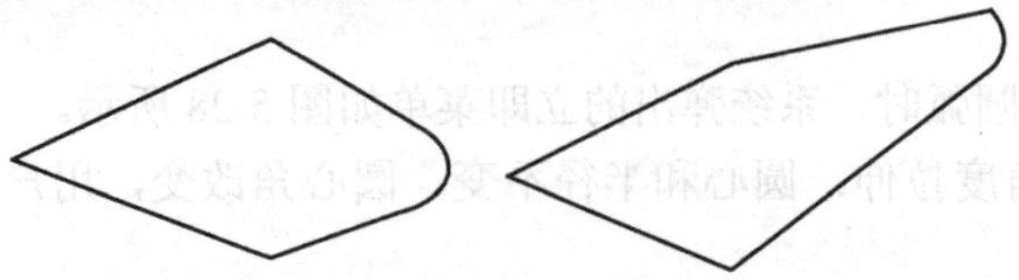

（a）拉伸前　　（b）拉伸后

图 5-31　【实例 5-4】图

操作步骤

[1]　单击【拉伸】图标，选择立即菜单如图 5-30 所示。

[2]　按系统提示拾取第一角点和第二角点，如图 5-32 所示。

[3]　单击鼠标右键确定拾取窗口，系统提示指定X 和 Y方向偏移量或位置点:。图形如图 5-33 所示。

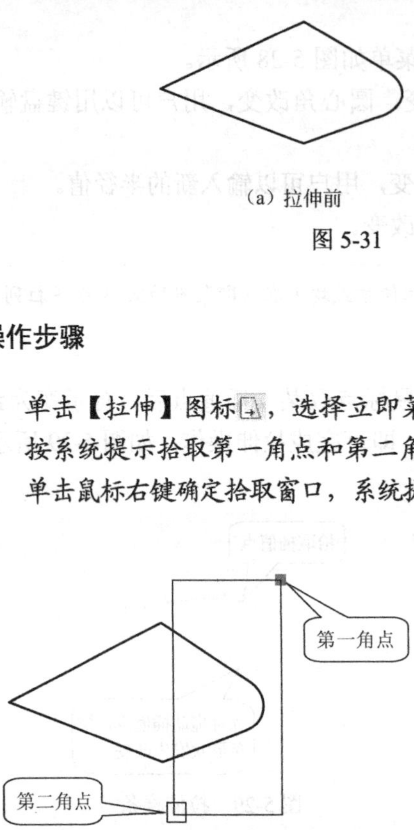

图 5-32　拾取角点

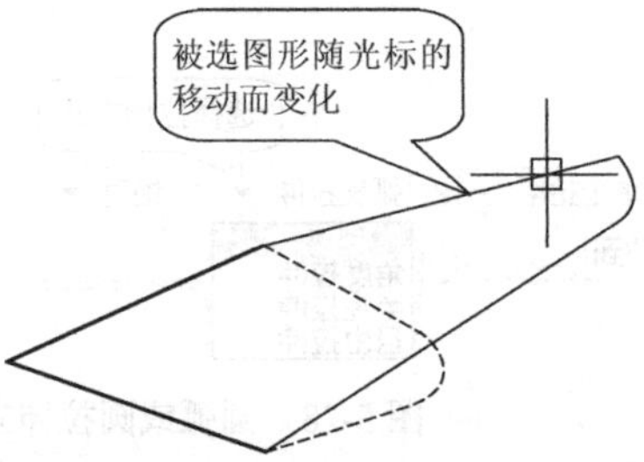

图 5-33　确定拾取窗口后的图形

[4]　从键盘输入“20，20”，表示图形在 *X* 和 *Y* 轴方向相对于基准点的偏移量，单击鼠标右键确认。

对实体进行窗口拉伸时，如果选中的实体中有尺寸标注（线性尺寸、夹角尺寸或三点角度），则尺寸将同时随其实体被联动拉伸，这样可以保证被拉伸的曲线和标注的尺寸相一致。

5.1.6 打断

打断就是将一条指定曲线在指定点处打断成两条曲线，以便进行其他操作。

打断命令输入方式有以下几种。

- 下拉菜单：选择【修改】/【打断】。
- 工具栏：单击【修改】面板上的图标。
- 命令行：输入“break”并按回车键。

执行打断命令后，系统提示拾取曲线:，选择一条曲线后提示变为拾取打断点:，确定一点，该曲线即被打断。

> 注意：①打断点最好选在需要打断的曲线上，为确保作图准确，可充分利用工具点菜单。②若用户将点取在曲线外，如图 5-34 所示，则打断直线时，从设定点向被打断直线作垂线，以垂足为打断点；打断圆弧或圆时，以圆心和设定点的连线与圆弧或圆的交点为打断点。③曲线打断后，屏幕显示与打断前并无区别，但实际上已发生变化。

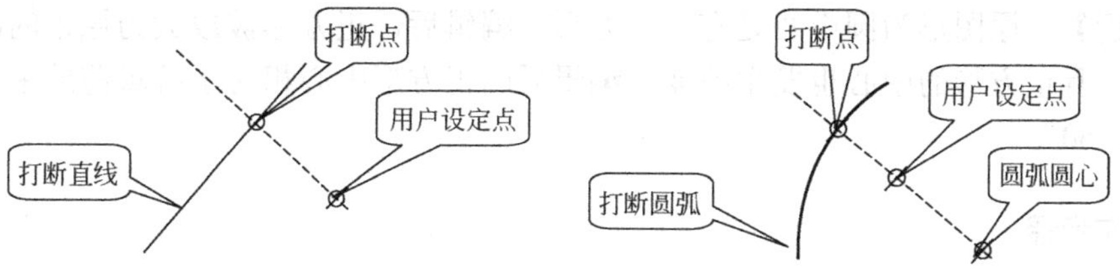

图 5-34　将打断点取在曲线外

5.1.7 平移

平移是指将拾取到的实体进行移动。

平移命令输入方式有以下几种。

- 下拉菜单：选择【修改】/【平移】。
- 工具栏：单击【修改】面板上的图标✥。
- 命令行：输入“move”并按回车键。

执行平移命令后，出现立即菜单，如图 5-35 所示，有“给定两点”和“给定偏移”两种方式。

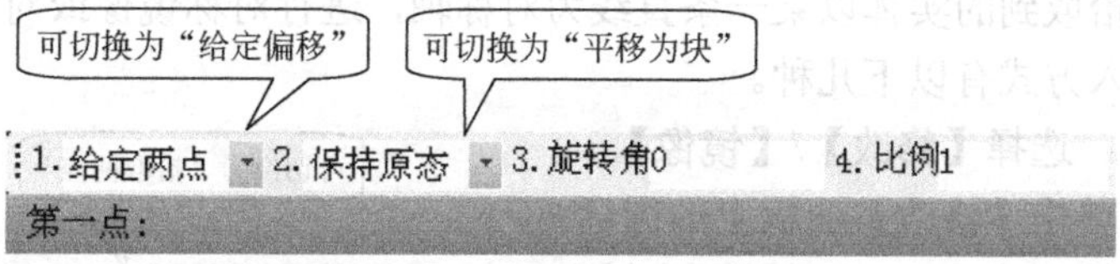

图 5-35　【平移】立即菜单

- “给定两点”是指通过两点的定位方式完成图形元素的移动。
- “给定偏移”表示将实体移动到一个指定位置上。选择“给定偏移”方式，确定拾取添加后，系统将提示X 或 Y方向偏移量:，这是指图形相对于基准点的距离。

📖 注意：基准点是由系统自动给出的。一般来说，直线的基准点定在中点处，圆、圆弧、矩形的基准点定在中心处。其他实体，如样条曲线等实体的基准点也定在中心处。

【实例 5-5】将图 5-36（a）中的正方形移出成为 5-36（b）所示的图形（正方形为原来的两倍）。

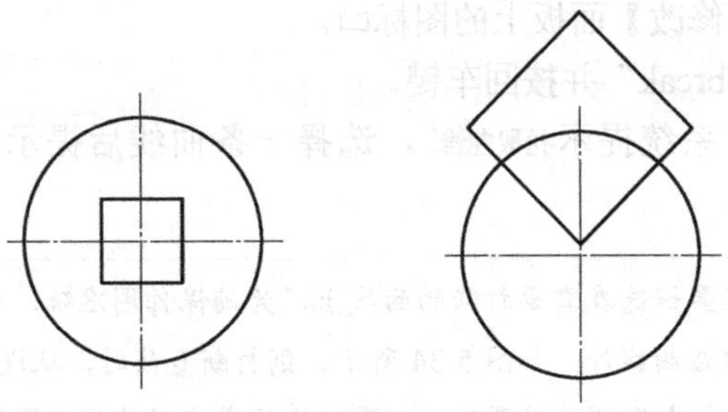

（a）编辑前的图形　　（b）编辑后的图形

图 5-36　【实例 5-5】图

【分析】　原图形为圆中心处有一正方形。编辑后，正方形被放大为原来的两倍，翻转 45°，且正方形的中心也发生改变，编辑后的正方形中心相对于编辑前的中心的坐标为“@0，50”。

操作步骤

[1]　单击【平移】图标✥。

[2]　按图 5-37 设定立即菜单。

图 5-37　设定立即菜单

[3]　按提示拾取正方形，单击鼠标右键确认。

[4]　系统提示 X 或 Y方向偏移量:，输入偏移量“0，50”，确认即可。

5.1.8　镜像

镜像就是对拾取到的实体以某一条直线为对称轴，进行对称镜像或对称复制。

镜像命令输入方式有以下几种。

- 下拉菜单：选择【修改】/【镜像】。
- 工具栏：单击【修改】面板上的图标⚠。
- 命令行：输入“mirror”并按回车键。

执行镜像命令后，出现立即菜单，如图 5-38 所示。有“选择轴线”和“拾取两点”两种方式。

图 5-38　【镜像】立即菜单

1. 选择轴线

1: 选择轴线 表示以直线作为镜像操作的对称轴。在图 5-38 的第 2 个下拉列表框中，“拷贝”指镜像操作后，保留原图；“镜像”表示操作完成后，原图消失。

图 5-39 所示为“选择轴线”镜像示例。

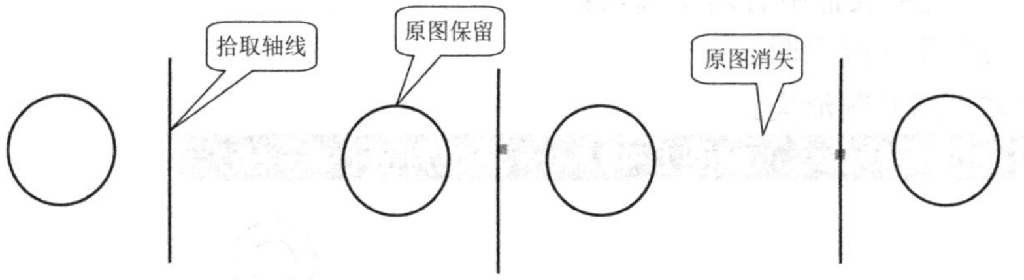

（a）原图　（b）“拷贝”后的图形　（c）“镜像”后的图形

图 5-39　“选择轴线”镜像示例

2. 拾取两点

1: 拾取两点 表示以两点的连线作为对称轴。

图 5-40 所示为“拾取两点”镜像示例。图 5-41 为“拾取轴线”镜像示例。

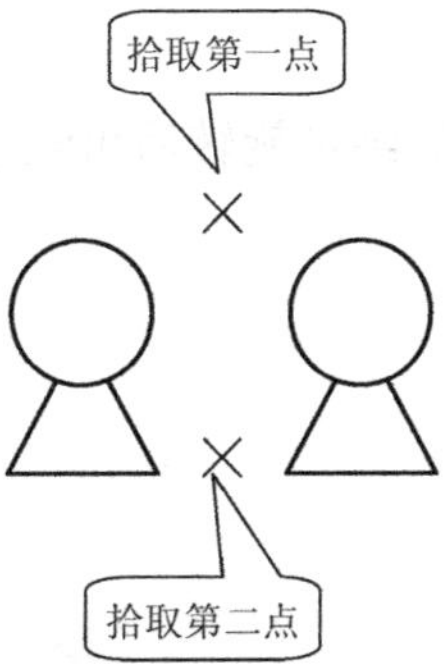

图 5-40　“拾取两点”镜像示例

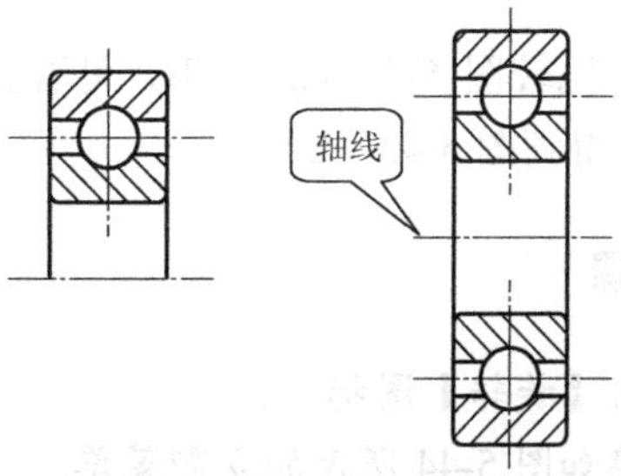

（a）镜像前的图形　（b）镜像后的图形

图 5-41　“拾取轴线”镜像示例

5.1.9 旋转

旋转命令用于对拾取到的实体进行旋转和复制。

旋转命令输入方式有以下几种。

- 下拉菜单：选择【修改】/【旋转】。
- 工具栏：单击【修改】面板上的图标。
- 命令行：输入“rotate”并按回车键。

执行旋转命令后，出现立即菜单，如图 5-42 所示。

图 5-42　【旋转】立即菜单

在第 1 个下拉列表框中有两个选项：

- "给定角度"指给定旋转角进行旋转，拾取元素并确认后，按提示分别输入旋转基准点和旋转角后完成旋转。
- "起始终止点"指给定起始点和终止点进行旋转。

在第 2 个下拉列表框中有两个选项：

- "拷贝"指保留原图。
- "旋转"指原图消失。

【实例 5-6】利用旋转命令，把图 5-43（a）修改为图 5-43（b）。

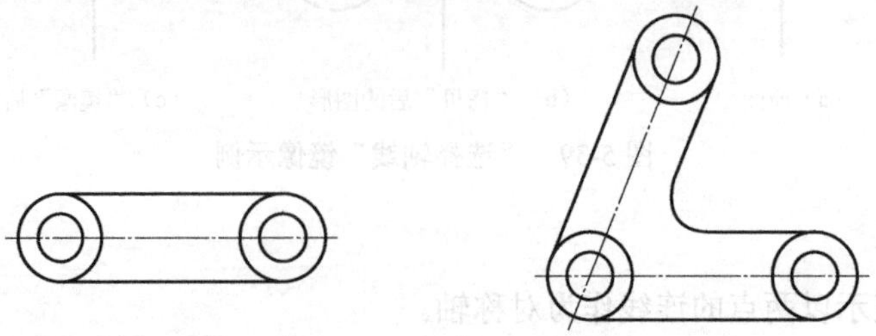

（a）编辑前　（b）编辑后

图 5-43　【实例 5-6】图

【分析】 比较图 5-43（a）、（b）可看到，图 5-43（a）经过旋转后再经裁剪、圆角等编辑操作即可得到图 5-43（b）。

操作步骤

[1] 单击【旋转】图标。

[2] 切换如图 5-44 所示的立即菜单。

图 5-44　【旋转】立即菜单

[3] 命令行提示"拾取添加"，拾取图 5-43（a）中的图形，单击鼠标右键确认；系统提示"基点"，拾取左圆圆心，如图 5-45 所示。

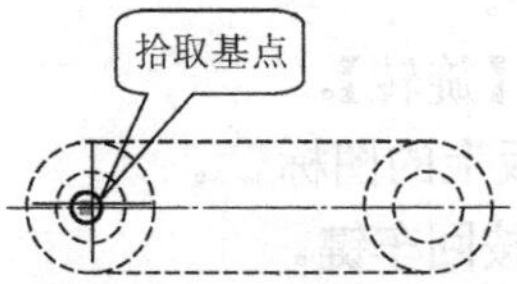

图 5-45　拾取图形及基点

[4] 系统提示"起始点"，再次拾取左圆圆心；系统提示"终止点"，用鼠标拾取一点为终止点，如图 5-46 所示。

[5] 选择裁剪命令，采用"快速裁剪"，修剪多余线条，如图 5-47 所示。

[6] 选择过渡命令，进行圆角过渡，完成图形编辑。

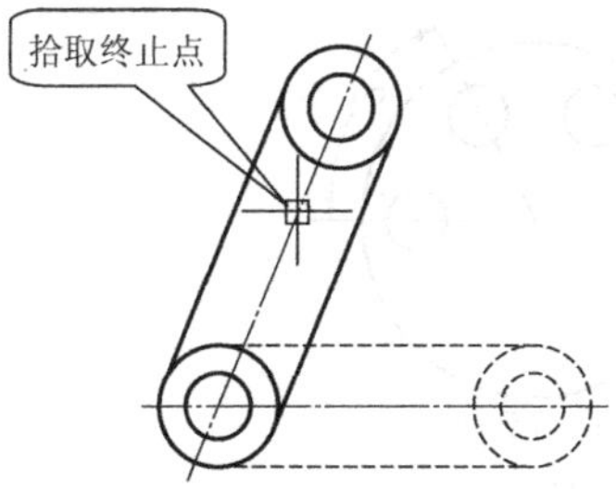

图 5-46　拾取终止点

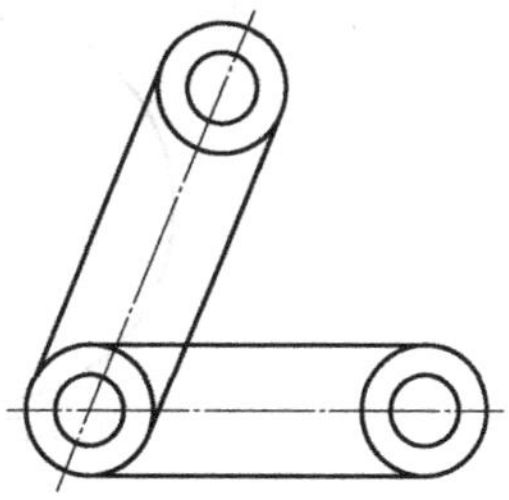

图 5-47　修剪多余线条

5.1.10　阵列

阵列操作的目的是通过一次操作同时生成若干个相同的图形，以提高作图速度。

阵列命令输入方式有以下几种。

- 下拉菜单：选择【修改】/【阵列】。
- 工具栏：单击【修改】面板上的图标器。
- 命令行：输入“array”并按回车键。

执行阵列命令后，出现立即菜单，如图 5-48 所示。

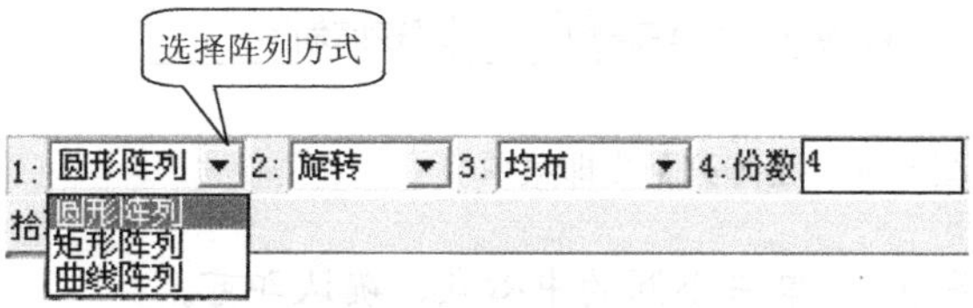

图 5-48　【阵列】立即菜单

阵列的方式有圆形阵列、矩形阵列和曲线阵列三种。

1．圆形阵列

圆形阵列是指对拾取到的实体，以某基点为圆心进行阵列复制。选择【阵列】立即菜单中的 1: 圆形阵列，如图 5-48 所示。

在第 2 个下拉列表框中有两个选项：

- “旋转”表示所复制的实体都以旋转中心为基点自动旋转。
- “不旋转”表示阵列复制后，所复制的实体方位不发生变化。

在第 3 个下拉列表框中有两个选项：

- “均布”表示阵列复制的实体均匀分布在同一个圆周上。
- “给定夹角”表示阵列复制的实体按给定角度分布。

【实例 5-7】使用“圆形阵列”方式，在图 5-49（a）的基础上，绘制图 5-49（b）所示的图形。

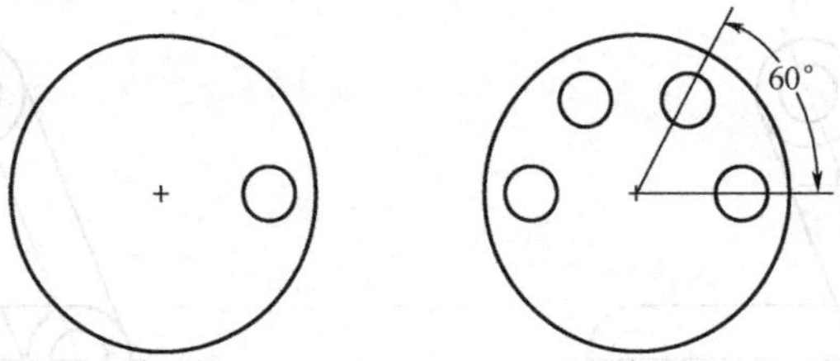

（a）阵列前　　（b）阵列后

图 5-49　【实例 5-7】图

操作步骤

[1]　单击【阵列】图标。

[2]　切换如图 5-50 所示的立即菜单。

[3]　命令行提示“拾取添加”，拾取小圆，单击鼠标右键确认；系统提示“中心点”，拾取大圆圆心，如图 5-51 所示。

图 5-50　【阵列】立即菜单

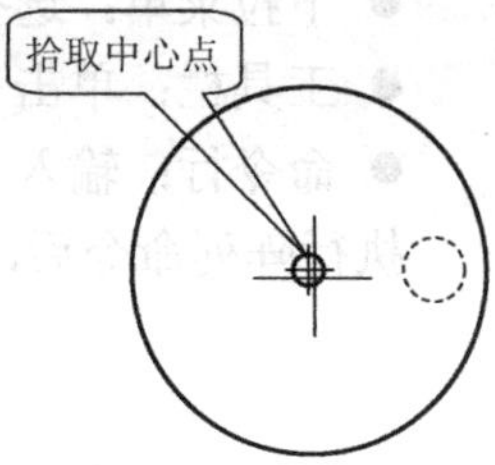

图 5-51　拾取中心点

[4]　系统提示“基点”，单击小圆的中心点，确认即可。

若阵列操作时“不旋转”对象，拾取完中心点后，系统会提示基点:。“基点”是指所选实体阵列操作时相对中心点的参考点，“基点”的选取对阵列效果影响很大。

图 5-52 所示显示了基点设在不同点时的阵列效果。

图 5-53 所示显示了“均布”情况下，“旋转”与“不旋转”的阵列效果。

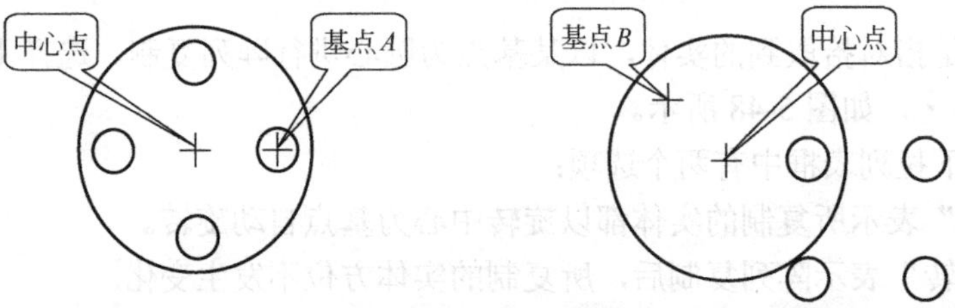

图 5-52　基点的选取

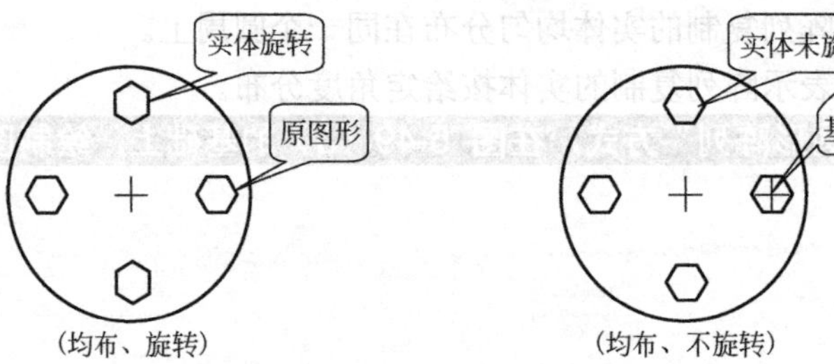

（均布、旋转）　　（均布、不旋转）

图 5-53　旋转/不旋转实体阵列

2. 矩形阵列

选择【阵列】立即菜单中的 1:矩形阵列 ，如图 5-54 所示。其中规定了矩形阵列的行数、行间距、列数、列间距及旋转角的默认值，这些数值均可通过键盘输入进行修改。

> 注意：矩形阵列中，“行间距”和“列间距”允许输入负值，负的行间距表示从基点向左阵列实体，负的列间距表示从基点向下阵列实体。

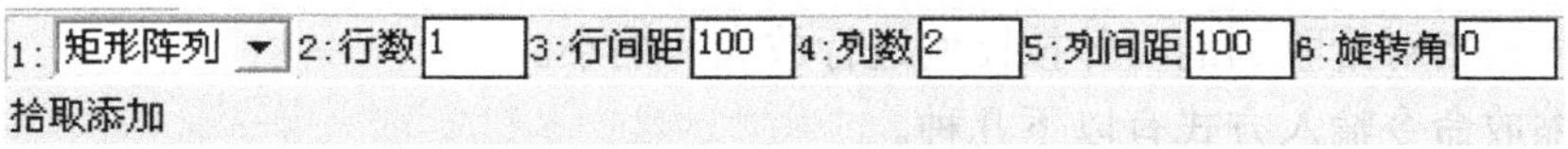

图 5-54 【矩形阵列】立即菜单

【实例 5-8】使用“矩形阵列”方式，在图 5-55（a）的基础上，绘制图 5-55（b）所示的图形。

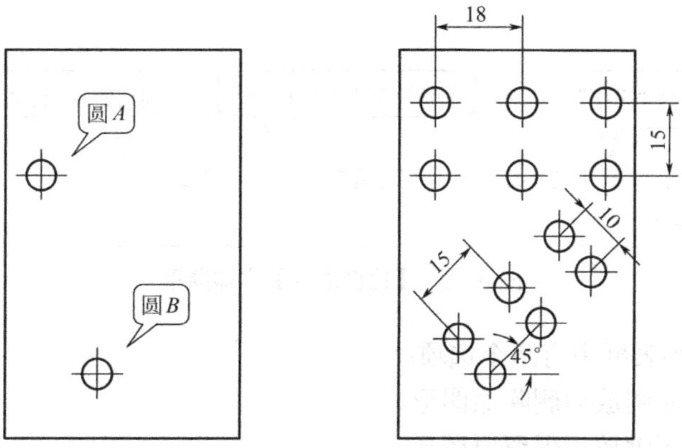

（a）阵列前　　（b）阵列后

图 5-55 【实例 5-8】图

【分析】 在绘制图形的过程中可采用编辑命令加快绘图速度，如图 5-55（b）所示无须再使用绘图命令绘制图形，采用功能强大的编辑命令可快速、简单地完成图形的绘制。

操作步骤

[1] 阵列圆 A，单击【阵列】图标器。

[2] 切换如图 5-56 所示的立即菜单。

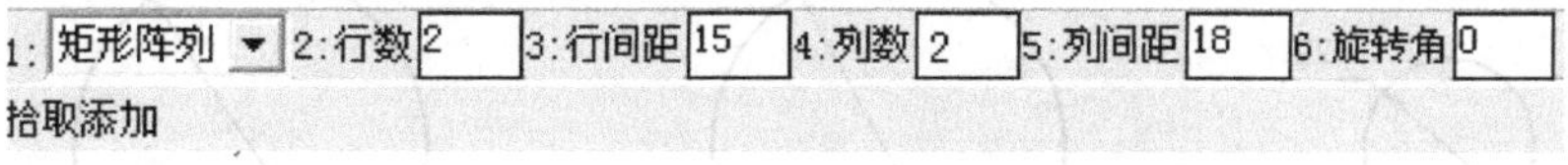

图 5-56 【矩形阵列】立即菜单 1

[3] 系统提示“拾取添加”，拾取圆 A，按鼠标右键确认。

[4] 将图 5-56 所示的立即菜单切换成图 5-57 所示的立即菜单。

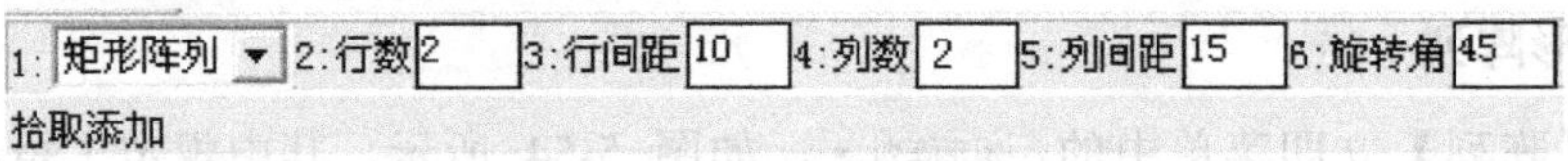

图 5-57 【矩形阵列】立即菜单 2

[5] 拾取圆 *B*，单击鼠标右键确认。

5.1.11 比例缩放

比例缩放指对拾取到的实体按比例进行放大和缩小。

比例缩放命令输入方式有以下几种。

- 下拉菜单：选择【修改】/【比例缩放】。
- 工具栏：单击【修改】面板上的图标。
- 命令行：输入“scale”并按回车键。

执行比例缩放命令，拾取要缩放的实体后，按鼠标右键确认，出现立即菜单，如图 5-58 所示。

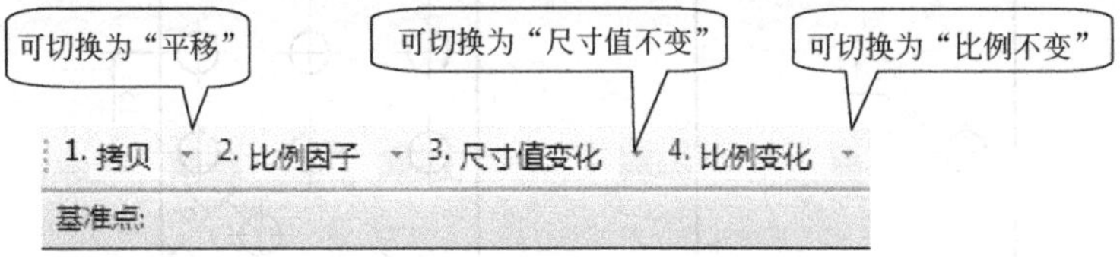

图 5-58 【比例缩放】立即菜单

在第 1 个下拉列表框中有两个选项：

- “平移”表示缩放后删除原图形。
- “拷贝”表示缩放后保留原图形。

若拾取的元素中包含尺寸元素，通过第 3 个下拉列表框中的选项可以控制尺寸变化。

- “尺寸值不变”指所选择尺寸元素的数值不会随比例变化而变化。
- “尺寸值变化”指尺寸值会根据相应的比例缩放，如图 5-59 所示。

第 4 个下拉列表框中的选项用于控制标注的尺寸比例是否随图形变化。

- “比例变化”指标注的尺寸会根据图形按比例系数发生变化。
- “比例不变”指标注的尺寸不会发生变化，如图 5-59 所示。

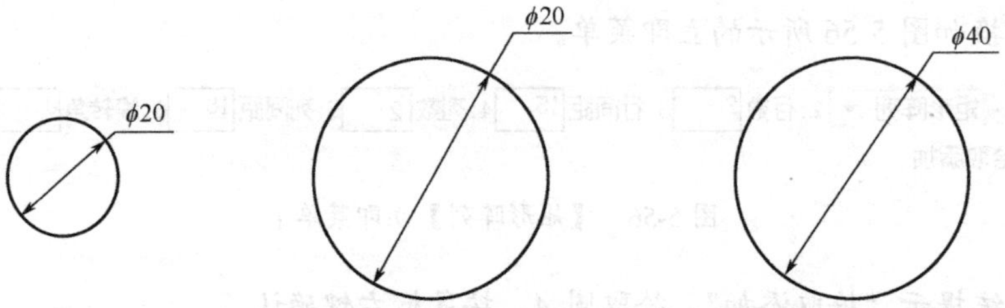

(a) 原图 (b) 比例变化，尺寸值不变 (c) 比例变化，尺寸值变化

图 5-59 比例缩放示例

注意：系统提示的“基点”在缩放的过程中位置是不变的。因此，选择不同的基点，缩放后图形的位置不同，如图 5-60 所示。

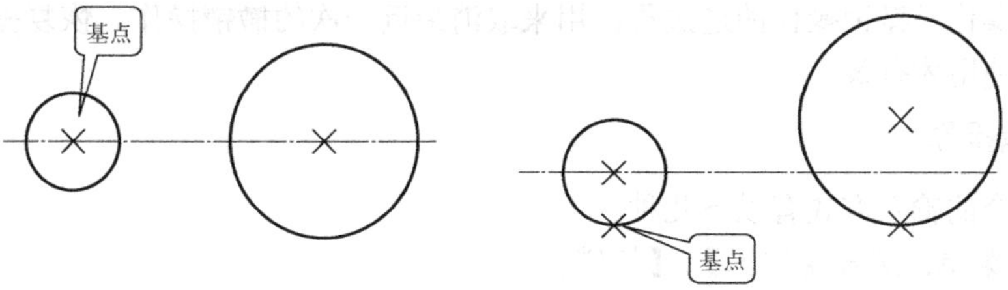

图 5-60　选择不同的基点

5.2 基本编辑

基本编辑功能包括恢复操作、撤销操作、选择所有、图形剪切、图形复制、图形粘贴、清除、清除所有、选择性粘贴、插入对象、删除对象等 14 项内容。这些内容主要列在【编辑】菜单中，如图 5-61 所示。

图 5-61　【编辑】菜单

其中有些命令也被放置在功能区【常用】选项卡内，并以图标的形式出现，如剪切、复制、粘贴等；有些被放在快速启动工具栏内，如撤销操作、恢复操作等，如图 5-62 所示。这样安排是为了便于操作，提高绘图效率。

图 5-62　编辑图标

5.2.1 撤销操作与恢复操作

撤销操作与恢复操作是相互关联的一对命令，撤销操作用于取消最近一次发生的编辑操作。恢复操作是撤销操作的逆过程，用来取消最近一次的撤销操作。恢复操作只有与撤销操作配合使用才有效。

1. 撤销操作

撤销命令的输入方式有以下几种。

- 下拉菜单：选择【编辑】/【撤销】。
- 工具栏：单击快速启动工具栏中的图标。
- 命令行：输入“undo”或“u”。

2. 恢复操作

恢复命令的输入方式有以下几种。

- 下拉菜单：选择【编辑】/【恢复】。
- 工具栏：单击快速启动工具栏中的图标。
- 命令行：输入“redo”。

> 注意：这里撤销操作和恢复操作只对电子图板绘制的图形对象有效，而不能对 OLE 对象的修改进行撤销和恢复操作。

5.2.2 图形的剪切、复制与粘贴

图形剪切与图形复制都是将选中的图形或 OLE 对象放入剪贴板中，以供图形粘贴时使用。不同的是，图形复制不删除用户拾取的图形，而图形剪切是在图形复制的基础上删除用户拾取的图形。

> 注意：图形复制不同于曲线编辑中的平移复制，它与图形粘贴配合使用，除了可以在不同的电子图板文件中进行复制粘贴外，还可以将所选的图形或 OLE 对象放入 Windows 剪贴板，粘贴到其他支持 OLE 的软件（如 Word）中。平移复制只能在同一电子图板文件中进行复制粘贴。

图形粘贴是将剪贴板中存储的图形或 OLE 对象粘贴到文档中。

1. 图形剪切

图形剪切命令的输入方式有以下几种。

- 下拉菜单：选择【编辑】/【剪切】。
- 工具栏：单击【常用】选项卡中的图标。
- 命令行：输入“cut”，或按 Shift+Delete 键。

2. 图形复制

图形复制命令的输入方式有以下几种。

- 下拉菜单：选择【编辑】/【复制】。

● 工具栏：单击【常用】选项卡中的图标。
● 命令行：输入“copy”，或按 Ctrl+C 键。

3. **图形粘贴**

图形粘贴命令的输入方式有以下几种。

● 下拉菜单：选择【编辑】/【粘贴】。
● 工具栏：单击【常用】选项卡中的图标。
● 命令行：输入“paste”，或按 Ctrl+V 键。

5.3 属性编辑

CAXA 电子图板 2013 生成的图形对象都具有各种属性，大多数对象都具有基本属性，如图层、颜色、线型、线宽等。这些属性都可以通过“图层”赋予对象，也可以直接单独指定给对象。

在预选状态下，拾取实体元素，单击鼠标右键，弹出右键快捷菜单，如图 5-63 所示。单击相应按钮，即可对已拾取的图形元素进行编辑操作，操作方法与结果和前面介绍的命令方式一样。在工具中单击属性修改选项，弹出如图 5-64 所示的特性选项板。在此面板中可进行相关选项的修改。

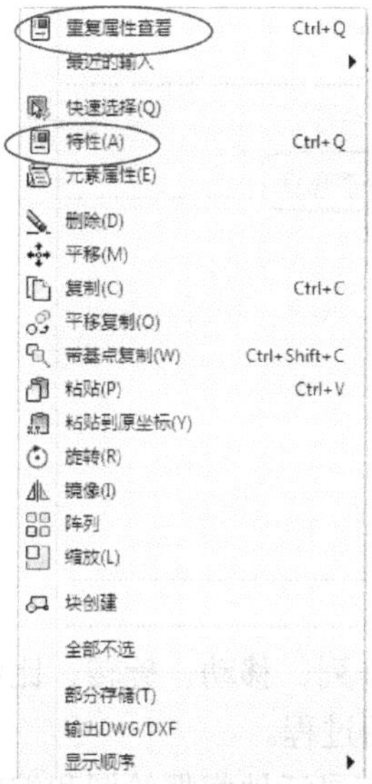

图 5-63 右键快捷菜单

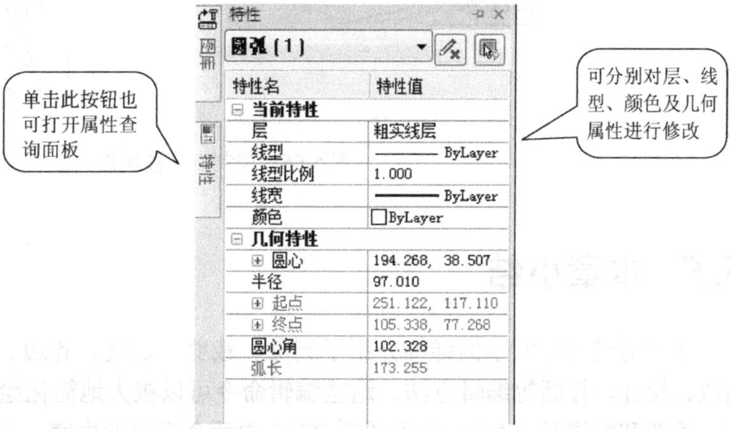

图 5-64 特性选项板

5.4 控制点编辑

当系统处于无命令状态时，用鼠标左键或窗口拾取某图形对象，则被选中的图形对象就会以虚线形式显示。在这种预选状态下，将光标移至被选图形上，则被选图形的特征点（如端点、圆心、象限点等）将显示为蓝色加亮的小方框，如图 5-65 所示，用鼠标点取某一特征点，该点即成为“控制点”。移动光标可将该点移位，从而进入编辑状态。这是一种更为快捷的编辑方法，称为控制点编辑。

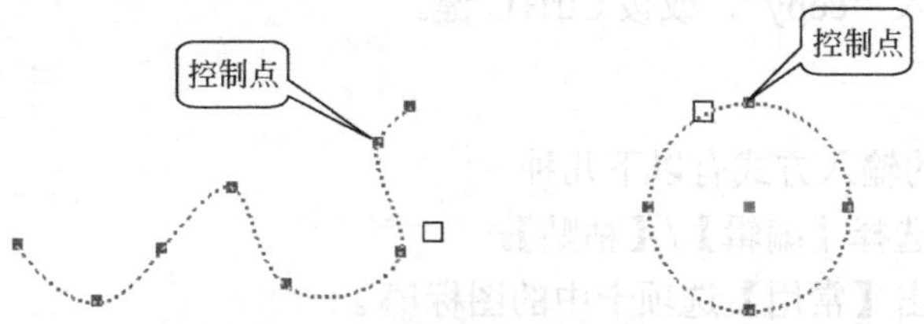

图 5-65　控制点显示状态

控制点编辑主要用于实现对所选图形的拉伸和平移。

● 拾取直线的中点、圆的非象限点、圆弧或样条曲线上的非加亮特征点，或者拾取块的插入点，可以实现所选图形的平移，如图 5-66 所示。

● 拾取直线端点、圆的象限点、样条曲线的插值点，可对图形进行拉伸。操作方法与曲线编辑的拉伸命令类似。

● 拾取圆弧的端点，半径和圆心不变，拉伸弧长；拾取圆弧的中点，圆心不变，拉伸半径。

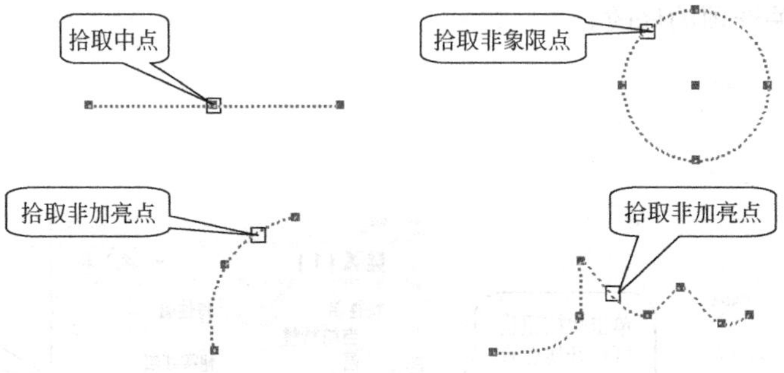

图 5-66　控制点平移操作

5.5 本章小结

本章通过大量的示例详细介绍了删除、裁剪、过渡、齐边、阵列、移动、旋转、比例缩放、拉伸、打断等编辑方法。这些编辑命令可以极大地简化绘图过程。

绘图和编辑是 CAXA 电子图板 2013 中两个重要的内容，只有灵活地掌握绘图和编辑的各项功能，才能在绘图过程中做到得心应手。

5.6 习题

完成图 5-67 所示图形的绘制，不需要标注尺寸。

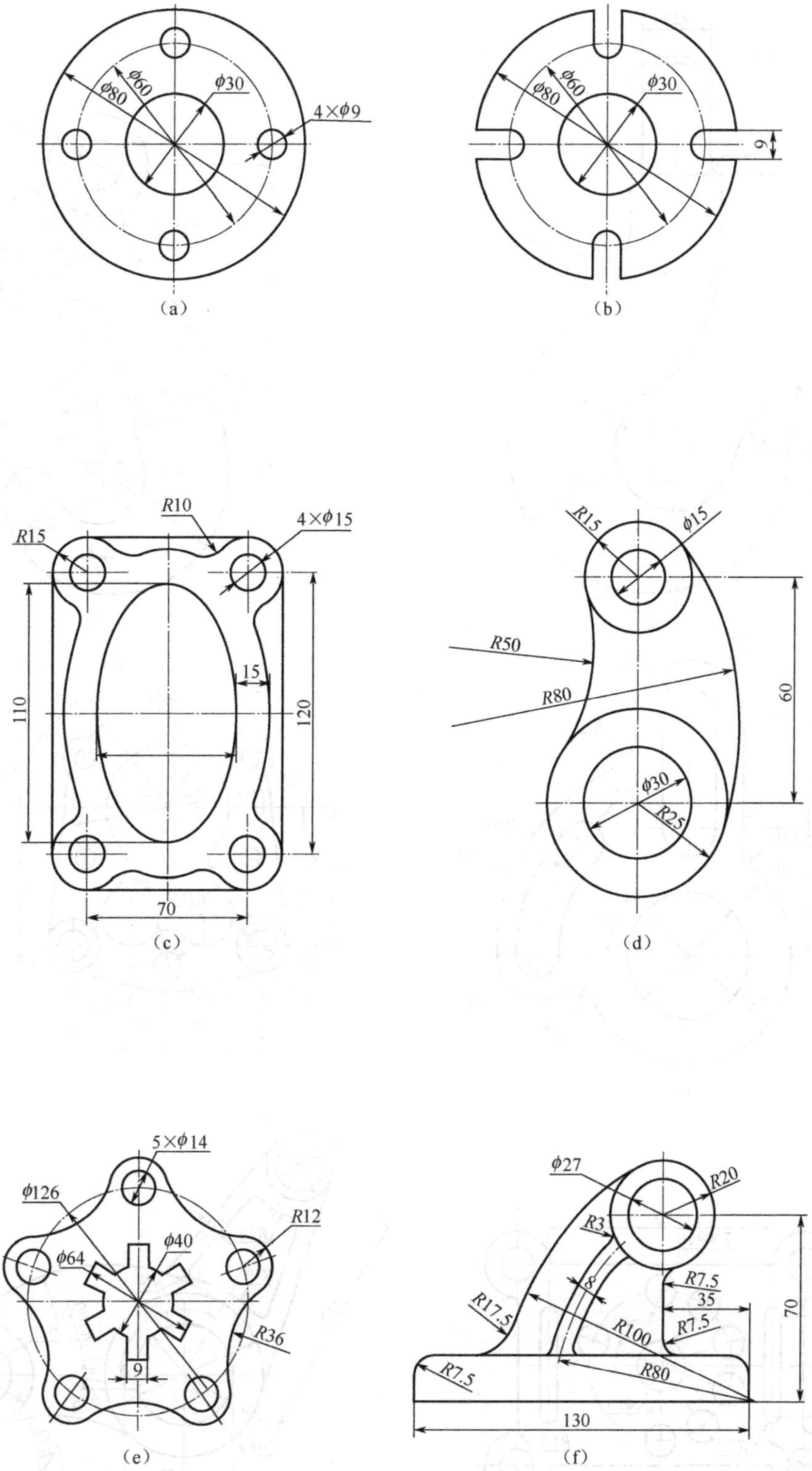
ϕ60
ϕ80
ϕ30
4×ϕ9
(a)
ϕ60
ϕ80
ϕ30
9
(b)
R10
4×ϕ15
R15
15
110
120
70
(c)
R15
ϕ15
R50
R80
60
ϕ30
R25
(d)
5×ϕ14
ϕ126
R12
ϕ40
ϕ64
R36
9
(e)
ϕ27
R20
R3
70
R7.5
8
35
R17.5
R100
R7.5
R80
R7.5
130
(f)

图 5-67　习题图

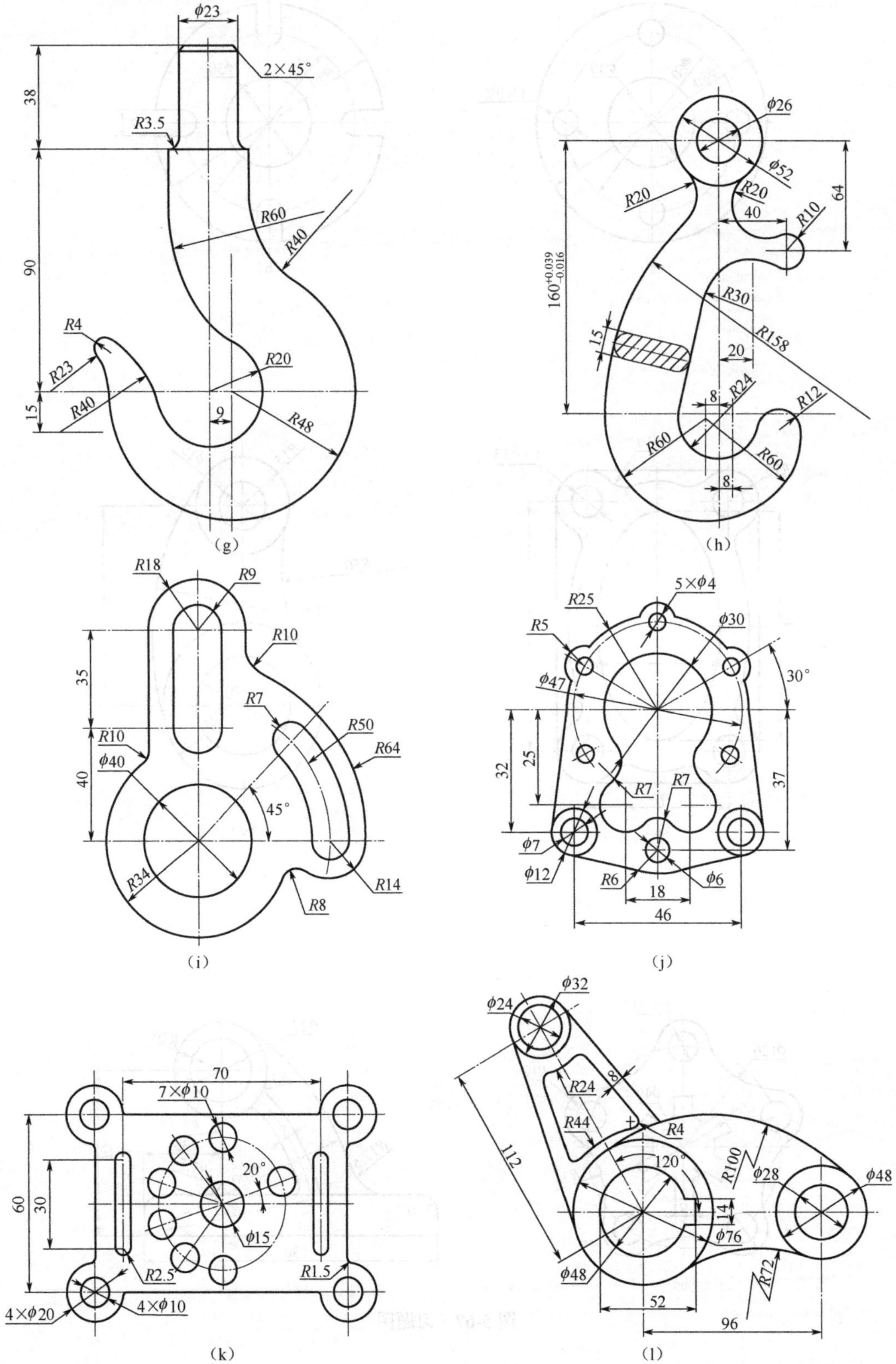

φ23
2×45°
38
R3.5
90
R60
R40
R4
R23
R20
R40
15
9
R48
(g)
φ26
φ52
R20
R20
64
40
R10
$160^{+0.039}_{-0.016}$
R30
15
R158
20
8
R24
R12
R60
R60
8
(h)
R18
R9
R10
35
R7
R50
R10
R64
φ40
40
45°
R34
R14
R8
(i)
5×φ4
R25
φ30
R5
30°
φ47
32
25
37
R7
R7
φ7
φ12
R6
18
φ6
46
(j)
70
7×φ10
20°
60
30
φ15
R2.5
R1.5
4×φ20
4×φ10
(k)
φ32
φ24
8
R24
R44
112
R4
120°
R100
φ28
φ48
14
φ76
φ48
R72
52
96
(l)

图 5-67　习题图（续）

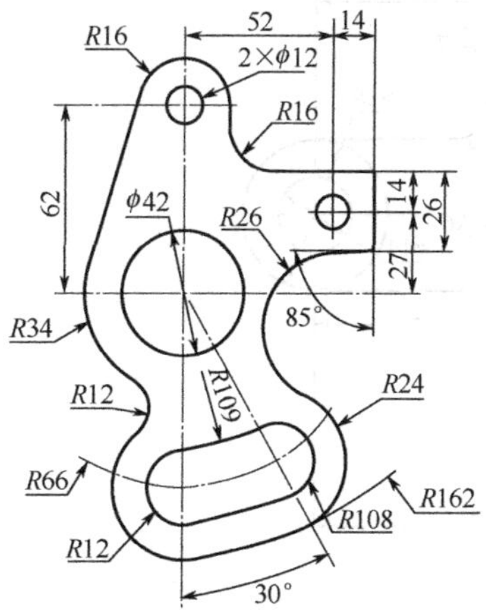

（m）

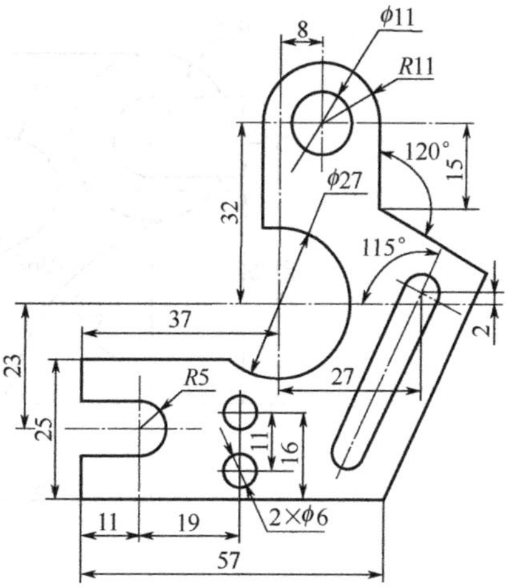

（n）

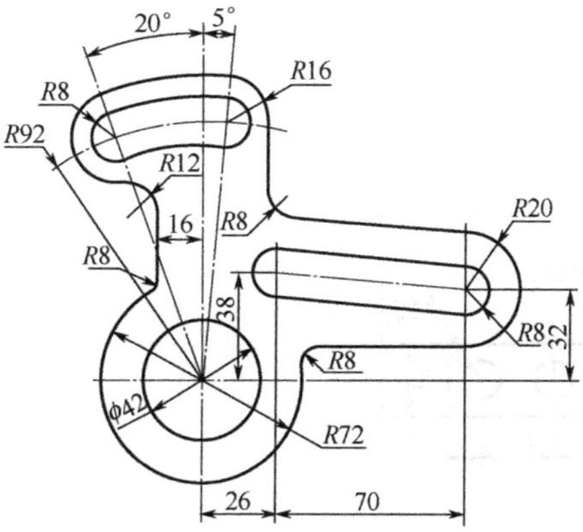

（o）

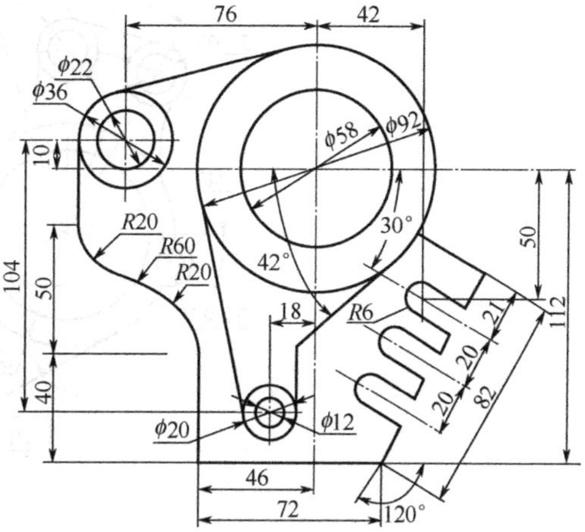

（p）

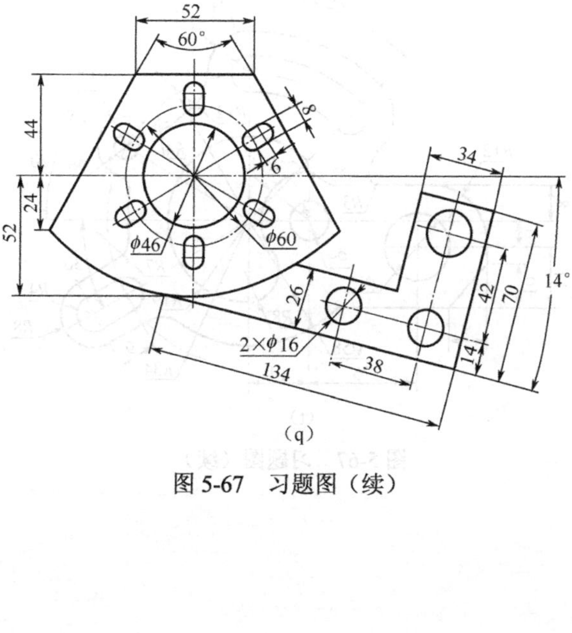

（q）

图 5-67　习题图（续）

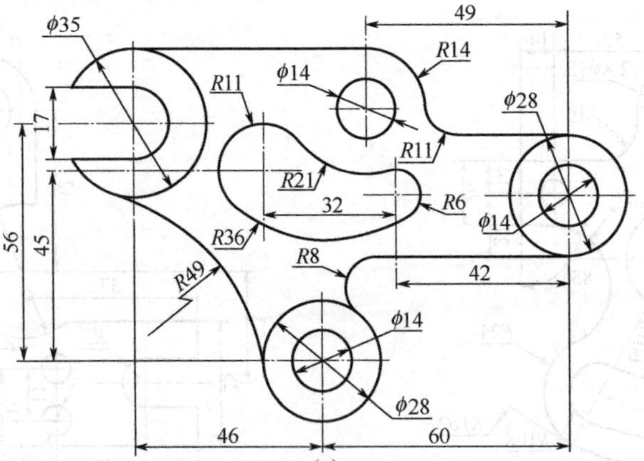

（r）

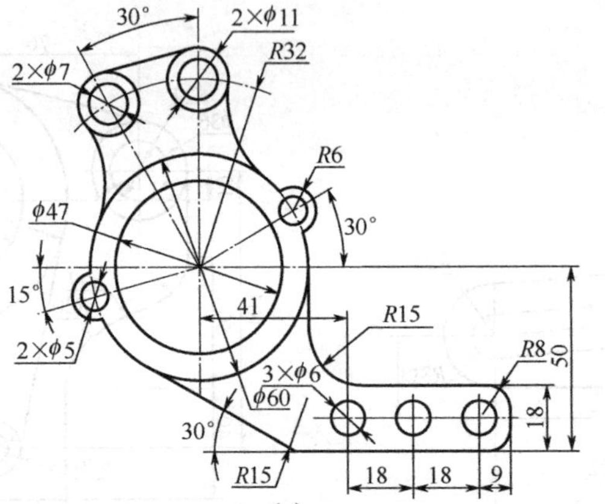

（s）

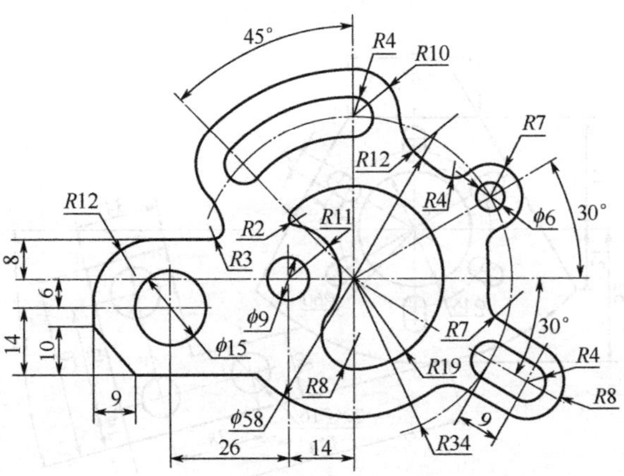

（t）

图 5-67　习题图（续）

第 6 章　图形实体属性

在 CAXA 电子图板 2013 中，提供了图层和对象属性两个工具，用于控制图样中图线的颜色、宽度和线型。单击菜单按钮，打开【格式】菜单，如图 6-1 所示。单击所需选项，即可执行相应操作。

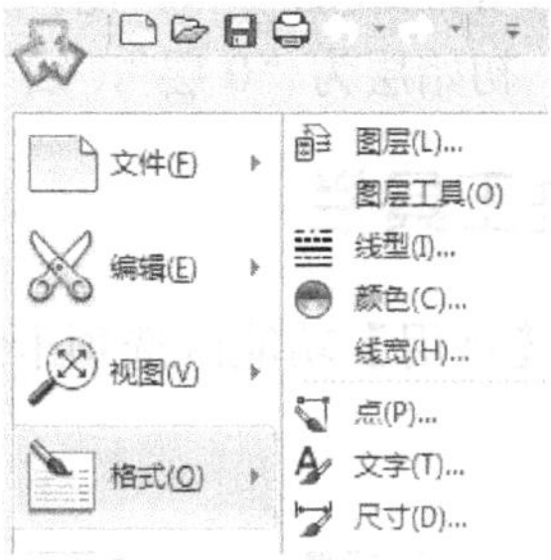

图 6-1　【格式】菜单

6.1 图层

CAXA 电子图板 2013 绘图系统同其他 CAD/CAM 绘图系统一样，为用户提供了分层功能。

层，也称图层，它是开展结构化设计不可缺少的软件环境。众所周知，一幅机械工程图纸包含有各种各样的信息，有确定对象形状的几何信息，也有表示线型、颜色等属性的非几何信息，当然还有各种尺寸和符号。这么多的内容集中在一张图纸上，必然给设计绘图工作造成很大负担。如果能够把相关的信息集中在一起，或把某个零件、某个组件集中在一起单独进行绘制或编辑，当需要时又能够组合或单独提取，那么将使绘图设计工作变得简单而又方便。本章介绍的图层就具备了这种功能，可以采用分层的设计方式满足上述要求。

可以把图层想象为一张没有厚度的透明薄片，对象及其信息就存放在这张透明薄片上。CAXA 电子图板 2013 中的每一个图层必须有唯一的层名；不同的层上可以设置不同的线型和不同的颜色，也可以设置其他信息。层与层之间由一个坐标系（即世界坐标系）统一定位。所以，一个图形文件的所有图层都可以重叠在一起而不会发生坐标关系的混乱。图 6-2 形象地说明了图层的概念。

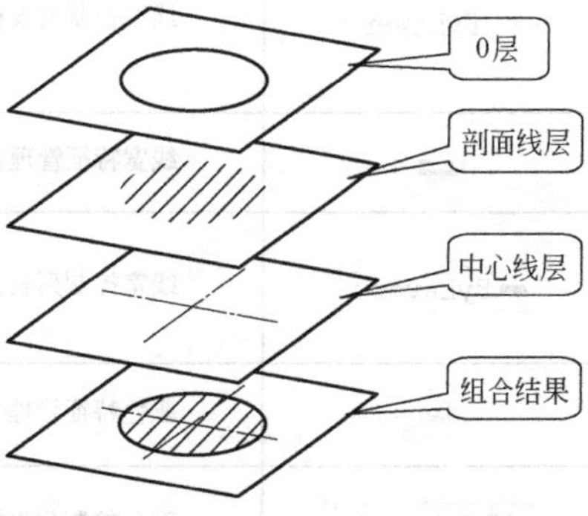

图 6-2　图层

通过创建图层，可以将类型相似的对象指定给同一个图层使其相关联。例如，可以将粗实线、中心线、虚线、点画线、剖面线、文字、标注和标题栏等置于不同的图层上，然后进行控制。

图层的状态是可以改变的，即改变图层名、层描述、线型、颜色，打开或关闭图层，以及设置当前层等。图层可以建立，也可以删除；可以打开，也可以关闭。

提示：被关闭的图层上的实体不显示，也不能被拾取。

每一个图层具有唯一的层名，以及自身的线型和颜色。为了便于用户使用，系统预先定义了 8 个图层。这 8 个图层的层名分别为“0 层”、“中心线层”、“虚线层”、“细实线层”、“粗实线层”、“尺寸线层”、“剖面线层”和“隐藏层”，每个图层都按其名称设置了相应的线型和颜色。系统启动后，初始层为“0 层”，线型为粗实线。

6.1.1 图层和对象属性工具栏

图层和对象属性工具栏位于【常用】功能区选项卡的【属性】面板上，如图 6-3 所示。 其功能简介见表 6-1。

图 6-3　图层和对象属性工具栏

表 6-1　图层和对象属性工具栏简介

工具按钮	名　称	用　途
	图层特性管理器	管理图层
	图层设置列表框	显示当前层及其状态，单击 ▾ 按钮从下拉列表中选择图层以更改当前层
	线型特征管理器	管理线型
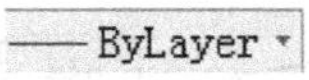	线型控制列表框	显示当前创建对象的线型，单击 ▾ 按钮从下拉列表中选择线型以更改当前线型
	线宽特征管理器	管理线宽
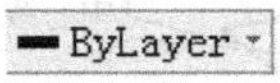	线宽控制列表框	显示当前创建对象的线宽，单击 ▾ 按钮从下拉列表中选择线宽以更改当前线宽
	颜色特征管理器	管理颜色
	颜色控制列表框	显示当前创建对象的颜色，单击 ▾ 按钮从下拉列表中选择颜色以更改当前颜色

6.1.2 图层的特性

图层设置命令的输入方式有以下几种。

- 下拉菜单：选择【格式】/【图层】。
- 工具栏：单击【属性】工具栏图标。
- 命令行：输入“layer”并按回车键。

执行任意图层设置命令，系统将弹出【层设置】对话框，如图 6-4 所示。

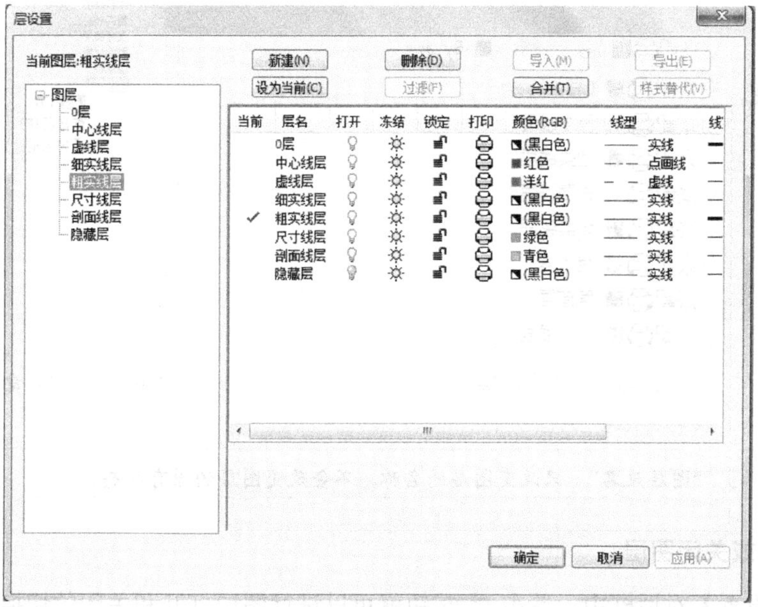

图 6-4 【层设置】对话框

在【层设置】对话框中可进行下面的操作。

1. 设置当前层

“当前层”就是当前正在进行操作的图层。

在图 6-4 所示的对话框中，单击图层列表框中所需的图层，再单击右侧的 设为当前(C) 按钮，设置完成后单击 确定 按钮，结束操作。

设置当前层的另一方法是单击【常用】功能区选项卡【属性】面板上图层下拉列表框右侧的下拉箭头，打开图层列表，在列表中单击所需的图层即可完成当前层的设置，如图 6-5 所示。

2. 图层改名

图层的名称即为层名，层名是层的代号，是层与层之间相互区别的唯一标志，因此层名是唯一的，不允许有相同层名的图层存在。

图层改名操作步骤如下。

[1] 选择【格式】/【图层】，弹出【层设置】对话框。

[2] 单击要修改名称的图层，按鼠标右键，在弹出的快捷菜单中选择“重命名”，

如图 6-6 所示。

[3]　在该位置上出现一个编辑框，用户可在编辑框中输入新的层名或层描述，输完后用鼠标左键单击编辑框外任意一点即可结束编辑。

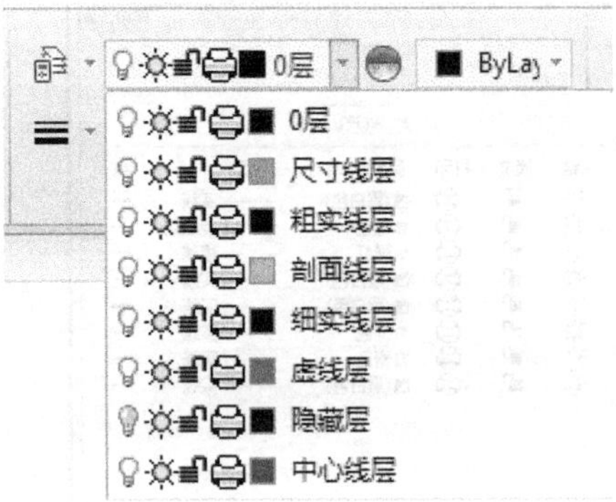

图 6-5　设置当前层

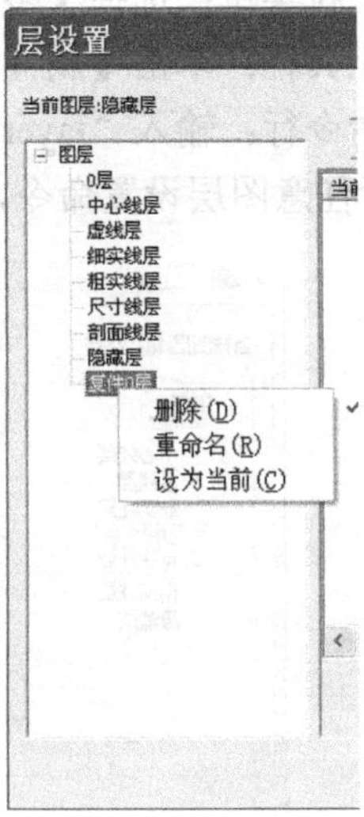

图 6-6　图层重命名

> 提示：“图层改名”只改变图层的名称，不会改变图层的原有状态。

3. 打开或关闭图层

在【层设置】对话框中，单击 💡 按钮就可以进行图层打开和关闭的切换。

图层处于打开状态时，该层的实体被显示在绘图区；图层处于关闭状态时，该层上的实体处于不可见状态，但实体仍然存在，并没有被删除。

打开和关闭图层功能在绘制复杂图形时非常有用。在绘制复杂的多视图时，可以把当前无关的一些细节（即某些实体）隐去，使图面清晰、整洁，以加快绘图和编辑的速度，待绘制完成后，再将其打开，显示全部内容。

> 注意：当前层最好不要关闭，否则在当前层上进行的相关操作都无法显示。

4. 改变图层颜色

为了区分不同的图层，对图层颜色的设置很重要。在每一个图层里都有一定的颜色，对于不同的图层可以设置不同的颜色，也可以设置相同的颜色，这样方便区分图形中的每个部分。

在【层设置】对话框中，单击欲改变层对应的颜色按钮，系统弹出如图 6-7 所示的【颜色选取】对话框。用户可根据需要从中选择颜色。单击 确定 按钮，返回【层设置】对话框，此时对应图层的颜色已改为用户选定的颜色。再单击【层设置】对话框的 确定 按钮，操作完成。

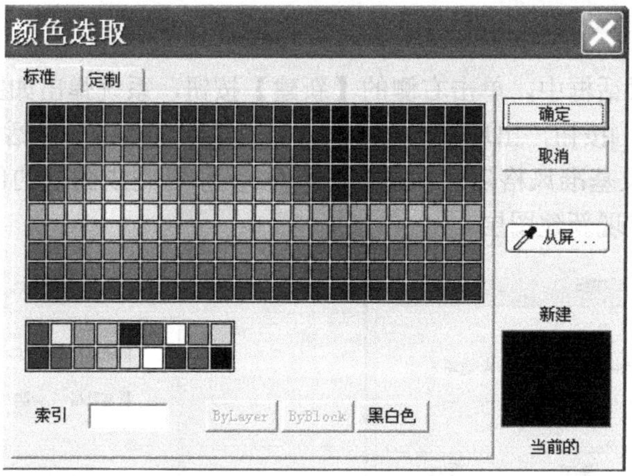

图 6-7 【颜色选取】对话框

注意：改变图层颜色后，该图层中颜色属性为 ByLayer 的实体全部改为用户指定的颜色。

5. 图层线型的设置

线型是图形基本元素的线条组成和显示方式，如点画线、粗实线等。在【层设置】对话框中，单击欲改变层对应的线型图标，系统弹出【线型】对话框，如图 6-8 所示。用户可根据需要从中选择线型，单击 确定 按钮，返回【层设置】对话框，此时对应图层的线型已改为用户选定的线型。再单击【层设置】对话框的 确定 按钮，该图层中线型属性为 ByLayer 的实体全部改为用户指定的线型。

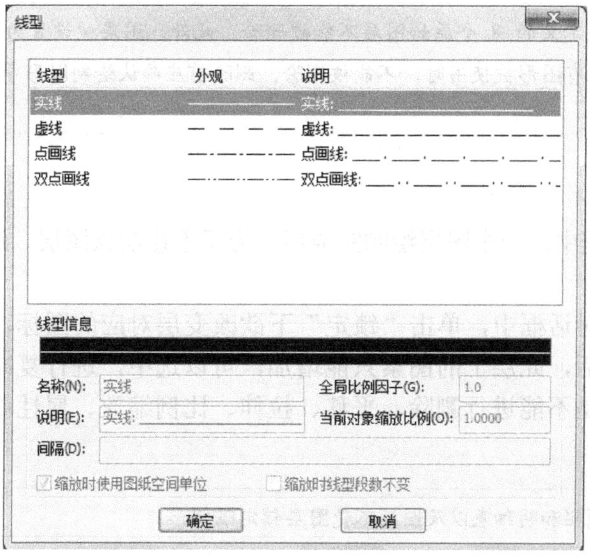

图 6-8 【线型】对话框

注意：线型改变后，系统原有的状态不发生变化，只将用户选定图层上的实体的线型进行转换。

6. 创建图层

在【层设置】对话框中，单击右侧的【新建】按钮，系统弹出如图6-9所示的提示对话框，单击 是(Y) 按钮，出现如图6-10所示的【新建风格】对话框，在该对话框中确定新建图层的名称及基准风格后，单击 下一步 按钮即可完成图层的创建，这时在图层列表框的最下面一行出现新建图层。

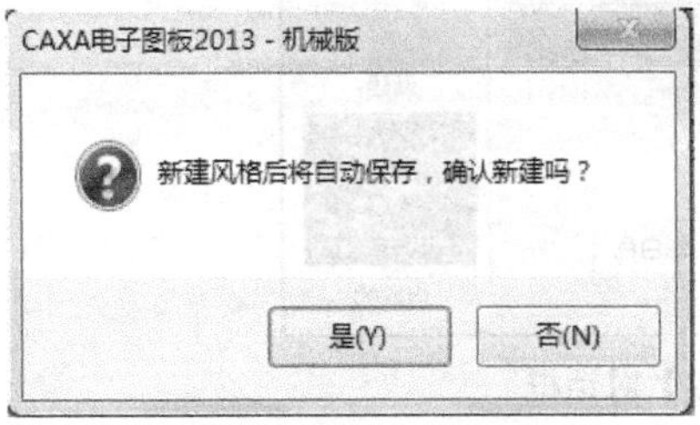

图6-9　提示对话框

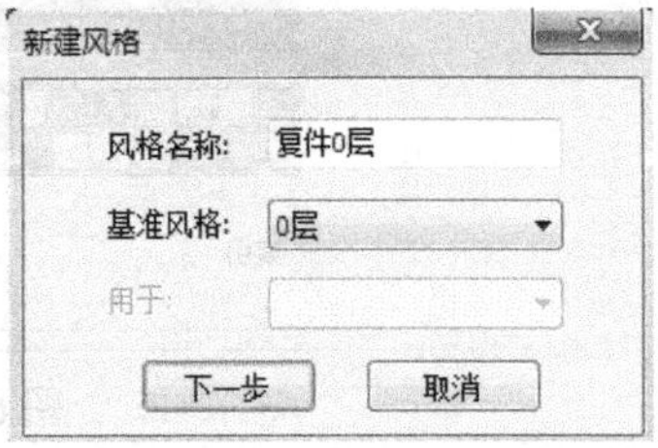

图6-10　【新建风格】对话框

用户按照前面所介绍的方法可修改新建图层的层名、状态、颜色和线型等属性。单击 确定 按钮，结束新建图层操作。

7. 删除图层

在【层设置】对话框中，在图层列表框里选中要删除的图层，单击 删除(D) 按钮，弹出一个提示对话框，如图6-11所示，单击 是(Y) 按钮，图层被删除，然后单击 确定 按钮，结束删除图层操作。

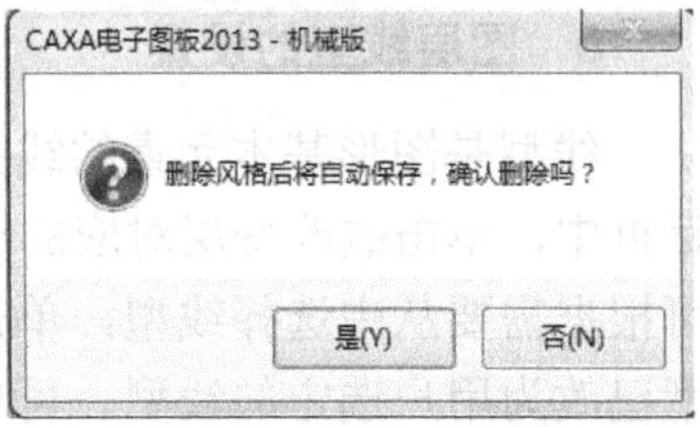

图6-11　提示对话框

> 注意：系统定义的8个原始图层不能被删除。此外，图层被设置为当前图层时，不能被删除；图层上有图形被使用时，不能被删除。删除前应确认绘制图形中没有任何元素位于此图层上。

8. 图层锁定

在绘制图形过程中，一个图层绘制完成后，为了不影响该图层，通常以锁定图层的方式来解决。

在【层设置】对话框中，单击“锁定”下欲改变层对应的图标，即可锁定图层或解除锁定。图层锁定后，此层上的图素只能增加，可以选中，进行复制、粘贴、阵列、属性查询等操作，但是不能进行删除、平移、拉伸、比例缩放、属性修改、块生成等修改性操作。

> 注意：标题栏和明细表以及图框不受图层锁定限制。

9. 图层打印

在【层设置】对话框中，单击“打印”下欲改变层对应的图标，即可设定此层的内容可以打印输出或不会输出，后者对于绘图中不想打印出的辅助线层很有帮助。

6.2 设置线型

CAXA 电子图板 2013 中线型的管理和设置主要是通过线型设置命令进行的，可以进行如下操作：设置当前线型、修改线型、新建线型、删除线型等。

线型设置命令的输入方式有以下几种。

- 下拉菜单：选择【格式】/【线型】。
- 工具栏：单击【常用】功能区选项卡【属性】面板上的☰按钮。
- 命令行：输入"ltype"。

执行线型设置命令后，弹出如图 6-12 所示的对话框。

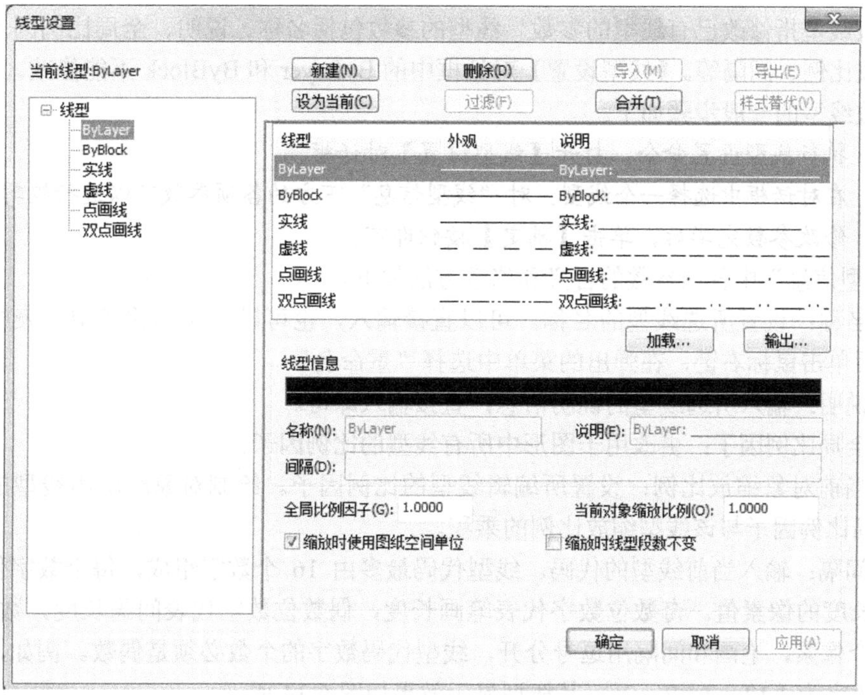

图 6-12 【线型设置】对话框

6.2.1 设置当前线型

设置当前线型指将某个线型设置为当前线型，随后绘制的图形元素均使用此线型。

设置当前线型的方法如下。

[1] 打开【线型设置】对话框后，选择所需线型并单击 设为当前(C) 按钮。

[2] 单击【颜色图层】工具栏或【常用】功能区选项卡【属性】面板上的线型下拉列表框，打开线型列表，在列表中单击所需的线型即可完成当前线型的设置，如图 6-13（a）所示。

[3] 在如图 6-12 所示的【线型设置】对话框中，单击左侧线型列表中的线型后单击鼠标右键，在弹出的菜单中选择"设为当前"，如图 6-13（b）所示。

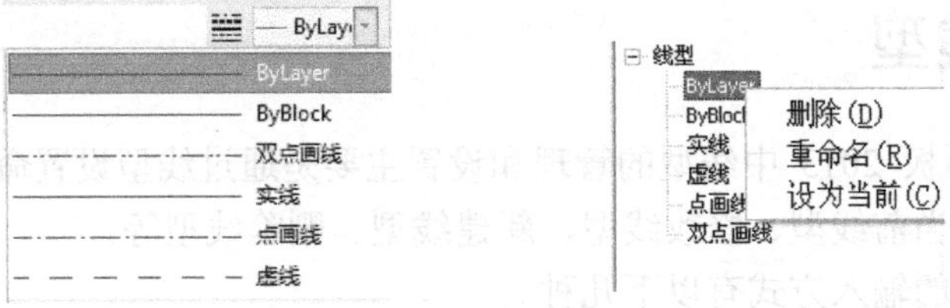

(a) (b)

图 6-13 设置当前线型

6.2.2 修改线型

修改线型指修改已有线型的参数。线型的参数包括名称、说明、全局比例因子、当前对象缩放比例、间隔等。【线型设置】对话框中的 ByLayer 和 ByBlock 不能修改。

修改线型的一般步骤如下。

[1] 执行线型设置命令，打开【线型设置】对话框。

[2] 在对话框中选择一个线型，对“线型信息”下方的各项参数可以进行编辑修改。

[3] 修改参数完毕后，单击【确定】按钮即可。

“线型信息”中各项参数的含义和修改方法如下。

- 名称：设置所选线型的名称。可以直接输入，也可以在左侧的线型列表中选中一个线型后单击鼠标右键，在弹出的菜单中选择“重命名”。
- 说明：输入所选线型的说明信息，直接输入即可。
- 全局比例因子：更改用于图形中所有线型的比例因子。
- 当前对象缩放比例：设置所编辑线型的比例因子。绘制对象时所用线型的比例因子是全局比例因子与该线型缩放比例的乘积。
- 间隔：输入当前线型的代码。线型代码最多由 16 个数字组成，每个数字代表笔画或间隔长度的像素值。奇数位数字代表笔画长度，偶数位数字代表间隔长度，数字“0”代表 1 个像素，笔画和间隔用逗号分开，线型代码数字的个数必须是偶数。例如，点画线的间隔数字为“12，2，2，2”，其线型显示效果如图 6-14 所示。

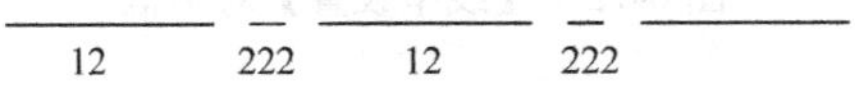

图 6-14 线型间隔示例

6.2.3 新建和删除线型

执行线型设置命令，在打开的【线型设置】对话框中单击 新建(N) 按钮，弹出类似于新建图层的对话框，操作步骤也与之类似，在此不再详述。

删除线型的基本操作与删除图层的基本操作类似。

6.2.4 加载线型

CAXA 电子图板 2013 还可从已有文件中导入线型，加载线型的一般步骤如下。

[1] 打开如图 6-12 所示的【线型设置】对话框后，单击 加载... 按钮，弹出【加载线型】对话框，如图 6-15 所示。

[2] 单击 文件... 按钮，弹出如图 6-16 所示的【打开线型文件】对话框，选择要加载的线型文件后，单击 打开(O) 按钮，退回【加载线型】对话框。

[3] 单击 选择全部(S) 或者 取消全部(C) 按钮，或选择相应线型后，单击 确定 按钮，即可把选中的新线型加载到【线型设置】对话框中或者取消加入的线型。

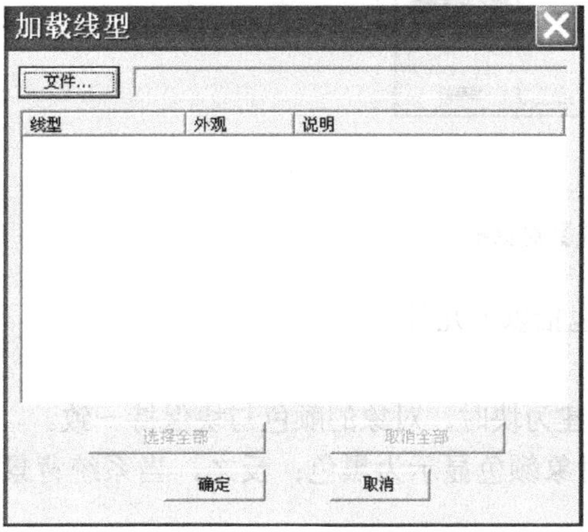

图 6-15 【加载线型】对话框

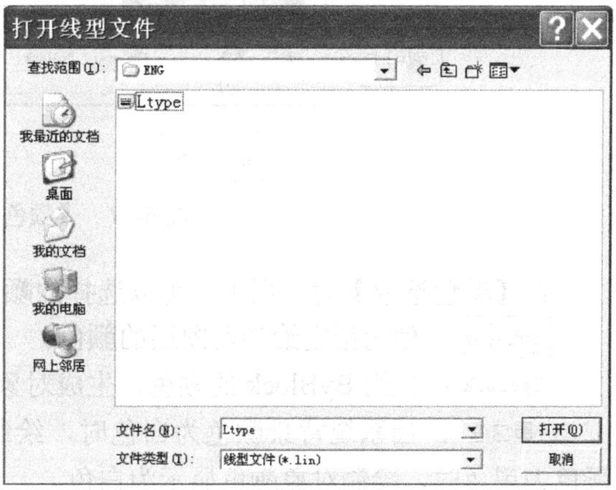

图 6-16 【打开线型文件】对话框

6.3 颜色设置

CAXA 电子图板 2013 中颜色的管理和设置主要是通过颜色设置命令进行的。

颜色设置命令的输入方式有以下几种。

- 下拉菜单：选择主菜单下【格式】/【颜色】。
- 工具栏：单击【属性】工具栏图标。
- 命令行：输入“color”并按回车键。

执行任意颜色设置命令，系统即弹出【颜色选取】对话框，如图 6-17 所示。通过该对话框可以进行使用标准颜色和使用定制颜色的操作。

6.3.1 使用标准颜色

使用标准颜色的基本步骤如下。

[1] 执行颜色设置命令，弹出如图 6-17 所示的对话框，默认为使用标准颜色。

[2] 在对话框内选择一个颜色，对话框提示索引名称，并在右下方预览选择的颜色和当前的颜色。

[3] 单击【确定】按钮后，系统当前颜色被设置为选择的颜色。

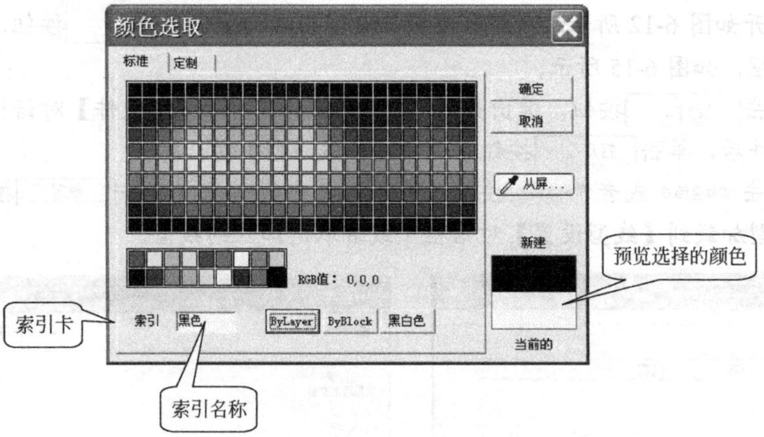

图 6-17　【颜色选取】对话框

在【颜色选取】对话框中，可以选择的颜色包括以下几种。

ByLayer：使用指定给当前图层的颜色。

ByBlock：使用 ByBlock 的颜色，生成对象并建为块时，对象的颜色与块保持一致。

黑白色：当系统背景颜色为白色时，绘制对象颜色显示为黑色；反之，当系统背景颜色为黑色时，绘制对象颜色显示为白色。

从屏...：单击该按钮，光标变为后在屏幕上拾取一个颜色即可。

6.3.2 使用定制颜色

在【颜色选取】对话框中单击定制，如图 6-18 所示。

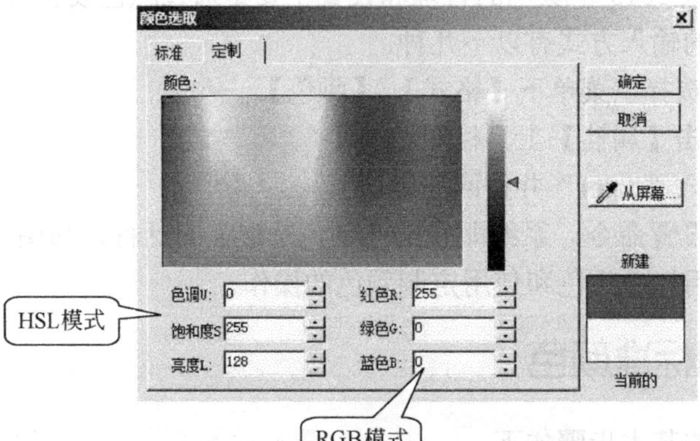

图 6-18 【颜色选取】对话框

定制颜色的方式包括如下几种。

- 使用鼠标直接在“颜色”下方的色板上点取。
- 使用 HSL 模式，即在色调、饱和度、亮度框中指定数值。
- 使用 RGB 模式，即在红色、绿色、蓝色框中指定数值。
- 单击从屏...按钮，光标变为后在屏幕上拾取一个颜色即可。

定制颜色时，可以拖动右侧的◁按钮配合颜色的定制，其他操作同使用标准颜色，不再详述。

6.4 线宽设置

线宽设置操作包括设置当前线宽和设置线宽比例。

6.4.1 设置当前线宽

设置当前线宽指将某个线宽设置为当前线宽，随后绘制的图形元素均使用此线宽。

设置当前线宽的方法：单击【常用】功能区选项卡【属性】面板上线宽下拉列表框右侧的下拉箭头，打开如图 6-19 所示的线宽列表，在列表中单击所需的线宽即可完成当前线宽的设置。

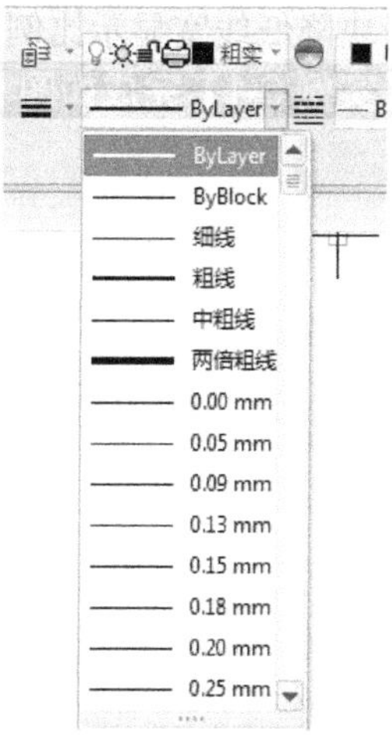

图 6-19　线宽下拉列表

6.4.2 设置线宽比例

CAXA 电子图板中线宽设置主要是通过线宽设置命令进行的，可以设置线宽的显示比例。线宽设置命令的输入方式有以下几种。

- 下拉菜单：单击主菜单【格式】/【线宽】。
- 单击【常用】功能区选项卡【属性】面板上的☰按钮，如图 6-20 所示。
- 在状态栏的【线宽】按钮上单击鼠标右键，在快捷菜单中选择“设置”，如图 6-21 所示。
- 使用“wide”命令。

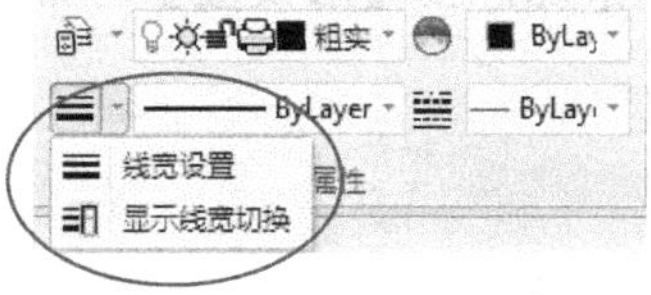

图 6-20　【属性】面板

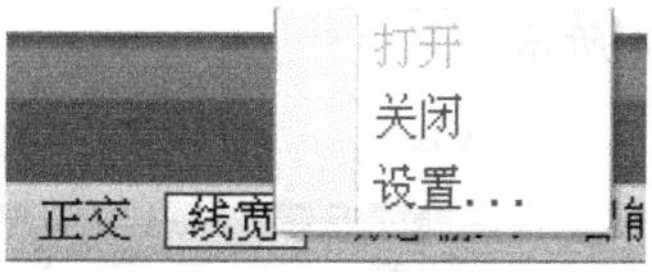

图 6-21　右键快捷菜单

执行“线宽设置”命令后，弹出如图 6-22 所示的对话框。该对话框中各项参数的含义和使用方法如下。

- 选择“细线”或“粗线”后，可以在右侧“实际数值”处为系统的“细线”或“粗线”指定线宽。
- 拖动“显示比例”处的滑块可以调整系统所有线宽的显示比例，向右拖动滑块提高线宽显示比例，向左拖动

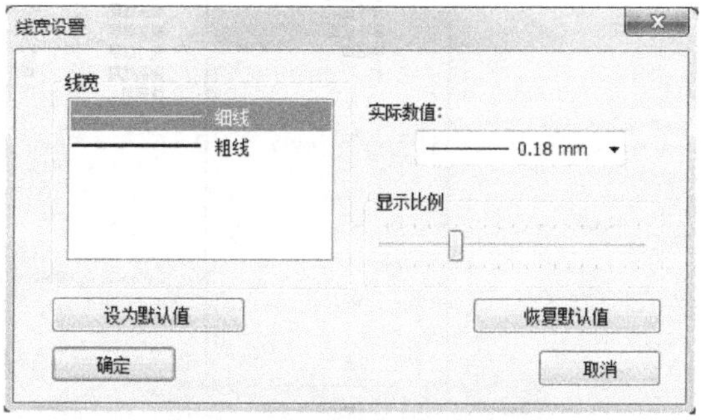

图 6-22　【线宽设置】对话框

滑块降低线宽显示比例。

【实例 6-1】完成如图 6-23 所示的图形。

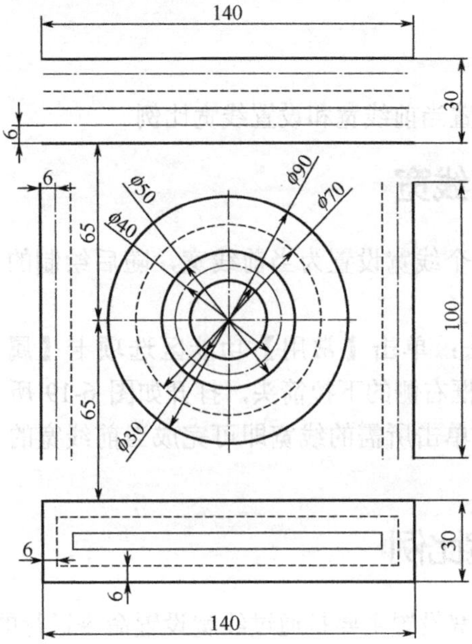

图 6-23 【实例 6-1】图

【分析】 该图形相对简单，主要是一些同心圆和相互平行的直线。该练习主要是训练图层、线型的操作技能。

操作步骤

[1] 图层设置：单击图层特性管理器图标，系统弹出【层设置】对话框，设置图层如图 6-24 所示。

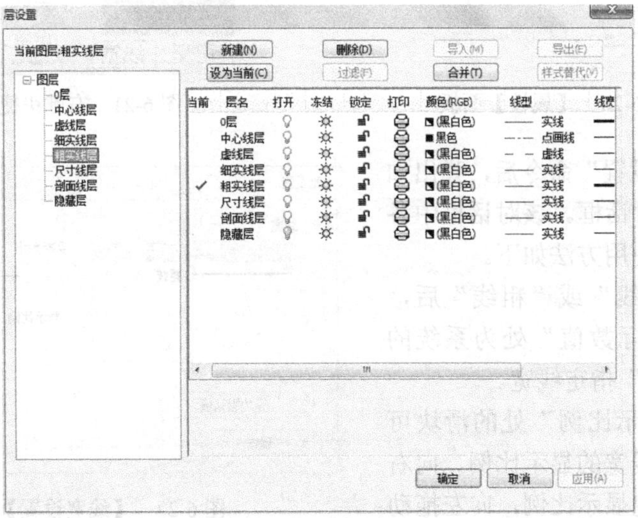

图 6-24 设置图层

[2] 绘制圆：单击【圆】按钮⊙，切换如图 6-25 所示的立即菜单，以坐标原点（0，0）为圆心，绘制直径为 30、50、90 的圆，如图 6-26 所示。

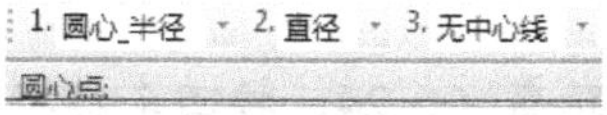

图 6-25 绘制圆的立即菜单

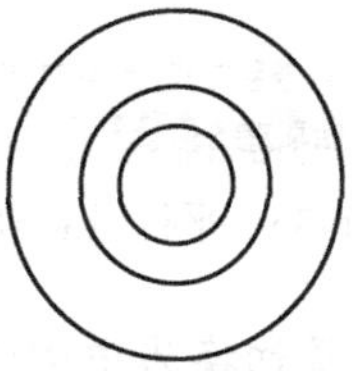

图 6-26 绘制粗实线圆

[3] 切换图层：单击图层下拉列表框右侧的下拉箭头，打开图层列表，如图 6-27 所示，将当前层分别切换为中心线层和虚线层，画另外两个圆，如图 6-28 所示。

[4] 绘制中心线：单击中心线命令按钮，切换立即菜单如图 6-29 所示。选中直径为 90 的圆，绘制中心线，如图 6-30 所示。

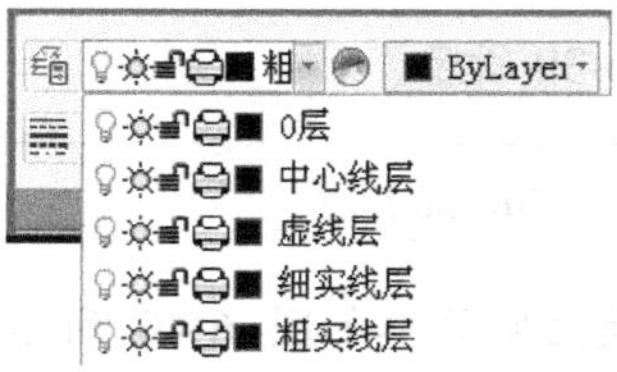

图 6-27 图层列表

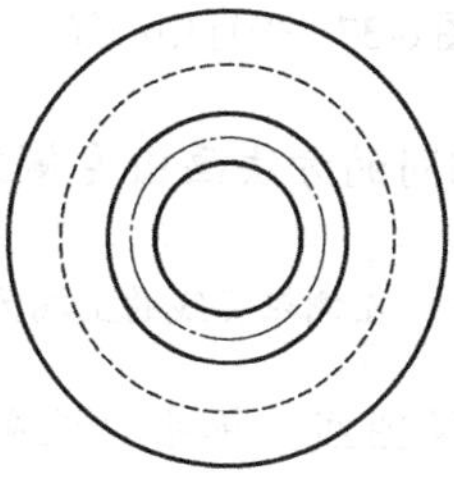

图 6-28 绘制虚线圆和中心线圆

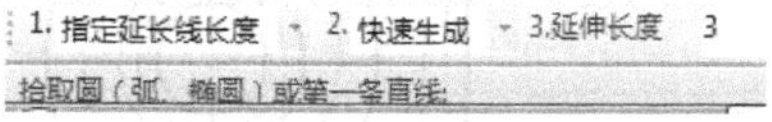

图 6-29 中心线立即菜单

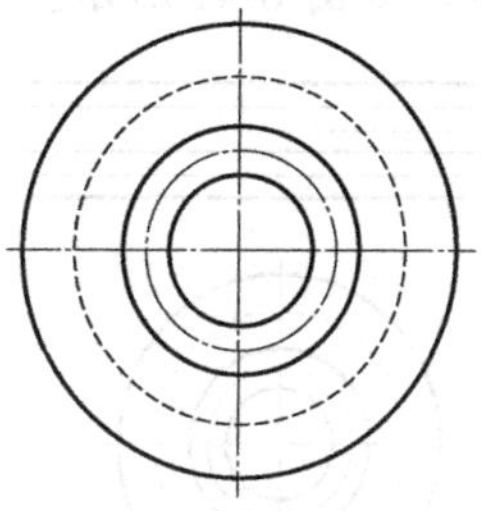

图 6-30 绘制圆中心线

[5] 绘制直线：将当前层切换为粗实线层，将屏幕捕捉方式切换为导航，如图 6-31 所示。单击直线命令按钮，切换立即菜单如图 6-32 所示。输入直线第一点坐标（-70，95）。向右拖动鼠标，出现一条导航线，如图 6-33 所示，在命令行直接输入直线长度 140，按回车键确认，如图 6-34 所示。

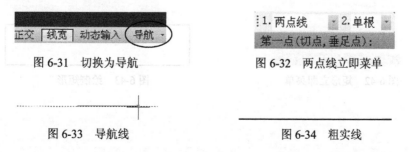

图 6-31 切换为导航

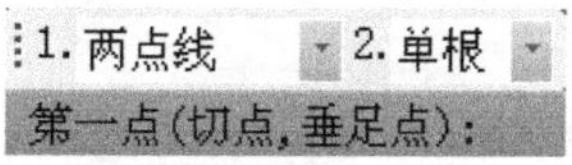

图 6-32 两点线立即菜单

图 6-33 导航线

图 6-34 粗实线

[6] 绘制平行线：单击平行线命令按钮，切换如图6-35所示的立即菜单，拾取直线，用鼠标输入偏移距离30，按回车键确认，如图6-36所示。

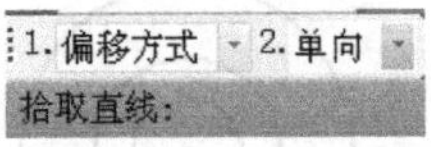

图6-35 平行线立即菜单

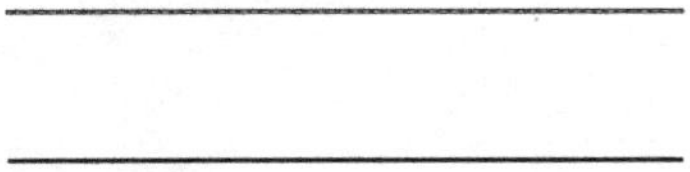

图6-36 平行粗实线

[7] 将图层切换为中心线层，分别输入偏移距离6、24，按回车键确认，如图6-37所示。

[8] 用相同的方法分别将图层切换为虚线层、细实线层，用鼠标输入偏移距离12、18，按回车键确认，如图6-38所示。单击鼠标右键退出平行线绘制。

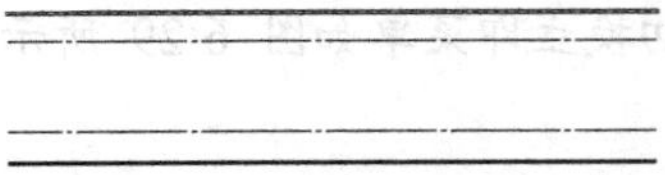

图6-37 平行中心线

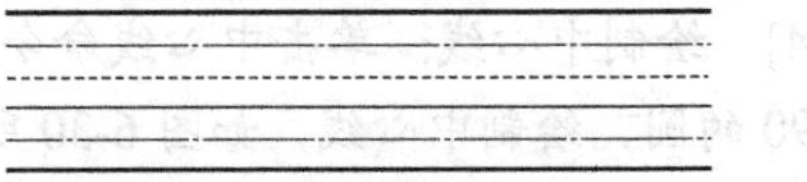

图6-38 平行虚线、细实线

[9] 用相同的方法画出左侧的竖直线，如图6-39所示。

注意：左侧粗实线的上端为第一点，其坐标为（−70，50）。

[10] 镜像图线：单击镜像命令按钮，切换立即菜单如图6-40所示。拾取左侧所有竖直线，单击鼠标右键确认，按命令行提示，拾取圆的中心线为镜像的轴线，得到右侧的竖直线，如图6-41所示。

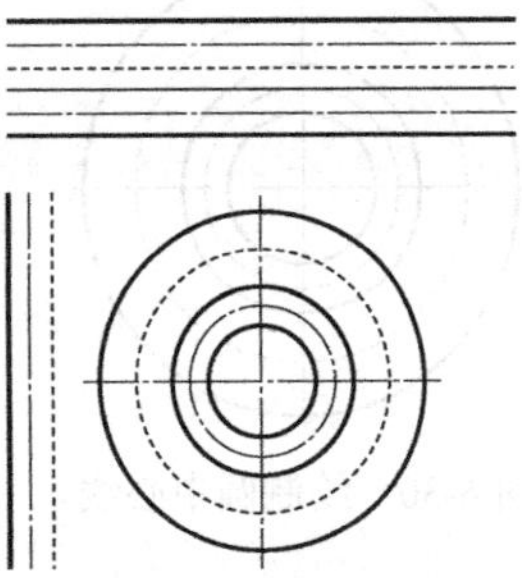

图6-39 绘制竖直线

图6-40 镜像立即菜单

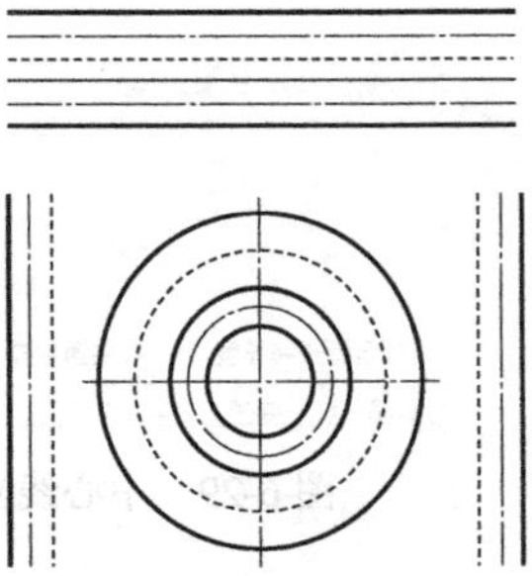

图6-41 镜像竖直线

[11] 绘制底部矩形：单击矩形命令按钮，切换立即菜单如图6-42所示。用鼠标输入第一点坐标（−70，−65）。按命令行提示输入第二点相对坐标@（140，−30），如图6-43所示。

图6-42 矩形立即菜单

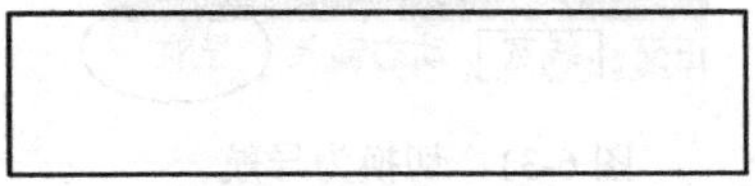

图6-43 绘制矩形

[12] 偏置矩形：将图层切换至虚线层，单击等距线命令按钮，切换如图 6-44 所示的立即菜单。按命令行提示拾取矩形，并拾取所需的方向，如图 6-45 所示。完成等距线的绘制，如图 6-46 所示。

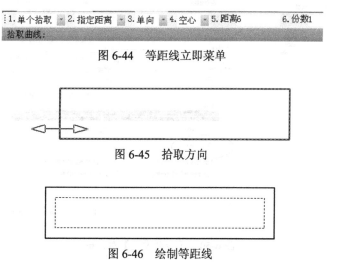

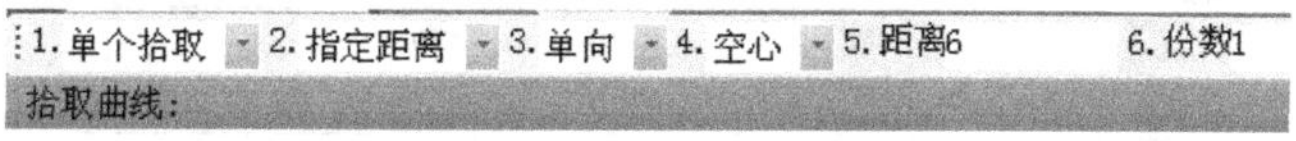

图 6-44 等距线立即菜单

图 6-45 拾取方向

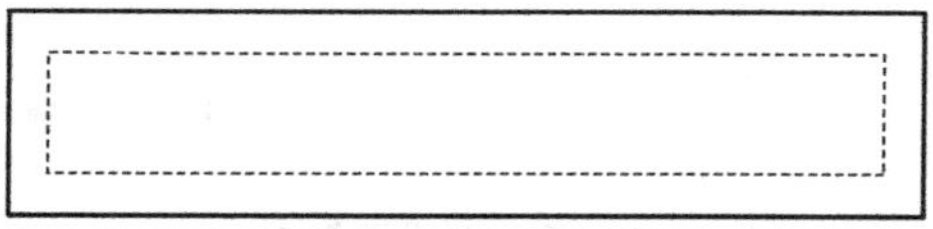

图 6-46 绘制等距线

[13] 用相同的方法偏置细实线矩形，完成全部操作，如图 6-47 所示。

在【实例 6-1】中，各种线型是可以修改的，如想将图中虚线间距加大，修改为图 6-48 所示的线型，可执行下列步骤。

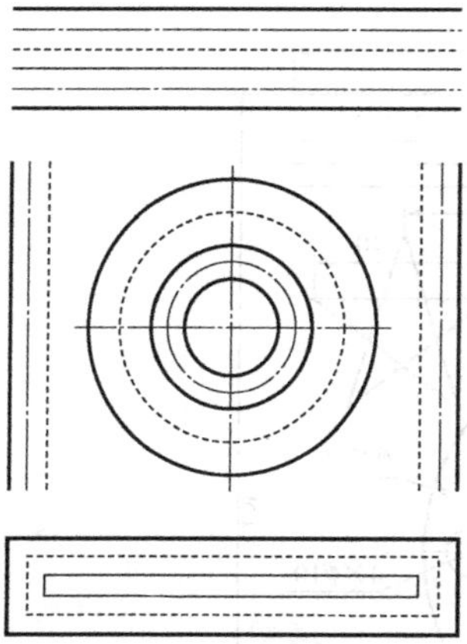

图 6-47 完成绘制

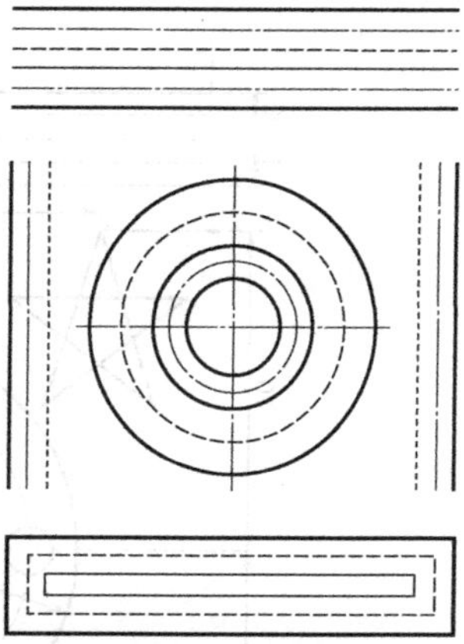

图 6-48 绘制图形

操作步骤

[1] 选择主菜单【格式】/【线型】，如图 6-49 所示。

[2] 系统弹出【线型设置】对话框。选中线型列表中的“虚线”选项，在线型信息中将“间隔”栏中的数字改为适当的数值，如图 6-50 所示。

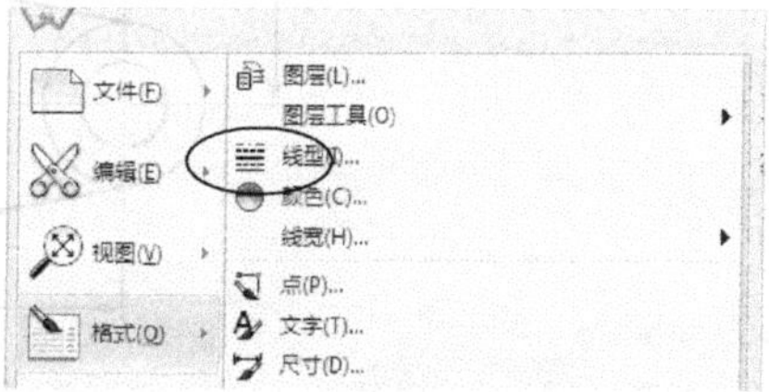

图 6-49 选择菜单命令

[3] 单击 确定 按钮完成线型修改操作。

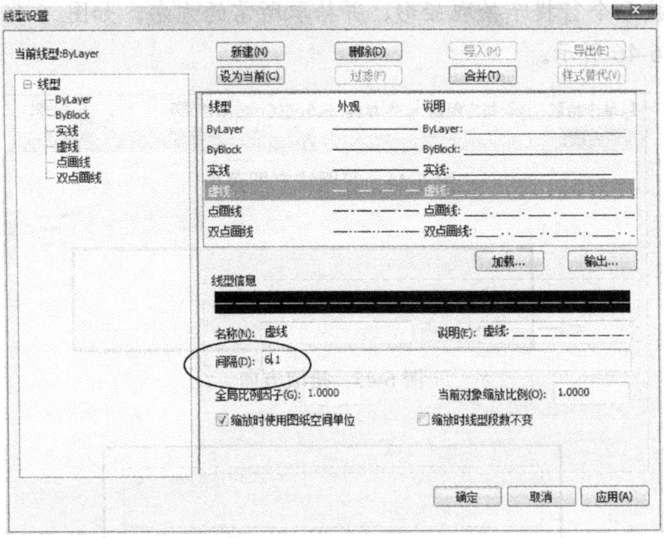

图 6-50 【线型设置】对话框

6.5 习题

绘制图 6-51 所示的图形，无须标注尺寸。

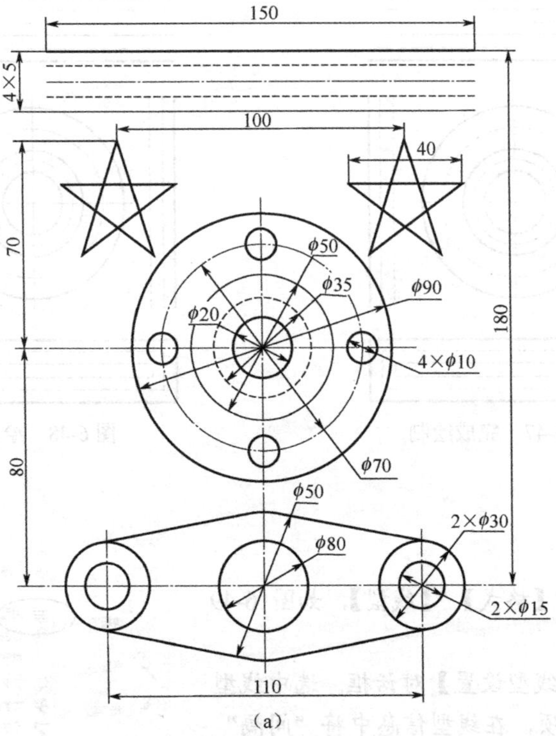

图 6-51 习题图

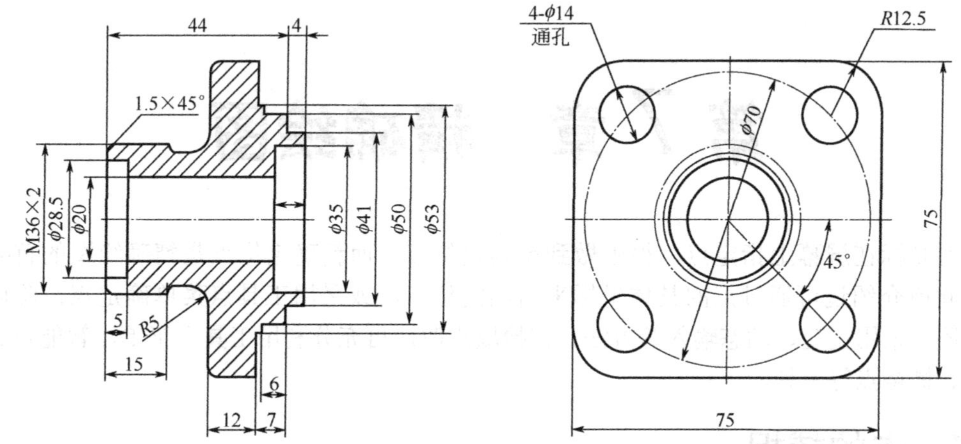
44
4
1.5×45°
M36×2
ϕ28.5
ϕ20
ϕ35
ϕ41
ϕ50
ϕ53
5
R5
15
6
12
7
4-ϕ14
通孔
R12.5
ϕ70
75
45°
75

（b）

图 6-51　习题图（续）

第 7 章　精确绘图

用光标在屏幕上指定点，很难做到精确定位点，而精确定位点是精确绘图的首要任务。此前介绍过可通过点的具体坐标来精确定位点，或采用工具点菜单确定点；除此之外，还可采用正交、动态输入等方法。在拾取点时，可充分利用工具点菜单、智能点、导航点、栅格点等工具。

7.1　点的捕捉

CAXA 电子图板 2013 系统为用户提供了以下 4 种捕捉点的方式。

● 自由点：点的输入完全由光标当前的实际位置确定。

● 栅格点：可以用鼠标捕捉栅格点并设置栅格的可见与不可见。

● 智能点：鼠标自动捕捉一些特征点，如圆心、切点、垂足、中点、端点等。当鼠标移动经过或接近这些点时，光标被自动“锁定”并加亮显示。

● 导航点：系统可通过光标对若干种特征点进行导航，如孤立点、线段端点、圆心或圆弧象限点等。在此方式下，移动十字光标，当某一条光标线经过或接近某曲线的特征点时，该光标线被“锁定”且变为虚线显示，特征点被加亮，从而很容易确定视图间的“长对正”和“高平齐”关系。

图 7-1　捕捉状态立即菜单

用户可以通过工作界面右下角的捕捉状态立即菜单来切换捕捉方式，如图 7-1 所示。

导航点捕捉与智能点捕捉有所不同。

● 相似之处：捕捉的特征点相似，包括孤立点、中点、圆心点、象限点等。当选择导航点捕捉时，这些特征点统称为导航点。

● 不同之处：智能点捕捉时，只有十字光标的 *X* 坐标线和 *Y* 坐标线都距离智能点最近时才能吸附上；而导航点捕捉时，只要十字光标的 *X* 坐标线或 *Y* 坐标线距离导航点最近就可以吸附上。

📖 提示：使用快捷键 F6 也可以实现各捕捉方式之间的依次切换。

【实例 7-1】利用导航点捕捉，绘制如图 7-2 所示定距环的侧视图。

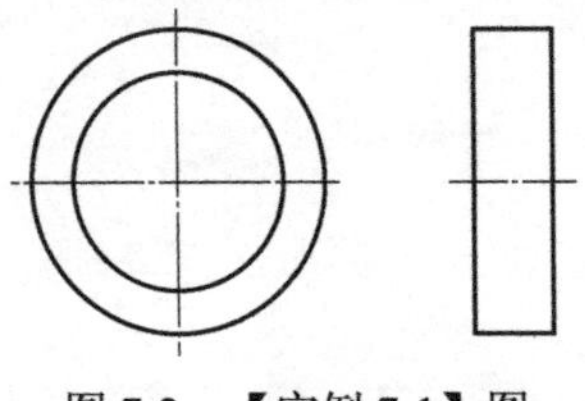

图 7-2　【实例 7-1】图

操作步骤

[1] 切换屏幕点捕捉方式为“导航”。

[2] 单击【直线】按钮 ⁄，切换如图 7-3 所示的立即菜单。

图 7-3 两点线立即菜单

[3] 用光标捕捉大圆与竖直中心线的交点，光标被锁定后，拖动光标到合适位置，确定直线第一点位置，如图 7-4 所示。

[4] 确定直线的下一点位置后，向下拖动鼠标，同时捕捉大圆与竖直中心线下面的交点，绘制竖直线，如图 7-5 所示。

[5] 向左拖动鼠标，捕捉点 *A*，绘制底边，如图 7-6 所示。

[6] 绘制左侧的边，操作完成，如图 7-7 所示。

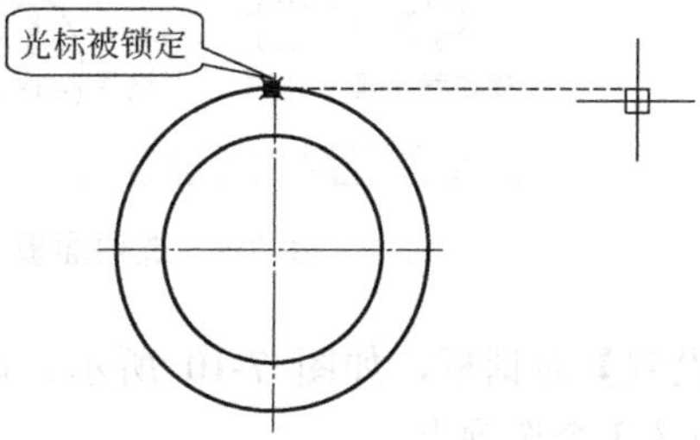

图 7-4 捕捉导航点

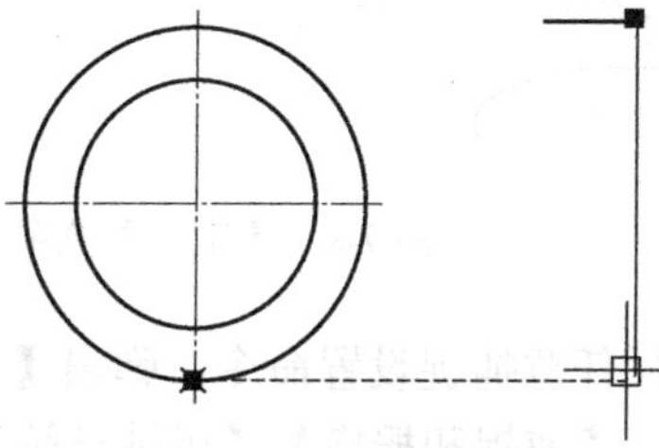

图 7-5 绘制竖直线

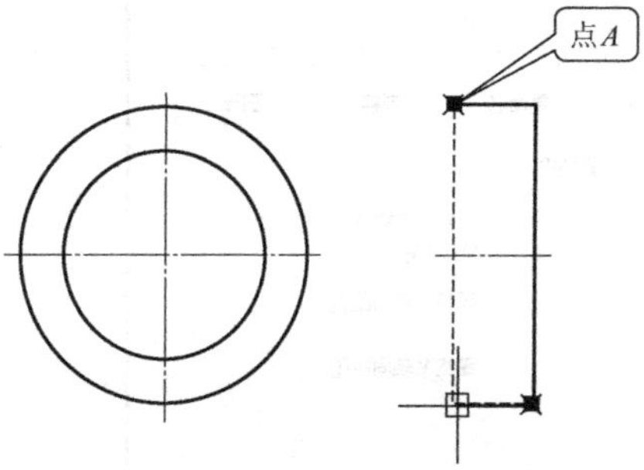

图 7-6 绘制底边

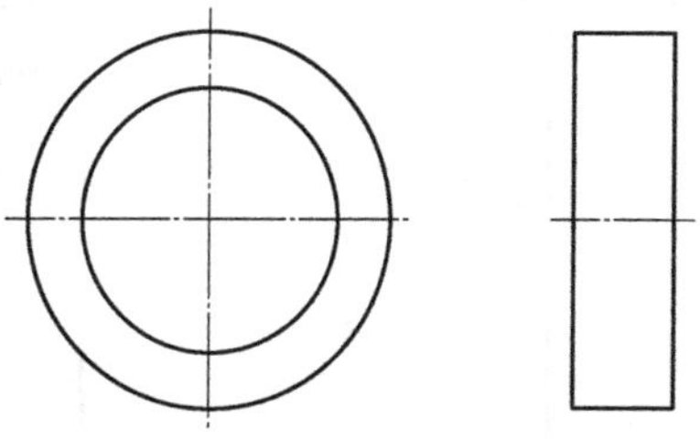

图 7-7 绘制完成

7.2 捕捉设置

捕捉设置是设置鼠标在屏幕上的捕捉方式。捕捉方式包括捕捉和栅格、极轴导航及对象捕捉，这 3 种方式可以灵活设置并组合为多种捕捉模式，如自由、智能、栅格和导航等。

捕捉设置命令输入方式有以下几种。

- 下拉菜单：在主菜单下选择【工具】/【捕捉设置】，如图 7-8 所示。
- 功能区：单击【工具】选项卡内【选项】面板上的捕捉设置按钮，如图 7-9 所示。
- 命令行：输入“potset”并按回车键。

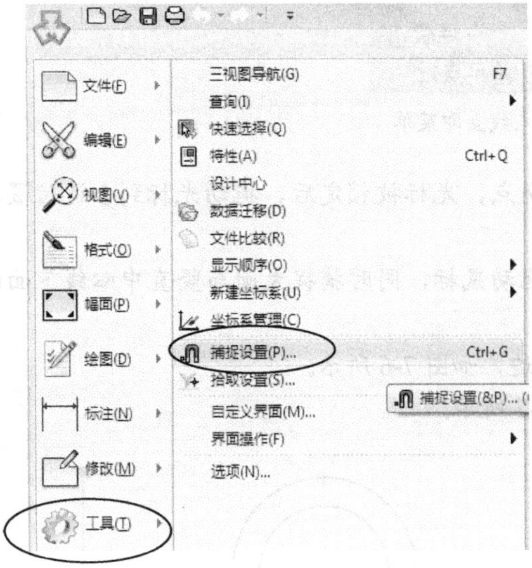

图 7-8 【工具】菜单

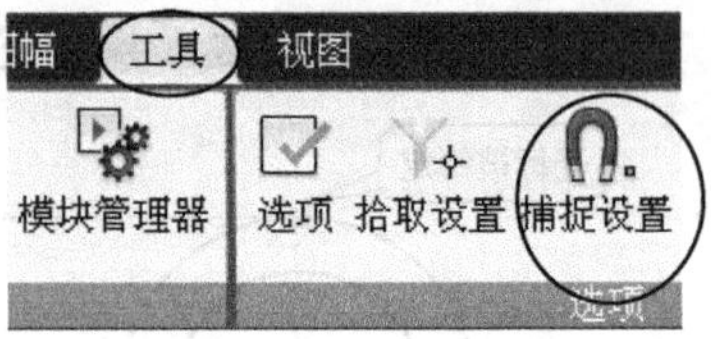

图 7-9 选项面板

执行任意捕捉设置命令，弹出【智能点工具设置】对话框，如图 7-10 所示。该对话框中共有【捕捉和栅格】、【极轴导航】、【对象捕捉】3 个选项卡。

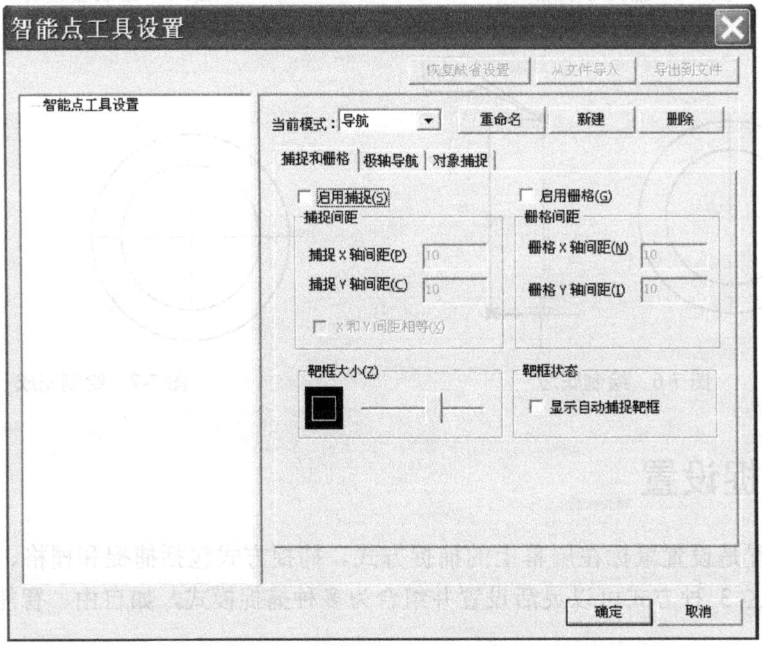

图 7-10 【智能点工具设置】对话框

7.2.1 捕捉和栅格

在【捕捉和栅格】选项卡中可以设置间距捕捉和栅格显示，如图 7-10 所示。

● 【启用捕捉】：可以打开间距捕捉模式，在下方可以设置 *X* 轴和 *Y* 轴方向的捕捉间距。

● 【启用栅格】：可以打开栅格显示，在下方可以设置 *X* 轴和 *Y* 轴方向的栅格间距。

● 【靶框大小】：拖动其下方的滑块可以设置捕捉时的拾取框大小。

● 【靶框状态】：选择其下的【显示自动捕捉靶框】，可以设置自动捕捉时显示靶框。

7.2.2 极轴导航

【极轴导航】选项卡用于设置极轴导航参数，如图 7-11 所示。

● 【启用极轴导航】：可以打开或关闭极轴导航。打开极轴导航后，可以通过设置极轴角的参数指定极轴导航的对齐角度。

● 【增量角】：设置用来显示极轴导航对齐路径的极轴角增量，可以输入任何角度，也可以选择常用角度。

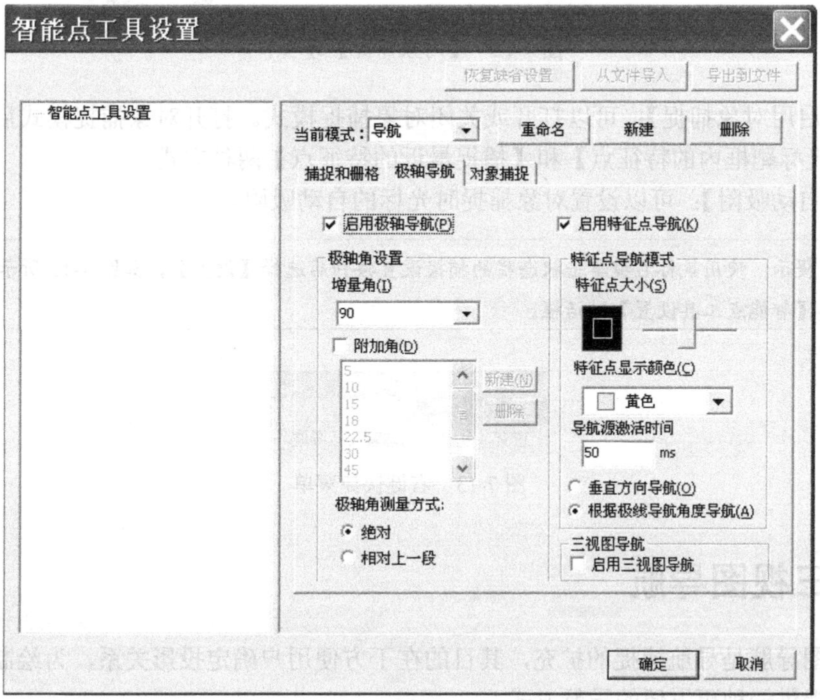

图 7-11 【极轴导航】选项卡

● 【附加角】：对极轴导航使用列表中的任何一种附加角度，可以添加或删除。

● 【极轴角测量方式】：包括【绝对】和【相对上一段】两种。

● 【启用特征点导航】：可以设置打开特征点导航模式。可以设置特征点大小、特征点显示颜色、导航源激活时间，还可以启用三视图导航。

7.2.3 对象捕捉

【对象捕捉】选项卡用于设置对象捕捉参数，如图 7-12 所示。

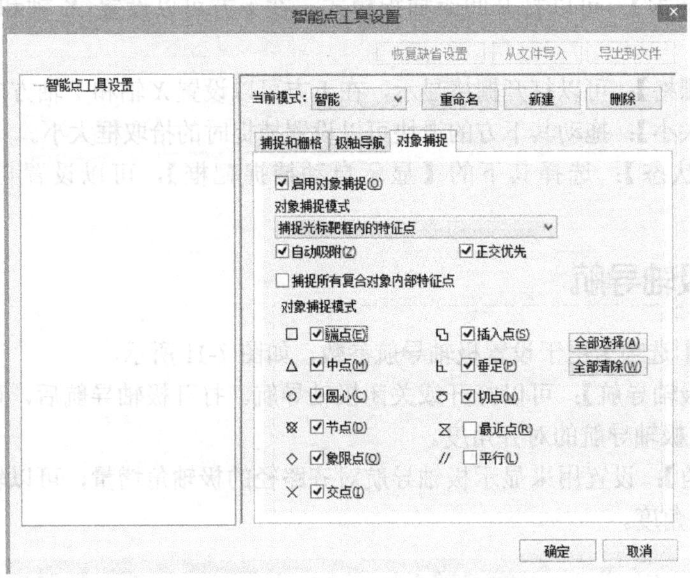

图 7-12 【对象捕捉】选项卡

- 【启用对象捕捉】：可以打开或关闭对象捕捉模式。打开对象捕捉模式后，可以选择【捕捉光标靶框内的特征点】和【捕捉最近的特征点】两种方式。
- 【自动吸附】：可以设置对象捕捉时光标的自动吸附。

提示：使用鼠标右键单击状态栏的捕捉设置按钮后选择【设置】，如图 7-13 所示，也可打开【智能点工具设置】对话框。

图 7-13 右键快捷菜单

7.3 三视图导航

三视图导航是导航捕捉的扩充，其目的在于方便用户确定投影关系，为绘制三视图或多面视图提供一种更方便的导航方式。

执行三视图导航命令的方法如下。

- 下拉菜单：选择主菜单【工具】/【三视图导航】。
- 功能区：单击【工具】选项卡内【选项】面板上的捕捉设置按钮，在【极轴导航】选项卡中打开三视图导航，如图 7-14 所示。
- 按 F7 键。

● 从键盘输入“guide”命令。

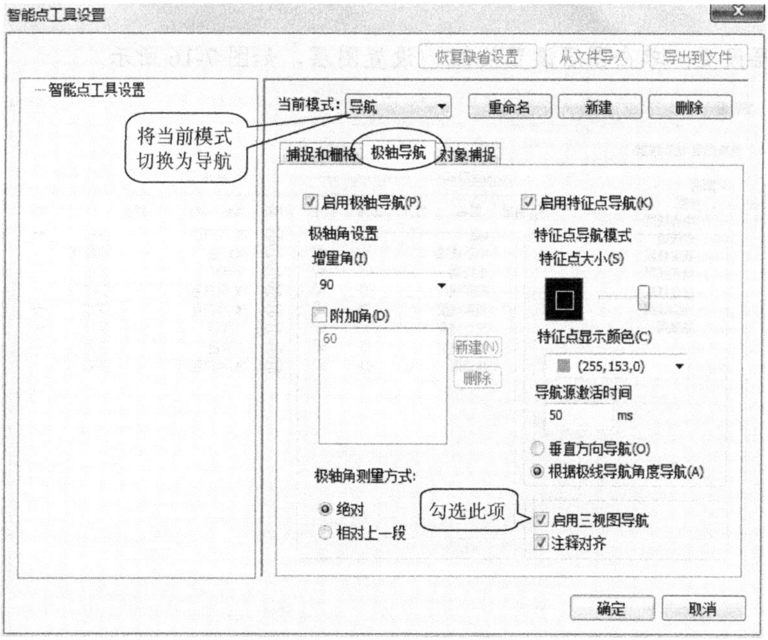

图 7-14 【智能点工具设置】对话框

执行三视图导航命令后，分别指定导航线的第一点和第二点，画出一条 45°或 135°的黄色导航线。如果此时系统为导航状态，则系统将以此导航线为视图转换线进行三视图导航。

如果系统当前已有导航线，单击菜单【三视图导航】，将删除原导航线，然后系统提示再次指定新的导航线，也可以按鼠标右键恢复原来的导航线。

【实例 7-2】利用三视图导航绘制如图 7-15 所示的三视图图形。

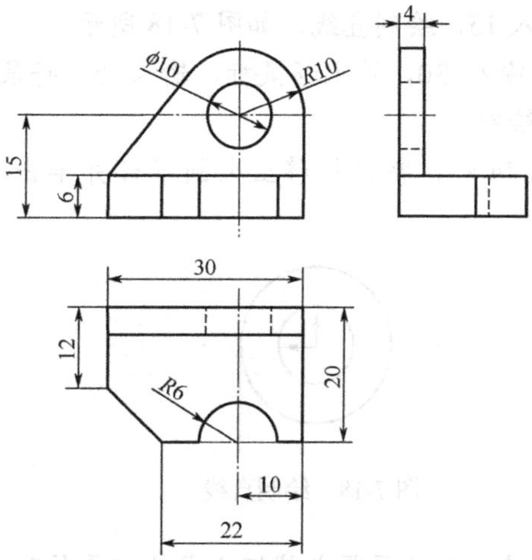

图 7-15 【实例 7-2】图

操作步骤

[1] 图层设置：单击图层设置按钮设置图层，如图 7-16 所示。

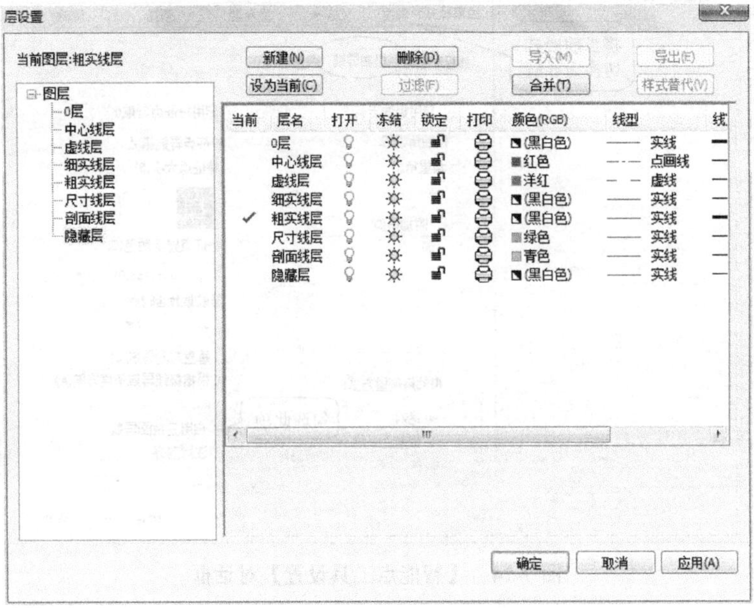

图 7-16 【层设置】对话框

[2] 绘制主视图：设粗实线层为当前层，在适当位置绘制直径为 10 的圆和半径为 10 的圆，如图 7-17 所示。

[3] 切换屏幕点捕捉方式为“智能”，单击【直线】按钮，切换立即菜单为 1. 两点线 2. 连续 。

[4] 将光标移动到大圆右切点处，如图 7-17 所示，捕捉并单击该点，以其为直线的第一点。将鼠标下移，输入 15，绘制直线，如图 7-18 所示。

[5] 继续左移鼠标，输入 30，再上移鼠标，输入 6。将鼠标移到大圆左侧偏上，捕捉切点，完成该部分直线绘制。

[6] 单击【修剪】按钮，将鼠标移至大圆下部并单击，修剪大圆多余部分，如图 7-19 所示。

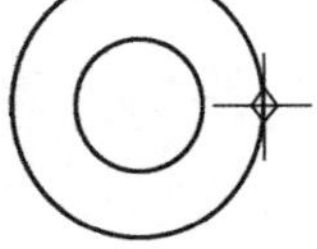

图 7-17 绘制圆

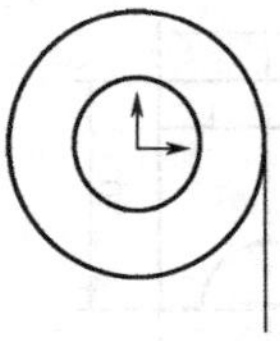

图 7-18 绘制直线

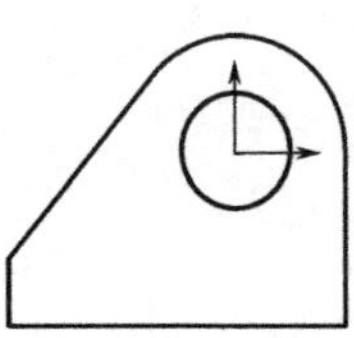

图 7-19 绘制直线并修剪

[7] 画俯视图的外轮廓：切换屏幕点捕捉方式为“导航”，以主视图左下角点为导航点，设置一条线型为虚线的导航线，如图 7-20 所示。

[8] 向下移动鼠标至合适位置单击，得到直线的第一个点，再向上移动鼠标，输入

12，向右移动鼠标，输入 30，向下移动鼠标，输入 20，向左移动鼠标，输入 22，捕捉直线的第一个点，完成直线绘制，如图 7-21 所示。

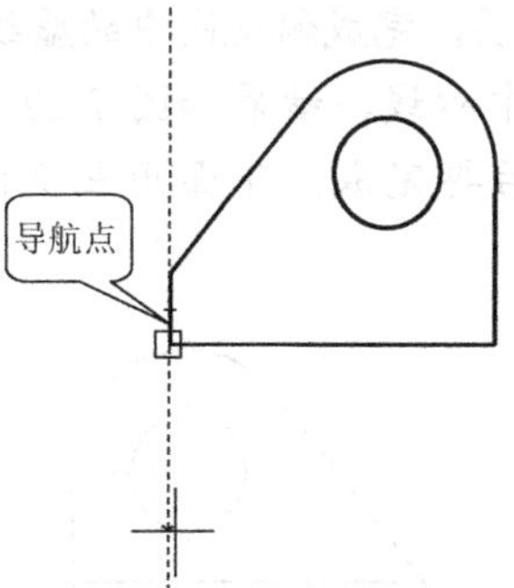

图 7-20　设置导航线

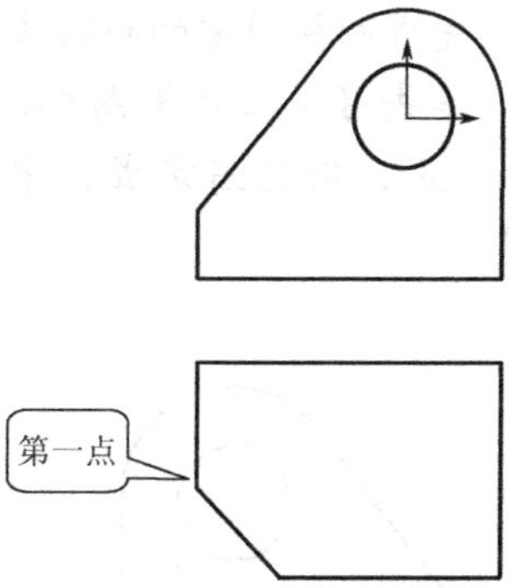

图 7-21　绘制直线

[9]　绘制半圆：单击【圆】按钮，切换立即菜单为 1. 圆心_半径 2. 直径 3. 无中心线。

[10]　以主视图中圆的圆心为导航点，在俯视图的最下面那条直线上得到圆心，如图 7-22 所示。画直径为 12 的圆，如图 7-23 所示。

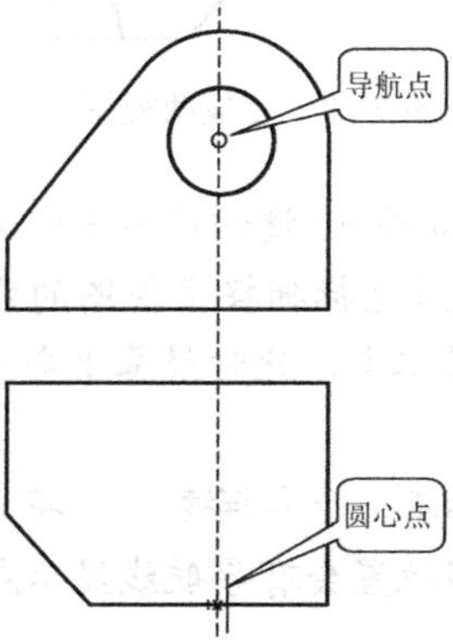

图 7-22　导航圆心

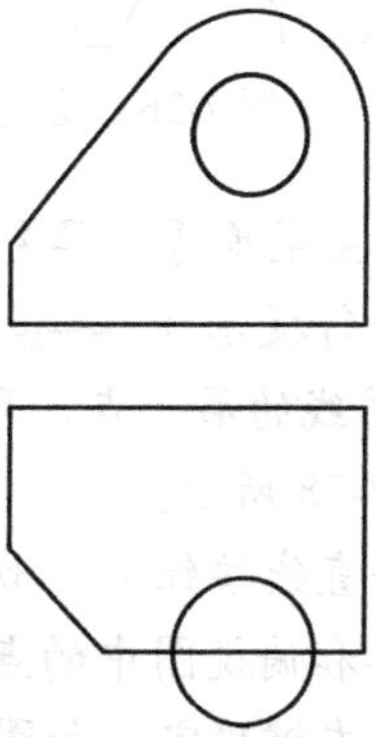

图 7-23　绘制圆

[11]　单击【修剪】按钮，修剪多余部分，如图 7-24 所示。

[12]　单击【直线】按钮，切换立即菜单为 1. 两点线 2. 单根，用相同的导航方法绘制主视图的竖直线，并绘制水平线，如图 7-25 所示。

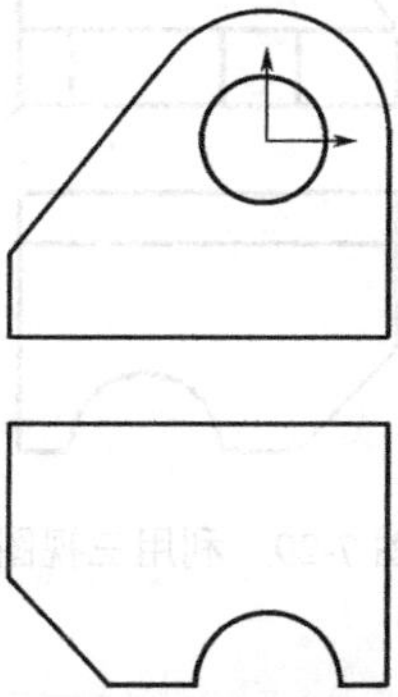

图 7-24　修剪图形

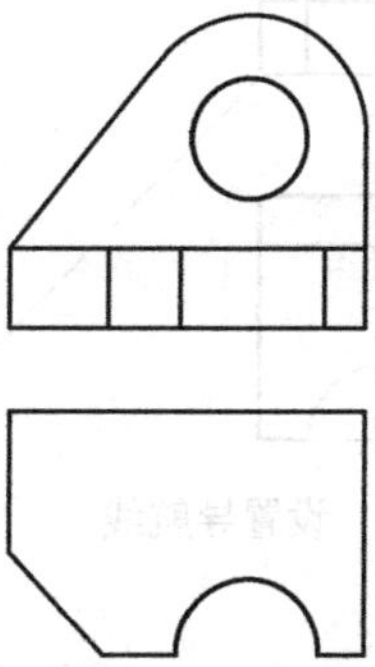

图 7-25　绘制直线

[13] 单击平行线命令按钮，设置立即菜单为 1.偏移方式 2.单向，按命令行提示，拾取直线，输入偏移距离为 4，绘制俯视图中的水平线，如图 7-26 所示。

[14] 完成两视图中的粗实线后，切换当前层为虚线层，完成俯视图中的虚线。

[15] 单击【中心线】图标，完成两视图中的所有中心线，结果如图 7-27 所示。

至此，主、俯视图完成。中心线和虚线也可以最后再完成。下面用三视图导航完成左视图。

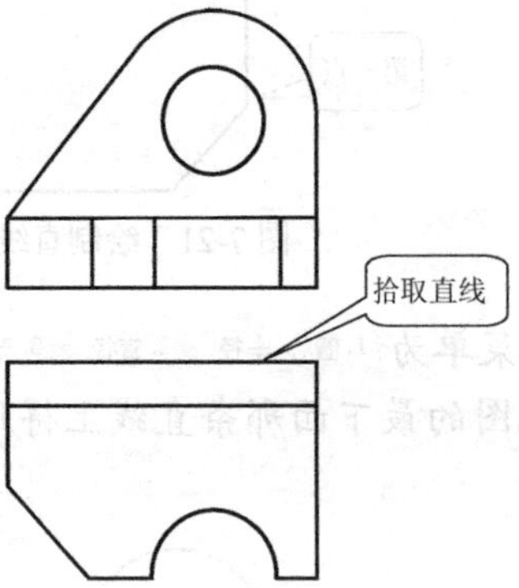

图 7-26 绘制平行线

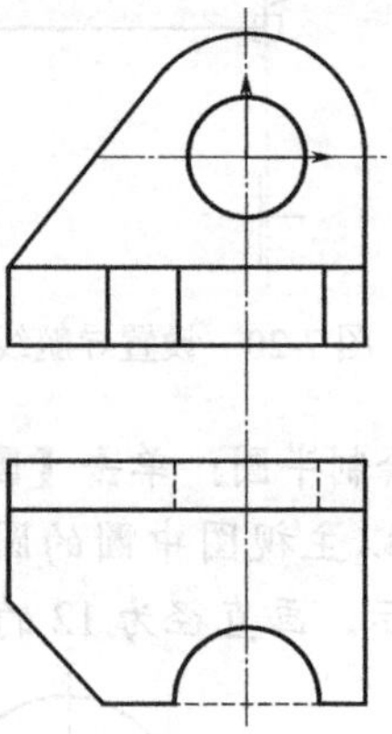

图 7-27 完成两视图

[16] 单击主菜单【工具】/【三视图导航】，或者按 F7 键切换为三视图导航状态。

[17] 命令行提示为 第一点<右键恢复上一次导航线>:。用光标捕捉主视图的右下角点，单击左键，指定导航线的第一点，再在合适的位置指定第二点，此时屏幕上会出现一条黄色的导航线，如图 7-28 所示。

[18] 单击直线按钮，切换立即菜单为 1.两点线 2.连续。将光标分别放在主视图中的点 1′ 和俯视图中的点 1 处，在左视图适当位置会有导航线显示点 1 的侧视图位置点 1″，单击左键确定，如图 7-29 所示。

用相同的方法绘制其他图线，完成左视图。

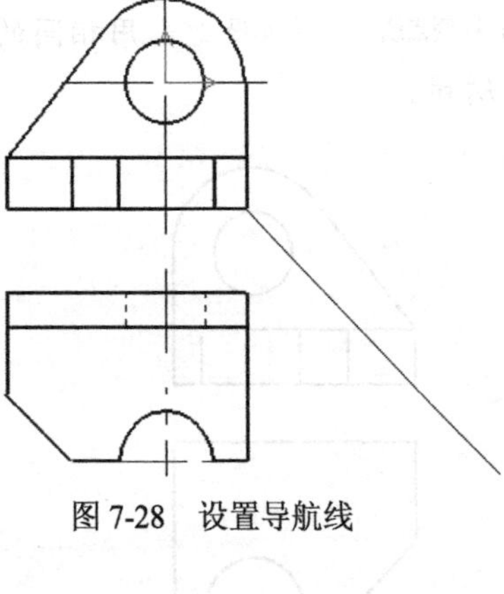

图 7-28 设置导航线

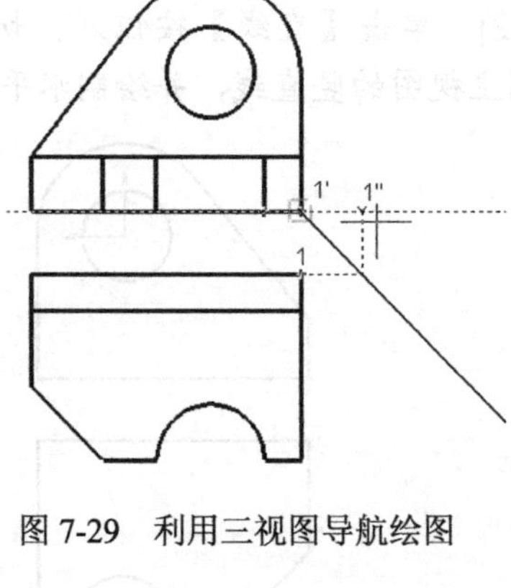

图 7-29 利用三视图导航绘图

7.4 习题

精确绘制图 7-30 所示的图形，不需要标注尺寸。

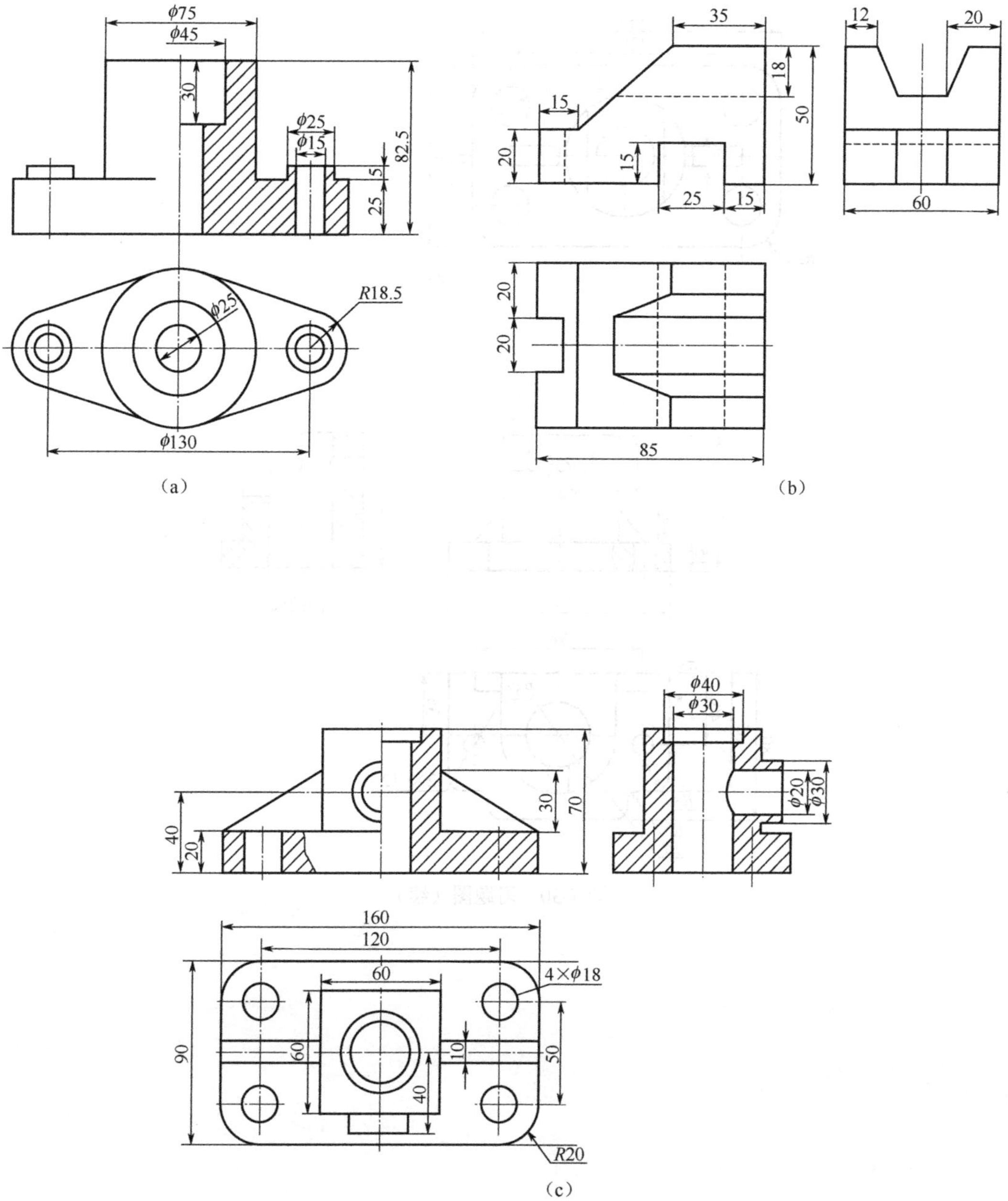

图 7-30　习题图

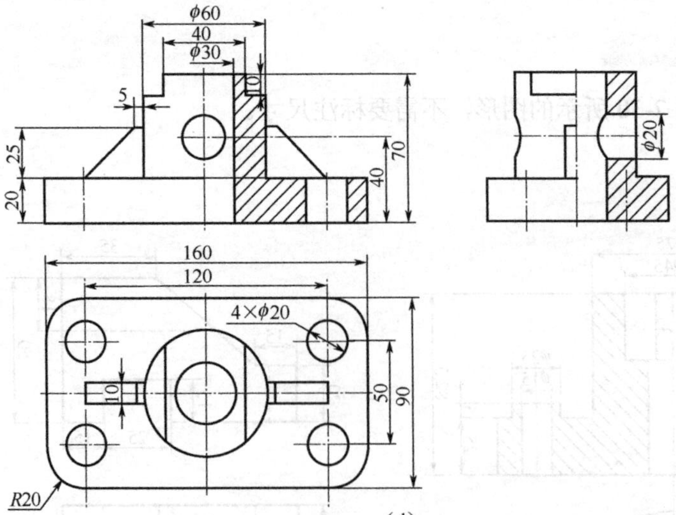
φ60
40
φ30
10
5
25
20
70
40
φ20
160
120
4×φ20
10
50
90
R20

（d）

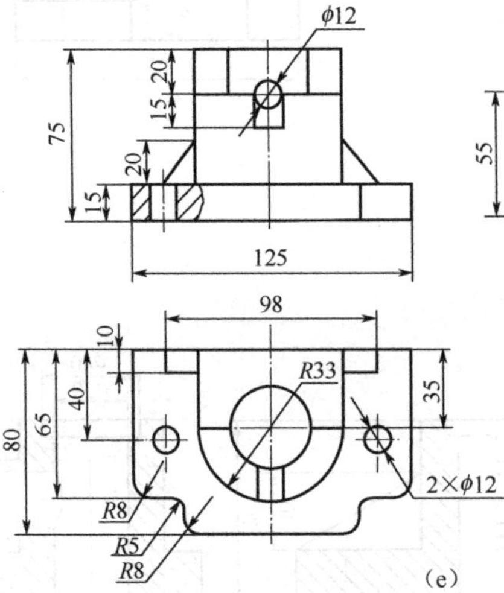
φ12
20
15
75
20
15
125
55
φ36
98
10
R33
40
65
80
35
2×φ12
R8
R5
R8

（e）

图 7-30　习题图（续）

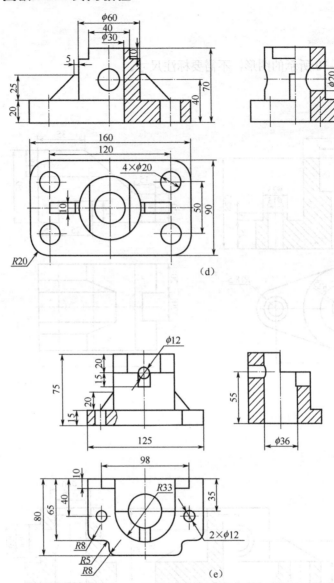

第 8 章　工程标注

在工程制图过程中，不仅要绘制图样，还必须对工程图进行尺寸标注、文字标注和工程符号标注。CAXA 绘图系统依据《机械制图国家标准》提供了对工程图进行尺寸标注、文字标注和工程符号标注的一整套方法，它是绘制工程图十分重要的手段。

工程标注主要包括以下几个方面：

- 尺寸标注；
- 文字类标注；
- 工程符号类标注。

工程标注的相关操作都可通过【标注】功能区选项卡中的相关面板完成，如图 8-1 所示。

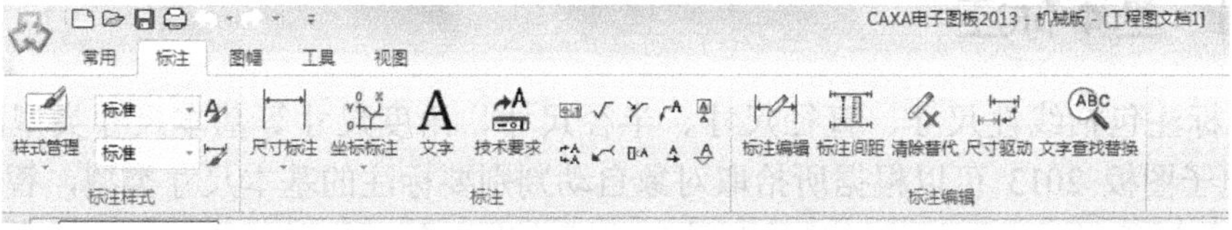

图 8-1　【标注】功能区选项卡

8.1 尺寸标注

进入尺寸标注状态通常有以下三种方式。

- 下拉菜单：单击主菜单【标注】/【尺寸标注】，再从其子菜单中进行选择，如图 8-2 所示。

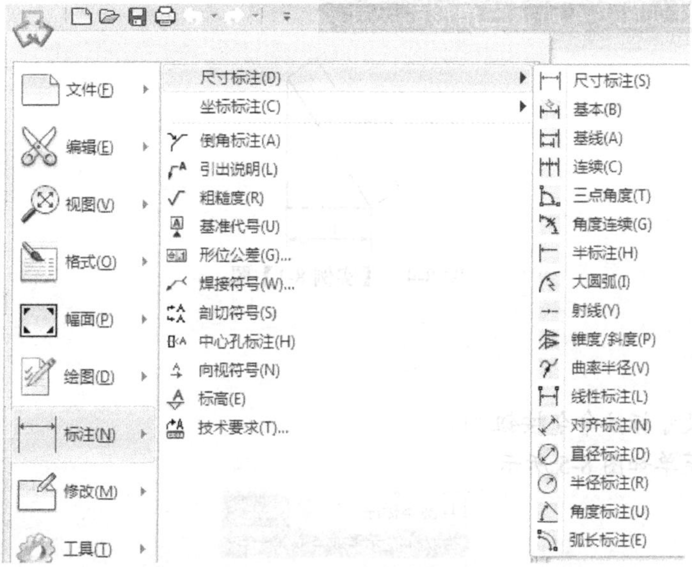

图 8-2　【尺寸标注】菜单

● 工具栏：单击【标注】功能区选项卡中【标注】面板上的按钮，如图 8-1 所示。

● 命令行：输入“dim”。

CAXA 电子图板的尺寸标注包括多种类型，如图 8-3 所示。这为用户提供了方便、快捷的标注方式。

【尺寸标注】是进行尺寸标注的主体命令，由于尺寸类型与形式的多样性，系统在本命令执行过程中提供智能判别，其功能特点如下。

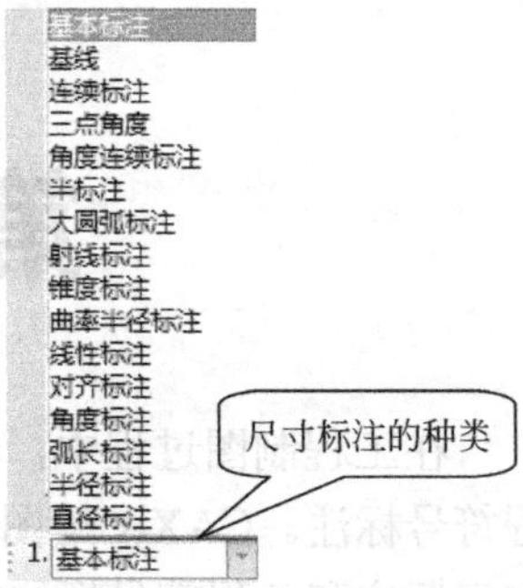

图 8-3 尺寸标注立即菜单

● 根据拾取元素的不同，自动标注相应的线性尺寸、直径尺寸、半径尺寸或角度尺寸。

● 根据立即菜单的条件由用户选择基本尺寸、基准尺寸、连续尺寸或尺寸线方向。

● 尺寸文字可采用拖动定位。

● 尺寸数值可采用测量值或者由用户直接输入。

8.1.1 基本标注

基本标注包括线性尺寸、直径尺寸、半径尺寸、角度尺寸等基本尺寸类型的标注。CAXA 电子图板 2013 可以根据所拾取对象自动判别要标注的基本尺寸类型，智能而又方便。由于篇幅所限，本节仅就常见的几种尺寸标注进行介绍。

选择尺寸标注立即菜单中的 1: 基本标注，系统提示 拾取标注元素或点取第一点:，用鼠标拾取直线、圆或圆弧，也可连续拾取两个元素。

1. 直线的标注

拾取要标注的直线，通过不同的立即菜单选项，可以标注直线的长度或与另一直线的夹角，也可以标注直径。

【实例 8-1】标注如图 8-4 所示三角形的尺寸。

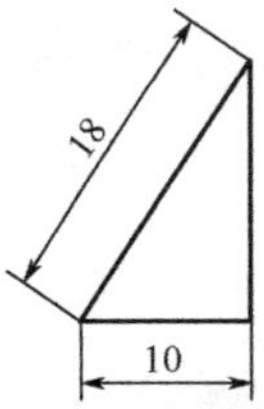

图 8-4 【实例 8-1】图

操作步骤

[1] 单击尺寸标注命令按钮。

[2] 立即菜单如图 8-5 所示。

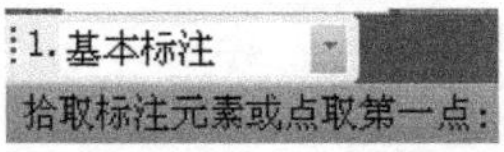

图 8-5 直线标注立即菜单

[3] 拾取水平直线，弹出立即菜单，如图 8-6 所示。

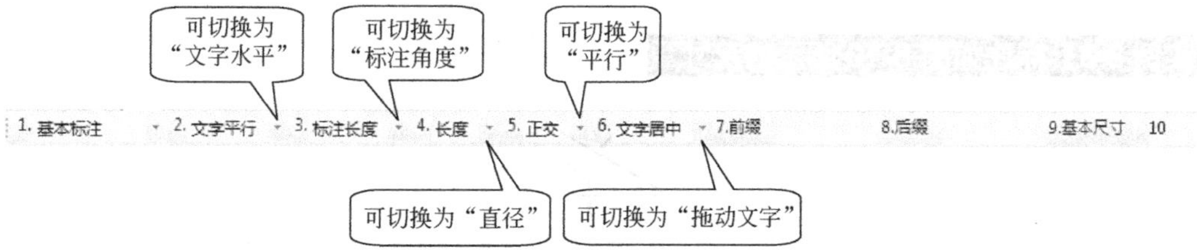

图 8-6　拾取水平直线后的立即菜单

[4] 在适当位置单击鼠标左键确定尺寸线位置。

[5] 拾取斜线，在弹出的立即菜单中将“正交”切换为“平行”，如图 8-7 所示。

图 8-7　拾取斜线后的立即菜单

[6] 在适当位置用鼠标左键确定尺寸线的位置。

在图 8-6 中可实现选项的切换。通过选择不同的选项，可标注直线的长度、直径或与坐标轴的夹角。

说明：在立即菜单的第 9 项中，默认尺寸值为自动测量值；单击尺寸值选项，可修改尺寸值。

【实例 8-2】标注如图 8-8 所示的直径尺寸。

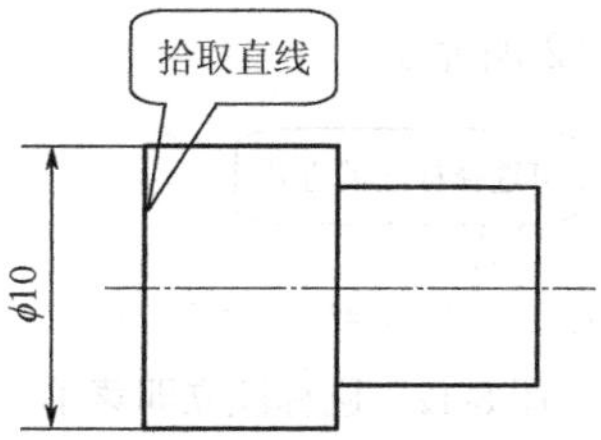

图 8-8　【实例 8-2】图

操作步骤

[1] 单击尺寸标注命令按钮。

[2] 拾取竖直直线，设置立即菜单，如图 8-9 所示。

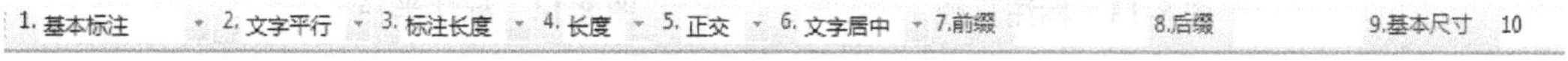

图 8-9　直径标注立即菜单

[3] 在适当位置用鼠标左键确定尺寸线的位置。

说明：在标注直径时，立即菜单中的第 3 项须切换为 3: 标注长度。第 4 项切换为 4: 直径时，表示标注直径。其标注方式与长度基本相同，区别在于在尺寸值前加前缀“ϕ”。

【实例 8-3】标注如图 8-10 所示的尺寸。

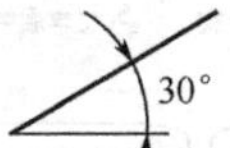

图 8-10 【实例 8-3】图

操作步骤

[1] 单击尺寸标注命令按钮。

[2] 拾取倾斜直线，设置立即菜单，如图 8-11 所示。

图 8-11 标注角度立即菜单

[3] 在适当位置用鼠标左键确定尺寸线的位置，即可标注出直线与 X 轴之间的夹角。

说明：在标注角度方式下，系统自动在角度值后加“o”（在尺寸值窗口以“%d”显示）。一条直线与某一坐标轴有 4 个夹角，系统依据光标所在位置进行标注。

2. 圆的标注

单击尺寸标注图标，选择 1: 基本标注 ，系统提示 拾取标注元素或点取第一点: ，拾取要标注的圆，出现立即菜单，如图 8-12 所示。

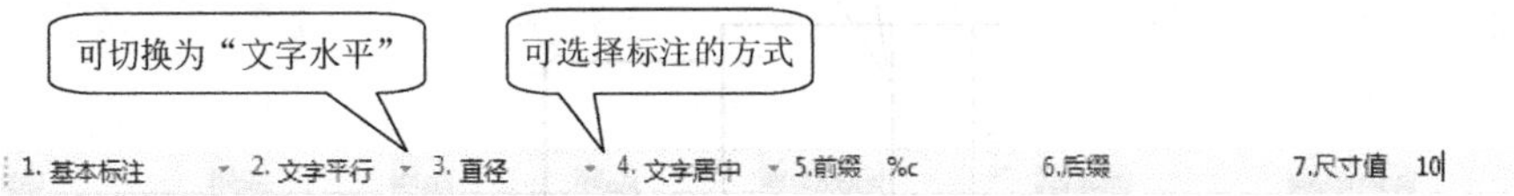

图 8-12 圆标注立即菜单

图 8-13 和图 8-14 所示为圆标注示例。

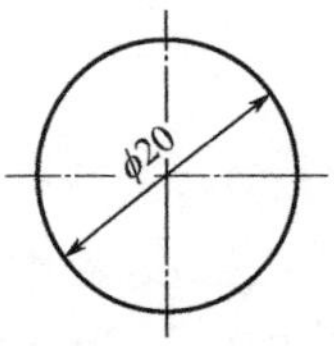

图 8-13 标注直径

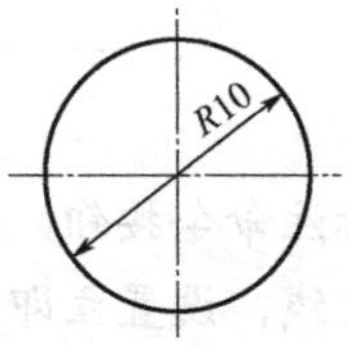

图 8-14 标注半径

说明：一般情况下超过一半的圆弧标注直径，小于一半的圆弧标注半径。

3. 圆弧的标注

单击尺寸标注图标，选择 1: 基本标注 ，系统提示 拾取标注元素或点取第一点: ，拾取的元素为一段圆弧时，立即菜单如图 8-15 所示。

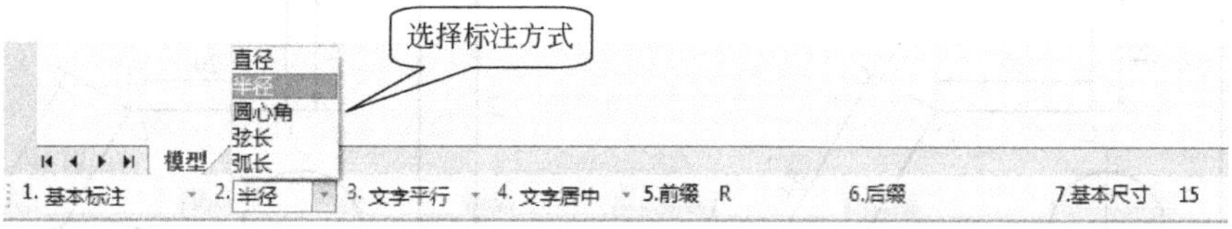

图 8-15 圆弧标注立即菜单

图 8-16 所示为圆弧标注示例。

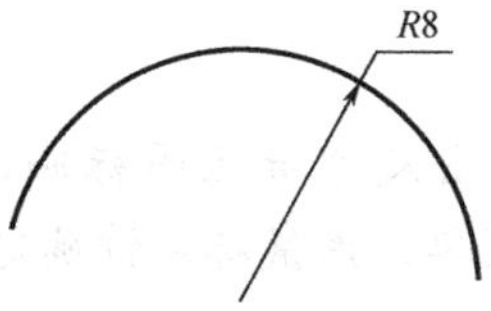

图 8-16 圆弧标注示例

【实例 8-4】标注如图 8-17 所示的图形尺寸。

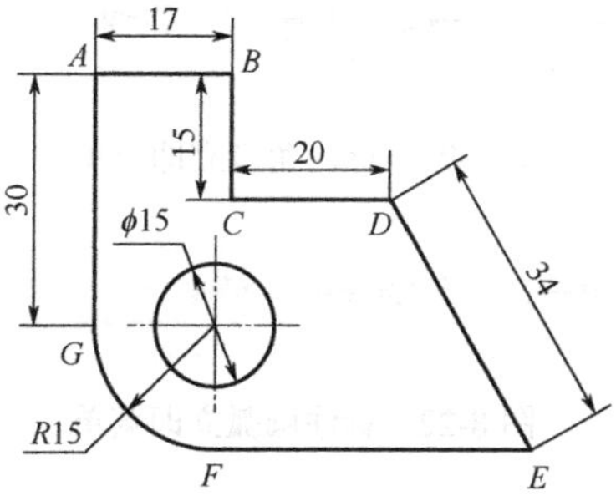

图 8-17 【实训 8-4】图

操作步骤

[1] 标注直线 *AB* 尺寸：单击尺寸标注图标。

[2] 选择【基本标注】，拾取直线 *AB*，切换立即菜单如图 8-18 所示。

图 8-18 标注直线长度立即菜单

[3] 单击鼠标左键指定尺寸线位置。

[4] 用相同的方法标注直线 *AG*、*BC*、*CD*、*DE* 的长度，如图 8-19 所示。

> 注意：标注直线 *DE* 时，须将图 8-18 所示立即菜单中的第 4 项切换为“平行”。

[5] 标注角度 60°：单击尺寸标注图标，切换为 1. 角度标注。拾取直线 *DE* 和 *EF*，用鼠标左键确定尺寸线位置，完成角度标注。图 8-20 所示为标注结果，标注的立即菜单如图 8-21 所示。

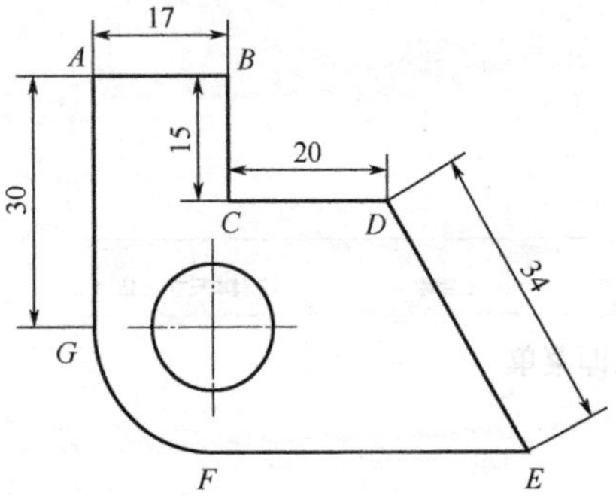

图 8-19　标注直线长度

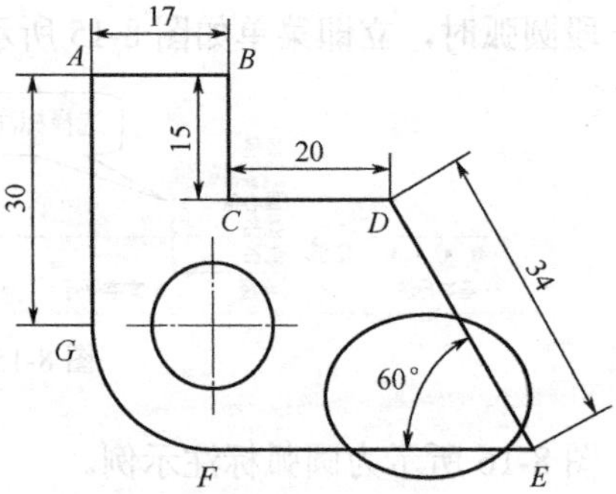

图 8-20　标注角度

[6]　标注圆弧半径 *R*15：单击尺寸标注图标，切换回 1: 基本标注。拾取圆弧 *GF*，设置如图 8-22 所示的立即菜单。用鼠标左键确定尺寸线位置，完成尺寸 *R*15 的标注，如图 8-23 所示。

[7]　标注圆的直径：拾取圆，设置立即菜单。在合适位置用鼠标左键指定尺寸线位置，完成直径尺寸标注，如图 8-24 所示，标注直径的立即菜单如图 8-25 所示。

图 8-21　标注角度立即菜单

图 8-22　标注圆弧立即菜单

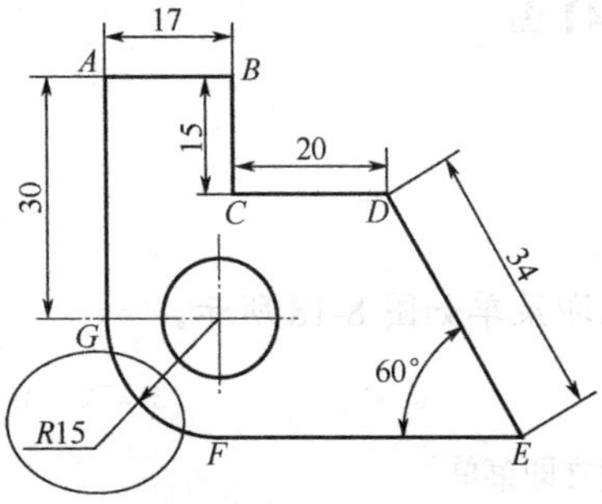

图 8-23　标注圆弧半径

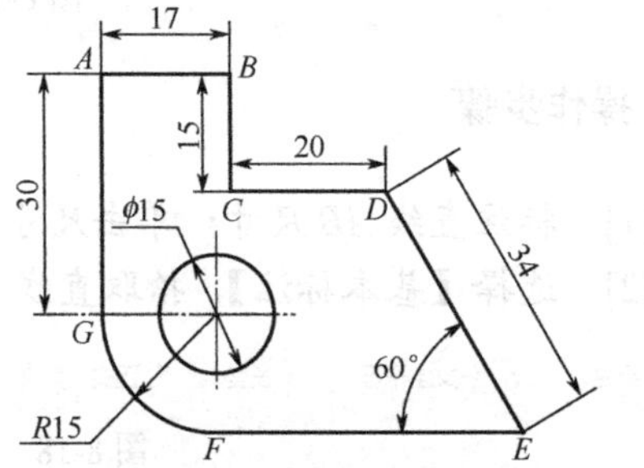

图 8-24　完成尺寸标注

图 8-25　标注直径立即菜单

4. 两个元素的标注

在基本标注中，拾取了一个标注元素后，系统会提示拾取另一个标注元素或指定尺寸线位置:。如果在空白处单击指定尺寸线位置，则直接标注该元素的尺寸。如果接着拾取另外一个元素，系统会自动判断两次拾取元素的类型，标注两者之间相应的尺寸。

- 拾取点和点，如屏幕点、孤立点或各种控制点（如端点、中点、象限点等），标注两点之间的距离。
- 拾取点和直线，标注点到直线的距离；点和直线的拾取无先后顺序要求。
- 拾取点和圆（或圆弧），标注点到圆（或圆弧）圆心的距离。

> 提示：在标注点和圆（或圆弧）的尺寸时，若先拾取点，则点可以是任意点，如屏幕点、孤立点或各种控制点（端点、中点等）；如果先拾取圆（或圆弧），则点不能是屏幕点。

- 拾取圆和圆（或圆和圆弧、圆弧和圆弧），标注两个圆心之间的距离。
- 拾取直线和圆（或直线和圆弧），标注直线到圆心之间的距离。
- 拾取两条直线，系统根据两直线的相对位置（平行或相交），标注两直线的距离或夹角。

【实例 8-5】标注如图 8-26 所示的尺寸。

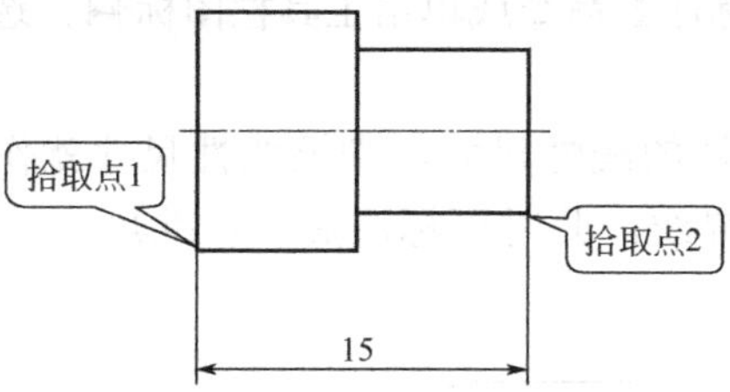

图 8-26 【实例 8-5】图

操作步骤

[1] 单击尺寸标注图标，选择【基本标注】。
[2] 拾取点 1 和点 2。
[3] 在适当位置用鼠标左键确定尺寸线位置。
[4] 标注完成后，单击鼠标右键退出标注。

> 提示：拾取点时可将屏幕点切换为“智能”状态，或按空格键，弹出如图 8-27 所示的工具点菜单，选择“端点”。

【实例 8-6】标注如图 8-28 所示的尺寸。

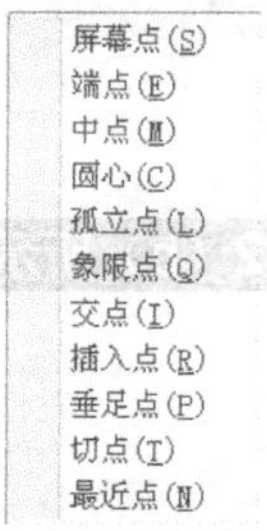

图 8-27 工具点菜单

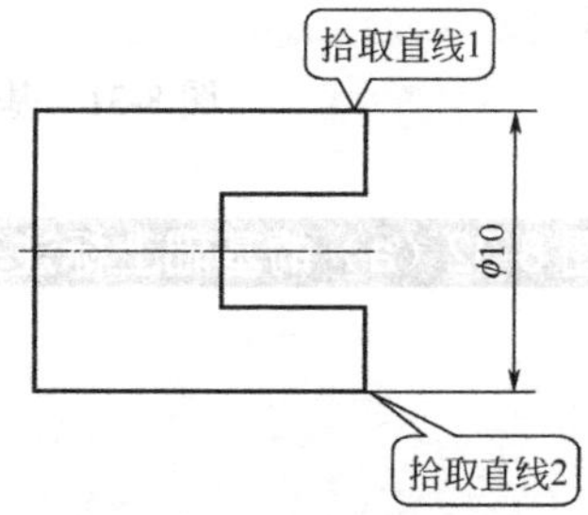

图 8-28 【实例 8-6】图

操作步骤

[1] 单击尺寸标注图标⟷，选择【基本标注】。

[2] 拾取两直线，出现立即菜单，设置如图 8-29 所示的立即菜单。

[3] 在合适的位置单击鼠标左键确定尺寸线位置。

[4] 标注完成后，单击鼠标右键退出标注。

图 8-29 基本标注立即菜单

8.1.2 基准标注

基准标注指一组具有相同基准且尺寸线相互平行的尺寸标注。

选择【标注】/【尺寸标注】命令或单击工具栏图标⟷，选择 1.基线 ，系统提示 拾取线性尺寸或第一引出点: 。

● 如果拾取一个已标注的线性尺寸，则该线性尺寸就作为第一基准尺寸，并按拾取点的位置确定尺寸基准界线。此时可标注后续基准尺寸，相应的立即菜单如图 8-30 所示。

图 8-30 基准标注立即菜单

● 如果拾取一个点为第一引出点，则此引出点为尺寸基准界线的引出点，系统提示 拾取另一个引出点，用户拾取另一个引出点后，立即菜单如图 8-31 所示。指定第二引出点，确定完尺寸线位置，立即菜单切换回图 8-30 所示的形式。依次拾取 第二引出点: ，即可标注一组基准尺寸。按 Esc 键退出标注。

图 8-31 基准标注立即菜单

【实例 8-7】在图 8-32（a）的基础上标注基准尺寸，如图 8-32（b）所示。

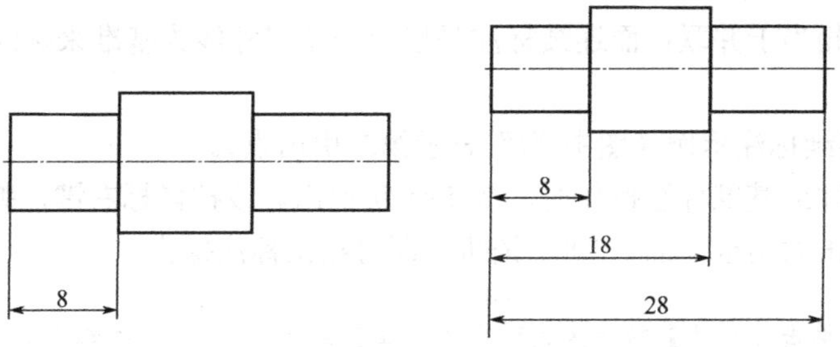

(a)　　　　(b)

图 8-32　【实例 8-7】图

操作步骤

[1]　单击尺寸标注图标，选择【基线】。

[2]　拾取线性尺寸，如图 8-33 所示。注意，鼠标点击的位置不同，则基准边界不同。若单击“8”尺寸线靠近右边界的位置，则会以右边界为基准边界引出尺寸线。

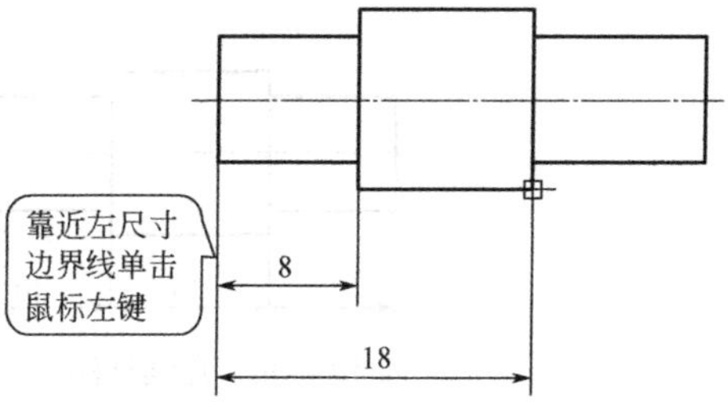

图 8-33　拾取基准

[3]　设置如图 8-34 所示的立即菜单。

[4]　依次拾取“第二引出点”，如图 8-35 所示，完成标注，按 Esc 键退出标注。

图 8-34　基准标注立即菜单

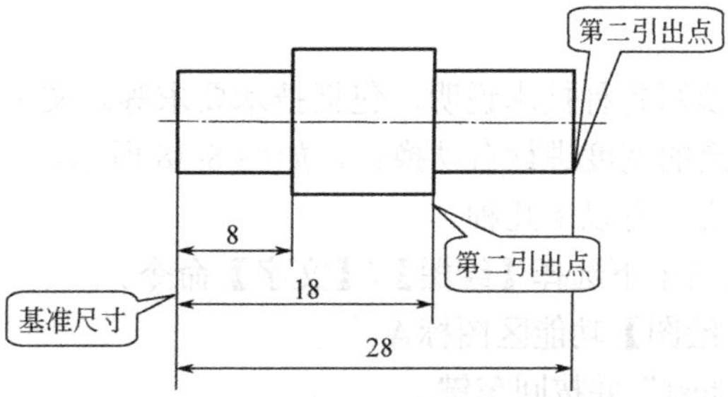

图 8-35　拾取第二引出点

8.1.3　连续标注

连续标注可实现多个尺寸的串联标注，也称“链标注”。

选择【标注】/【尺寸标注】命令或单击工具栏图标，在立即菜单中选择 1: 连续标注，即可进行连续标注。

连续标注的操作步骤与基准标注类似，区别在于基准标注是以同一个尺寸线为基准，标注后续尺寸，相当于并联；而连续标注是以上一个尺寸线为基准来标注后续尺寸，相当于串联。

图 8-36 为连续标注示例（图中“/”表示第二引出点）。

结束连续标注或基准标注操作时，按 Esc 键退出。或按鼠标右键，弹出【尺寸标注属性】对话框，单击对话框中的 退出 按钮，即可结束标注操作。

提示：单击【标注】功能区选项卡【标注】面板上 按钮下的 ，出现下拉菜单，如图 8-37 所示，也可进行相应的尺寸标注，但要注意此时的立即菜单与前面介绍的立即菜单略有不同。

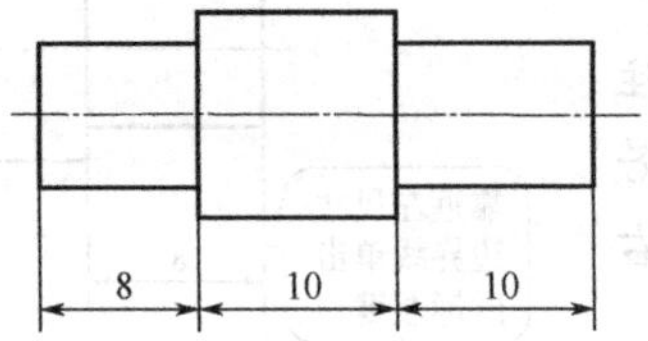

图 8-36 连续标注示例

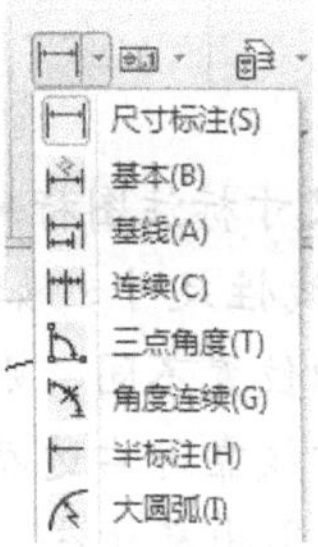

图 8-37 尺寸标注下拉菜单

8.2 文字类标注

图纸中通常需要添加文字注释表达各种信息，如说明信息、技术要求等。电子图板的文字标注功能包括文字、引出说明、技术要求等，下面分别进行详细介绍。

8.2.1 文字

文字用于在图纸上填写各种技术说明，包括技术要求等。文字可以有多行，可以横写或竖写，并可以根据指定的宽度进行自动换行，如图 8-38 所示。

文字标注命令输入方式有以下几种。

- 下拉菜单：在主菜单下选择【绘图】/【文字】命令。
- 工具栏：单击【绘图】功能区图标**A**。
- 命令行：输入“text”并按回车键。

执行任意文字标注命令，工作界面下方即出现文字标注立即菜单，如图 8-39 所示。

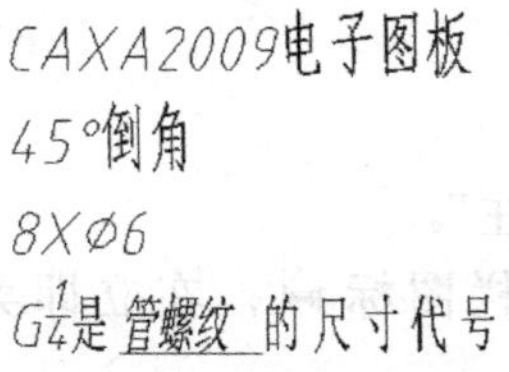

图 8-38 文字标注示例

图 8-39 文字标注立即菜单

根据提示用鼠标指定要标注文字矩形区域的第一角点和第二角点，或者指定边界内一点和边界间距系数，系统将根据指定的区域结合对齐方式确定文字的位置。如果选择【拾取曲线】，则系统会提示拾取文字标注的方向。

图 8-40 所示为确定文字的标注位置。

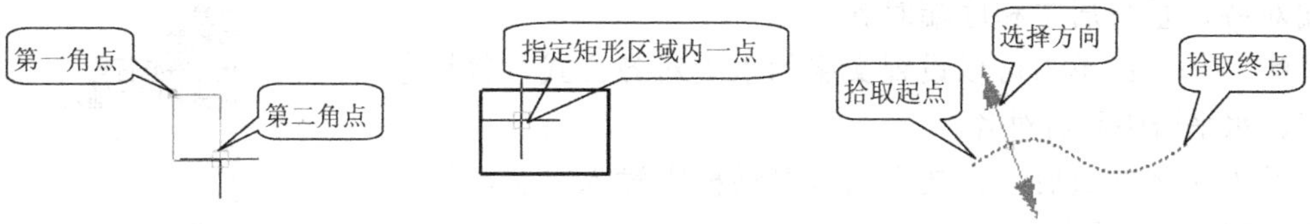

（a）指定两点　（b）搜索边界　（c）拾取曲线

图 8-40　确定文字的标注位置

确定完文字位置后，系统弹出【文本编辑器】对话框，如图 8-41 所示。

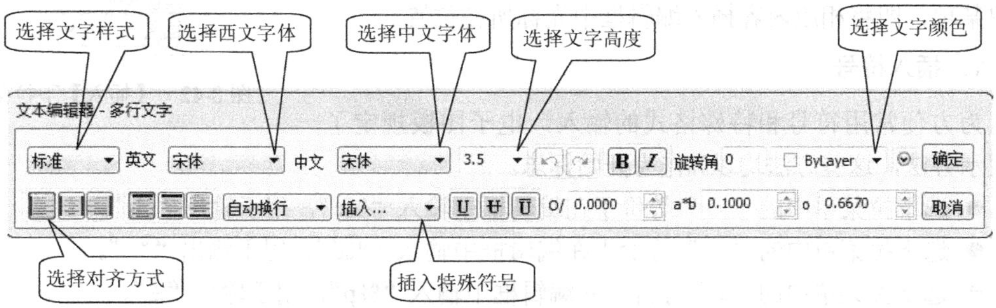

图 8-41　【文本编辑器】对话框

该对话框中各项参数的含义和用法如下。

- ：单击右边的可以选择文字样式，文字样式的切换对整段文字有效。如果将新样式应用到当前编辑的文字对象中，用于字体、高度和粗体或斜体属性的字符格式将被替代。下画线和颜色属性将保留在应用了新样式的字符中。
- ：单击右边的可以为新输入的文字指定字体或改变选定文字的字体。
- 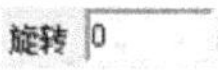：在右边的输入框中可以为新输入的文字设置旋转角度或改变已选定文字的旋转角度。
- 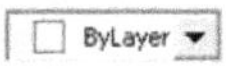：可以指定新文字的颜色或更改选定文字的颜色。可以为文字指定与被打开的图层相关联的颜色 （ByLayer） 或所在的块的颜色 （ByBlock）。也可以从颜色列表中选择一种颜色，或单击【其他】打开【选择颜色】对话框。
- ：设置新文字的字符高度或修改选定文字的高度。
- ：单击打开或关闭新文字或选定文字的粗体格式。此选项仅适用于使用 TrueType 字体的字符。
- ：单击打开或关闭新文字或选定文字的斜体格式。此选项仅适用于使用 TrueType 字体的字符。
- ：单击为新文字或选定文字打开或关闭下画线、中画线、上画线。

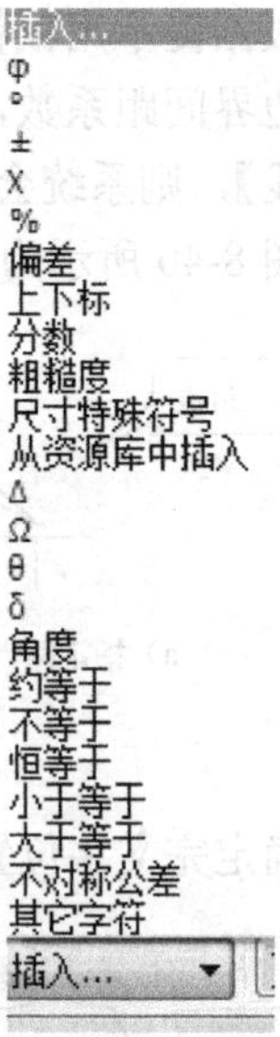

图 8-42 【插入】下拉菜单

● 插入...：单击右边的▾可以插入各种特殊符号，包括直径符号、角度符号、正负号、偏差、上下标、分数、粗糙度、尺寸特殊符号等。

●：单击可以设置文字的垂直对齐方式，包括顶端对齐、垂直居中和底端对齐。

●：单击可以设置文字的水平对齐方式，包括左对齐、水平居中和右对齐。

设置文字参数后，在文字输入对话框中输入文字，然后单击 确定(O) 按钮即可。

在标注横写文字时，文字中可以包含偏差、上下标、分数、粗糙度、上画线、中画线、下画线以及φ、°、±等常用符号。单击 插入... ▾，出现如图 8-42 所示的下拉菜单。选择其中某项，即将相应内容插入编辑框中光标所在位置。

1. 插入符号

为方便常用符号和特殊格式的输入，电子图板规定了一些表示方法，这些方法均以%作为开始标志。

● 选下拉菜单中的“φ”等价于在编辑框中输入“%c”，用于输出“φ”。

● 选下拉菜单中的“°”等价于在编辑框中输入“%d”，用于输出“°”。

● 选下拉菜单中的“±”等价于在编辑框中输入“%p”，用于输出“±”。

2. 插入偏差

在下拉菜单中选择“偏差”，系统弹出相应对话框，输入数值后按回车键或单击 确定(O) 按钮结束输入。

【实例 8-8】在图纸上输入图 8-38 中的文字。

操作步骤

[1] 单击【基本绘图】面板上的文字标注按钮A，命令行提示 1: 指定两点 ▾。

[2] 在绘图区适当位置指定两点。

[3] 弹出对话框，如图 8-41 所示。

[4] 在文本输入框中依次输入“CAXA2009 电子图板”回车、“45%d 倒角”回车、“8×%c6”回车、“G¼是管螺纹的尺寸代号”。

[5] 单击 确定 按钮，完成操作。

在操作过程中须注意以下问题。

● 45°的操作可在输入“45”后，单击 插入... ▾，从图 8-42 所示的菜单中选择“°”。

● 8×ϕ6 的“×”和“ϕ”也可从图 8-42 所示的菜单中插入。

- $\frac{1}{4}$ 的输入需要先从图 8-42 所示的菜单中选中“分数”，在弹出的【分数】对话框中输入相应的数值，如图 8-43 所示，单击确定按钮完成输入。
- “管螺纹”的下画线，需要在输入前单击U按钮。输入“管螺纹”文字后，再单击U按钮；也可输入完所有文字后选中“管螺纹”，再单击U按钮。

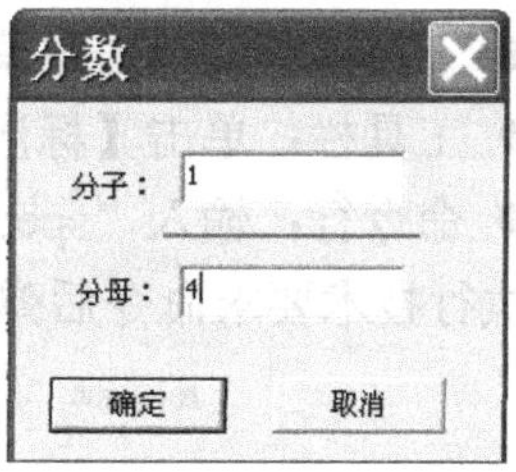

图 8-43　输入分数

8.2.2　引出说明

引出说明命令输入方式有以下几种。

- 下拉菜单：在主菜单下选择【标注】/【引出说明】命令。
- 工具栏：单击【标注】面板上的按钮。
- 命令行：输入“ldtext”并按回车键。

引出说明的基本操作步骤如下。

[1]　单击引出说明命令按钮，弹出【引出说明】对话框，如图 8-44 所示。

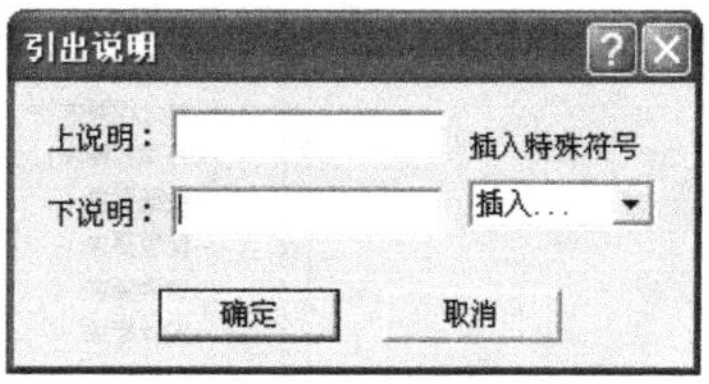

图 8-44　【引出说明】对话框

[2]　在对话框中输入相应的上下说明文字。单击 确定 按钮，进入下一步操作；单击 取消 按钮，结束操作。

[3]　单击 确定 按钮后，弹出立即菜单 1:文字方向缺省 2:延伸长度 3 。

[4]　按提示输入第一点后，系统接着提示 第二点:，输入第二点后，完成标注。

提示：若只需一行说明，则只输入“上说明”。

图 8-45 为引出说明标注示例。

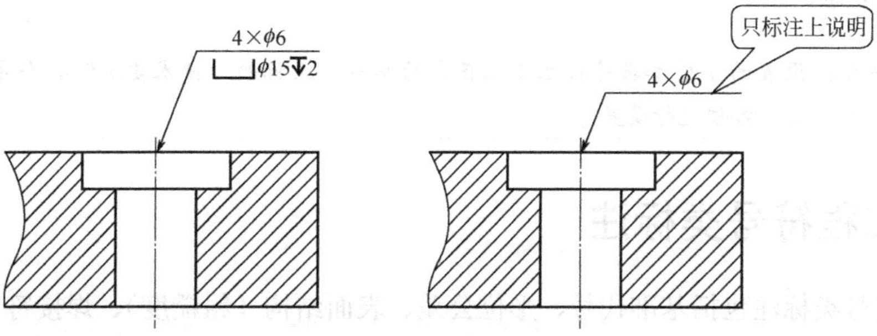

图 8-45　引出说明标注示例

8.2.3　技术要求

电子图板用数据库文件分类记录了常用的技术要求文本项，可以辅助生成技术要求文本插入工程图，也可以对技术要求库中的文本进行添加、删除和修改。

用以下方式可以执行技术要求命令。

● 下拉菜单：单击主菜单【标注】/【技术要求】。
● 工具栏：单击【标注】选项卡【标注】面板上的按钮。
● 命令行：输入“speclib”命令。

执行技术要求命令后弹出如图 8-46 所示的对话框。

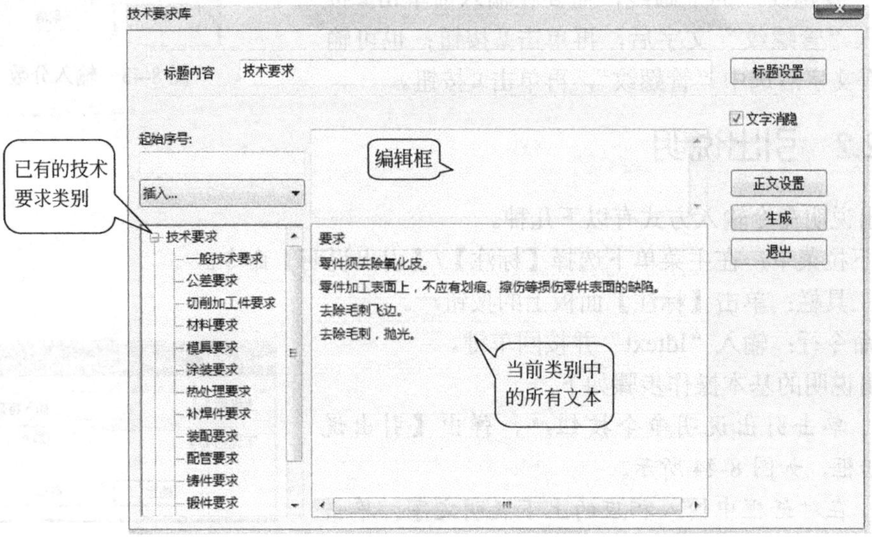

图 8-46 【技术要求库】对话框

在左下角的列表框中列出了所有已有的技术要求类别，右侧的表格中列出了当前类别的所有文本项。如果技术要求库中已经有了要用到的文本，则可以用鼠标直接将文本从表格中拖到上面的编辑框中合适的位置。也可以直接在编辑框中输入和编辑文本。

单击 正文设置 按钮可以进入【文字标注参数设置】对话框，可修改技术要求文本要采用的参数。完成编辑后，单击【生成】按钮，根据提示指定技术要求所在的区域，系统自动生成技术要求。

提示：设置的字型参数是技术要求正文的参数，而标题“技术要求”4 个字由标题旁的 标题设置 按钮进行设置。

8.3 工程符号类标注

工程符号类标注包括基准代号、形位公差、表面结构（粗糙度）、焊接符号、剖切符号、倒角标注、中心孔标注等内容。

8.3.1 倒角标注

倒角标注命令输入方式有以下几种。

● 下拉菜单：在主菜单下选择【标注】/【倒角标注】命令。
● 工具栏：单击【标注】面板上的按钮。

- 命令行：输入“dimch”并按回车键。

执行任意倒角标注命令，工作界面下方即出现倒角标注立即菜单，如图 8-47 所示。

图 8-47　倒角标注立即菜单

用户拾取一段倒角线后，立即菜单中显示出该直线的标注值，可以编辑标注值，然后再指定尺寸线位置。

当倒角角度为 45°时，单击立即菜单中的第 3 项可以选择简化倒角标注，例如 C2 代表 2×45°的倒角，如图 8-48 所示。

【实例 8-9】完成图 8-49 所示的倒角标注。

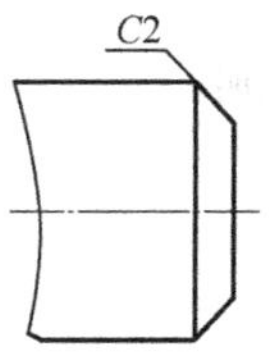

图 8-48　简化倒角标注

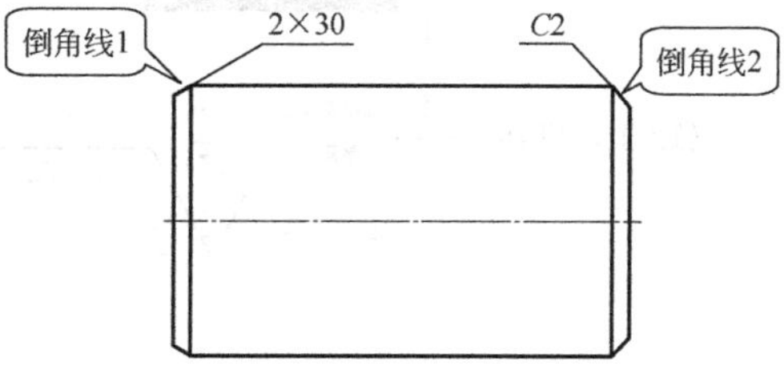

图 8-49　【实例 8-9】图

操作步骤

[1]　单击倒角标注按钮，弹出如图 8-47 所示的倒角标注立即菜单。

[2]　左键拾取倒角线 1，拖动光标在适当位置确定标注位置。

[3]　切换立即菜单如图 8-50 所示。

[4]　左键拾取倒角线 2，拖动光标指定标注位置。

[5]　标注完成，按 Esc 键退出。

图 8-50　倒角简化标注立即菜单

8.3.2　表面粗糙度

表面粗糙度命令输入方式有以下几种。

- 下拉菜单：在主菜单下选择【标注】/【粗糙度】命令。
- 工具栏：单击【标注】选项卡【标注】面板上的按钮。
- 命令行：输入“rough”并按回车键。

执行任意表面粗糙度命令，系统即弹出表面粗糙度立即菜单，如图 8-51 所示。

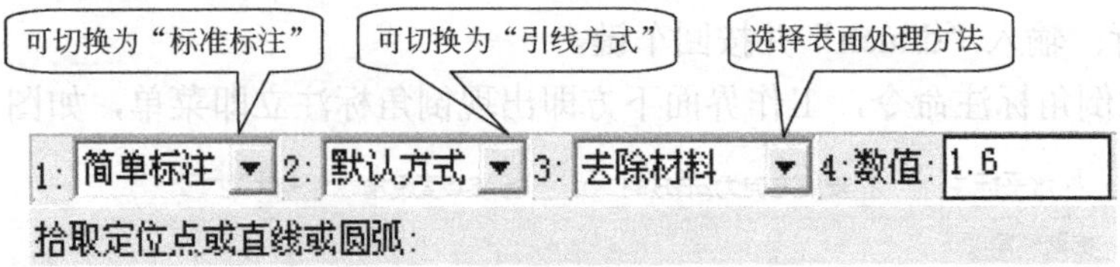

图 8-51　表面粗糙度立即菜单

简单标注只标注表面处理方法和粗糙度值，而当切换为 1: 标准标注 时，立即菜单改变，同时弹出对话框，如图 8-52 所示。

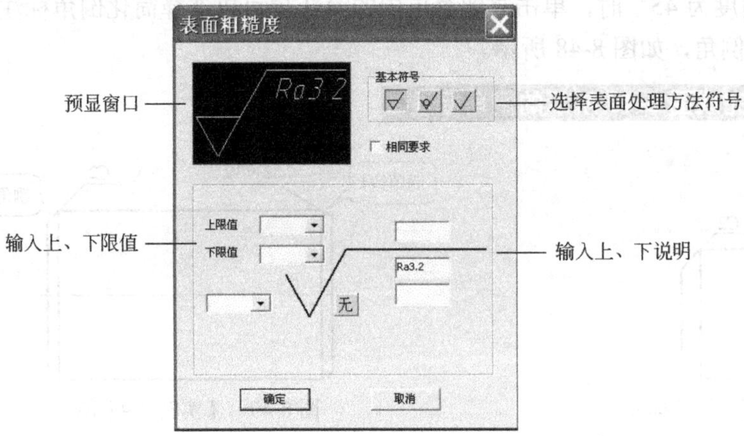

图 8-52　【表面粗糙度】对话框

输入相应的参数，单击 确定 按钮，按照系统提示即可完成粗糙度的标注。

图 8-53 为粗糙度标准标注示例。其中 *Ra*0.8 为默认标注，其立即菜单如图 8-54 所示；*Ra*3.2 为引出标注，其立即菜单如图 8-55 所示。

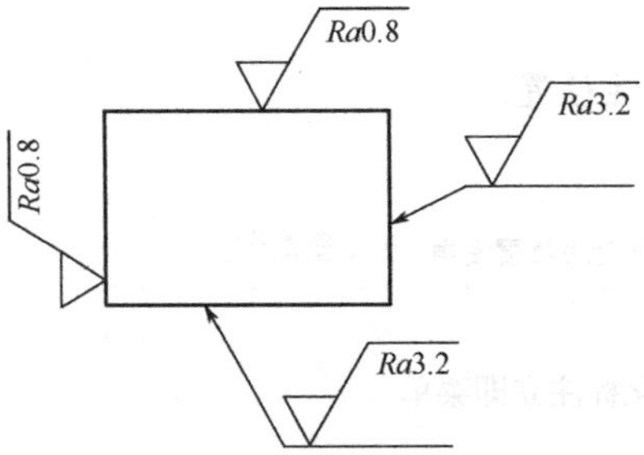

图 8-53　粗糙度标准标注示例

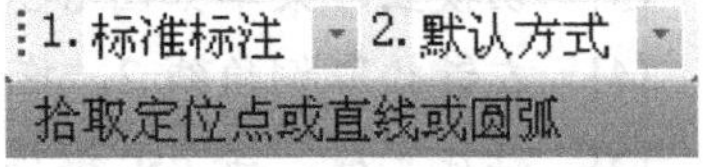

图 8-54　标准默认标注立即菜单

图 8-55　标准引出标注立即菜单

8.3.3　形位公差

形位公差命令输入方式有以下几种。

- 下拉菜单：在主菜单下选择【标注】/【形位公差】命令。
- 工具栏：单击【标注】选项卡【标注】面板上的按钮。
- 命令行：输入“fcs”并按回车键。

执行任意形位公差命令，系统即弹出【形位公差】对话框，如图 8-56 所示。利用该对话框，用户可以直观、方便地填写形位公差框内各项内容，而且可以填写多行，允许删除行。

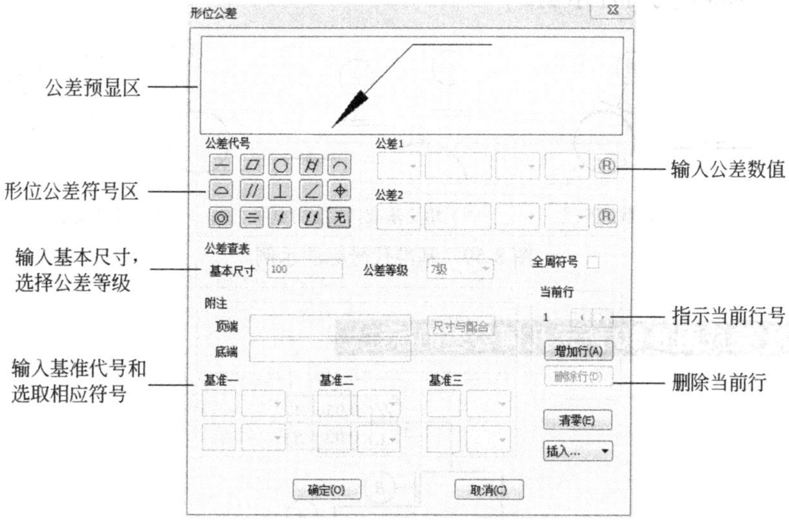

图 8-56　【形位公差】对话框

标注形位公差的基本步骤如下。

[1]　单击形位公差命令按钮。

[2]　在对话框中输入应标注的形位公差。

[3]　单击 确定 按钮后，弹出如图 8-57 所示的立即菜单。

[4]　选择“水平标注”或者“垂直标注”。

[5]　拾取标注元素后，系统提示“引线转折点”。

[6]　输入引线转折点后，即完成形位公差的标注。

图 8-57　形位公差立即菜单

8.3.4　基准代号

基准代号命令用于标注几何公差中基准部位的代号。

基准代号命令输入方式有以下几种。

- 下拉菜单：在下拉菜单中选择【标注】/【基准代号】命令。
- 工具栏：单击【标注】选项卡【标注】面板上的按钮。
- 命令行：输入“datum”并按回车键。

执行任意基准代号命令，系统即弹出立即菜单，如图 8-58 所示。

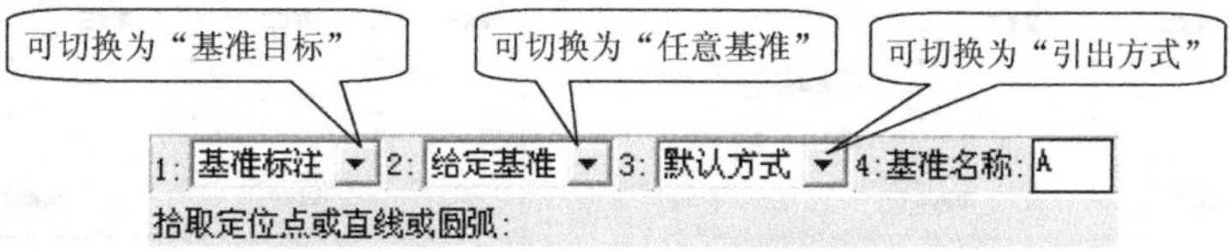

图 8-58　基准代号立即菜单

提示：系统默认基准名称为 A，用户也可输入所需基准名称。

按系统提示，即可完成基准代号的标注。

图 8-59 为基准代号标注示例。

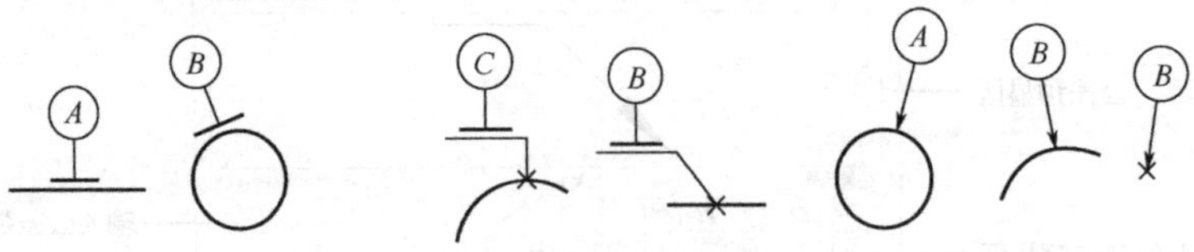

（a）给定基准、默认方式　　（b）给定基准、引出方式　　（b）任意基准

图 8-59　基准代号标注示例

【实例 8-10】完成图 8-60 所示几何公差的标注。

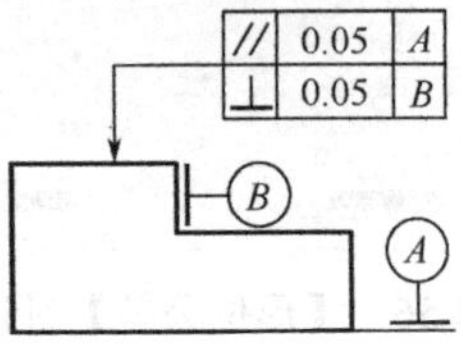

图 8-60　【实例 8-10】图

操作步骤

[1]　标注几何公差：单击【标注】选项卡【标注】面板上的按钮，弹出【形位公差】对话框。

[2]　在对话框中单击//按钮，并填写相应的公差值 0.05，如图 8-61 所示。

[3]　单击 增加行(A) 按钮，在对话框中单击⊥按钮，并填写相应公差值 0.05，如图 8-62 所示。

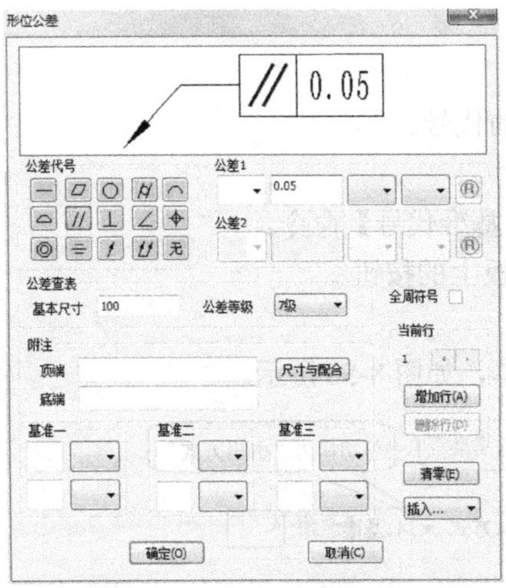

图 8-61　填写几何公差值 1

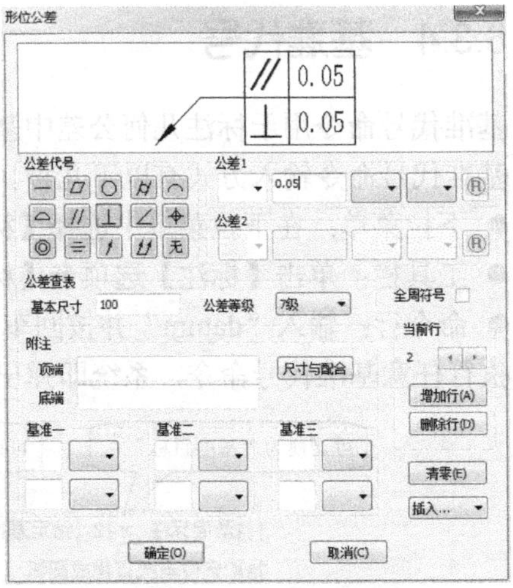

图 8-62　填写几何公差值 2

[4] 单击"确定(O)"按钮，在立即菜单中选择"水平标注"，按命令行提示，拾取直线1。

[5] 命令行提示"引线转折点"，在适当位置指定引线转折点，完成几何公差标注，如图 8-63 所示。

[6] 标注基准：单击【标注基准】图标按钮，切换立即菜单如图 8-64 所示。

[7] 拾取直线2，完成基准 *A* 的标注。

[8] 按相同方法拾取直线3完成基准 *B* 的标注。

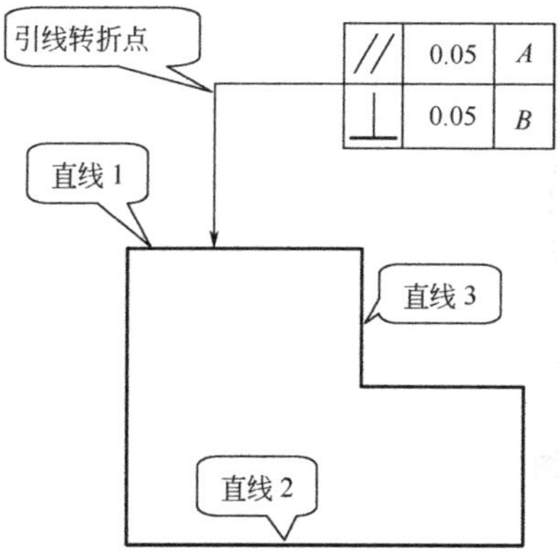

图 8-63 标注几何公差

图 8-64 基准 *A* 立即菜单

8.3.5 剖切符号

剖切符号用于标出剖面的剖切位置。

剖切符号命令输入方式有以下几种。

- 下拉菜单：在下拉菜单中选择【标注】/【剖切符号】命令。
- 工具栏：单击【标注】选项卡【标注】面板上的按钮。
- 命令行：输入"hatchpos"并按回车键。

执行任意剖切符号命令，系统即弹出剖切符号立即菜单，如图 8-65 所示。

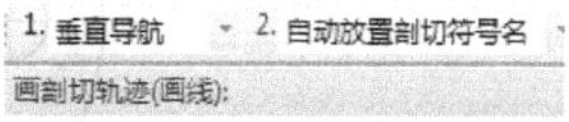

图 8-65 剖切符号立即菜单

标注剖切符号的一般操作步骤如下。

[1] 执行剖切符号命令后，根据提示指定两点画出剖切轨迹线，绘制完成后，按鼠标右键结束画线状态。

[2] 在剖切轨迹线的终止点显示出沿最后一段剖切轨迹线法线方向的两个标识箭头，如图 8-66 所示。

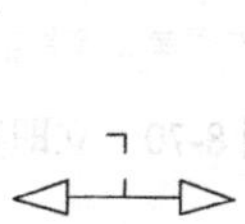

图 8-66 剖切轨迹线及标识箭头

[3] 命令行提示 请单击箭头选择剖切方向: 。在两个箭头的一侧按鼠标左键以确定箭头的方向或者按鼠标右键取消箭头。

[4] 系统提示 指定剖面名称标注点: ，拖动一个表示文字大小的矩形到所需位置按鼠标左键确认，此步骤可以重复操作，直至按鼠标右键结束。

【实例 8-11】标注如图 8-67 所示的剖切符号。

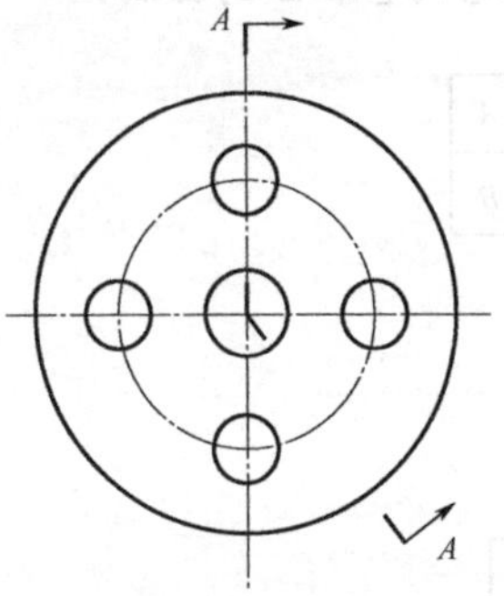

图 8-67 【实例 8-11】图

操作步骤

[1] 单击【标注】面板上的按钮。

[2] 系统弹出立即菜单，如图 8-65 所示。

[3] 用鼠标捕捉大圆圆心，光标锁定后，拖动光标垂直向上引出一条虚线，指定第一点，如图 8-68 所示。

[4] 单击大圆圆心作为第二点，如图 8-69 所示。

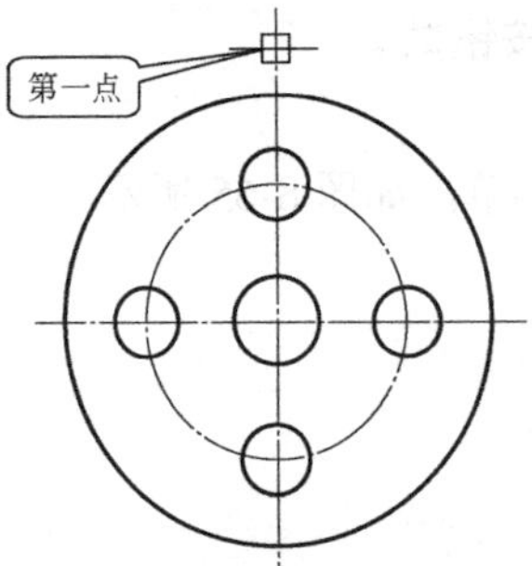

图 8-68 指定第一点

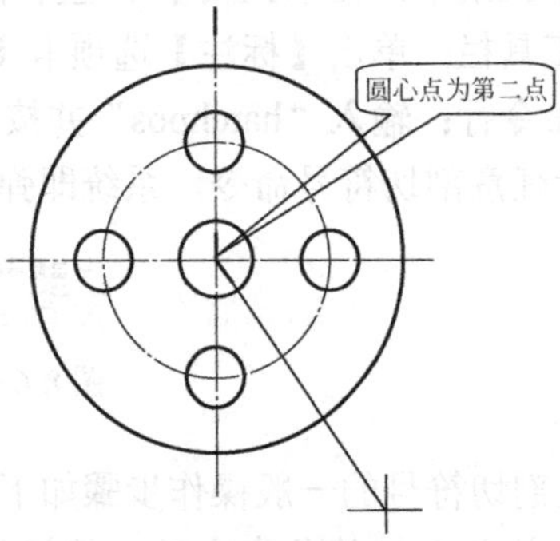

图 8-69 指定第二点

[5] 单击第二点后，切换立即菜单，如图 8-70 所示。

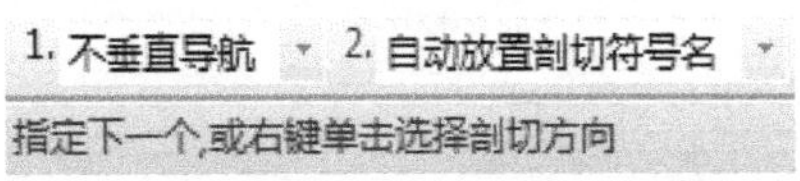

图 8-70 立即菜单

[6] 指定第三点后，单击鼠标右键完成剖切轨迹线，出现双向箭头，如图 8-71 所示。

[7] 如图 8-72 所示，指定剖面名称 A 的标注点，按鼠标右键完成标注。

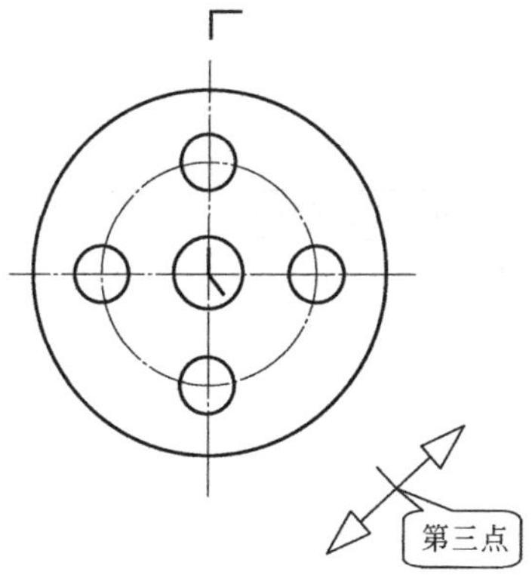

图 8-71 指定第三点

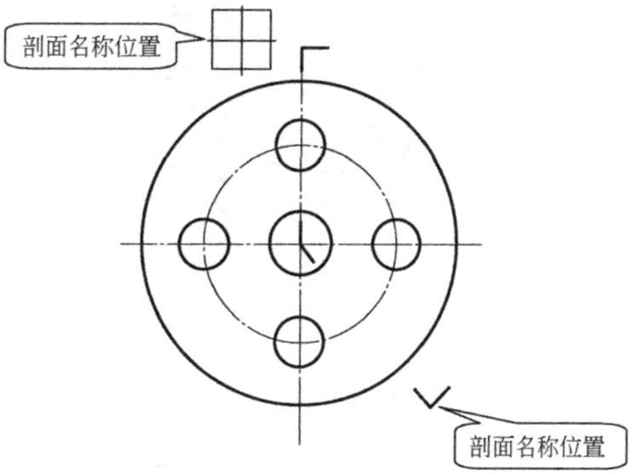

图 8-72 指定剖面名称位置

8.4 标注样式

不同制图标准及环境对标注的要求都不同，通过标注样式可以设置标注的外观参数。

电子图板的标注样式包括文字样式、尺寸样式、引线样式、形位公差样式、粗糙度样式、焊接符号样式、基准代号样式、剖切符号样式等。

标注样式命令的输入方法有以下几种。

- 单击【标注】选项卡【标注样式】面板上的【样式管理】图标，如图 8-73 所示。或单击其下的下拉箭头，执行相应的命令。
- 单击【工具】选项卡上的【样式管理】图标，如图 8-74 所示。或单击其下的下拉箭头，执行相应的命令。
- 通过【格式】菜单选择标注样式的各个命令，如图 8-75 所示。

除此之外，还可在命令行输入相应的命令。

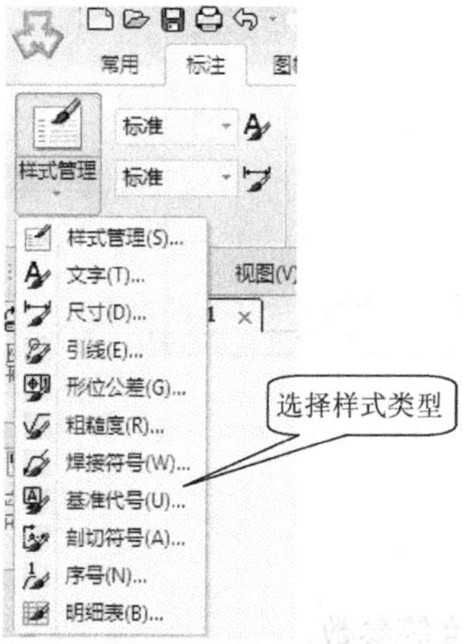

图 8-73 【标注样式】面板

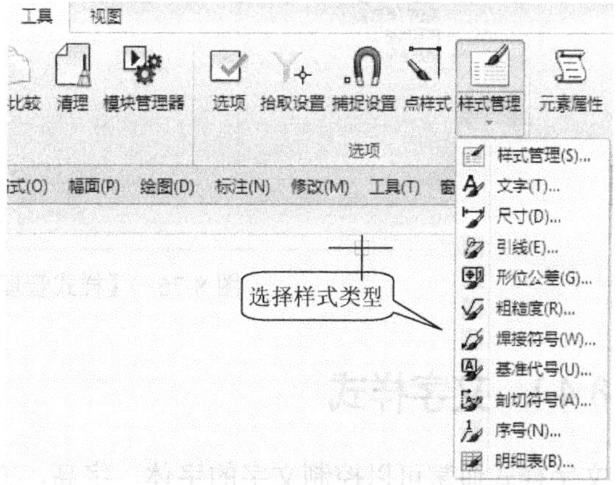

图 8-74 【工具】选项卡

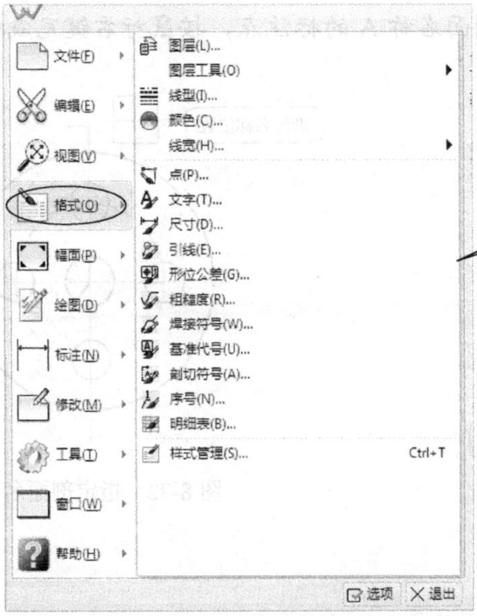

图 8-75 【格式】菜单

图 8-76 为【样式管理】对话框，左侧为样式管理列表，单击可选择不同的样式；右侧为被选中样式的内容。

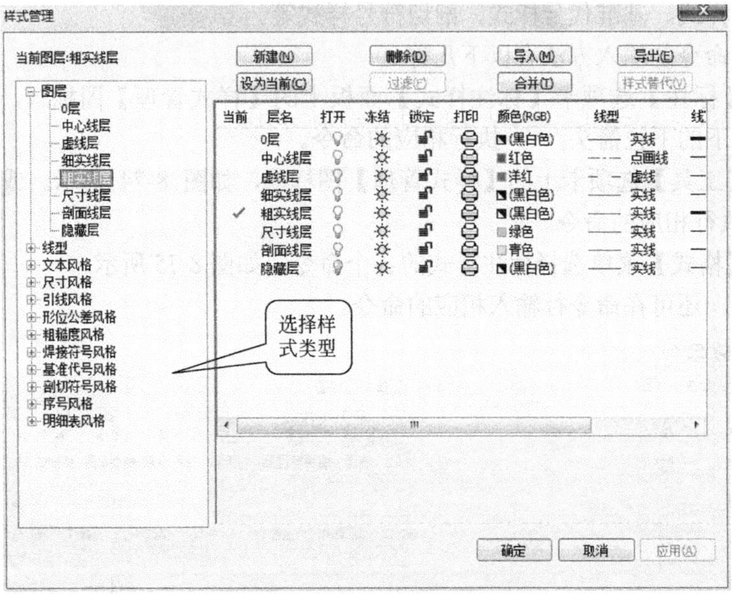

图 8-76 【样式管理】对话框

8.4.1 文字样式

文字样式通常可以控制文字的字体、字高、方向、角度等参数。

用以下方式可以执行文字样式命令。

● 下拉菜单：在主菜单中选择【格式】/【文字】命令。
● 工具栏：单击【标注】选项卡【标注样式】面板上的图标。
● 命令行：输入“textpara”并按回车键。

执行任意文字样式命令，系统即弹出【文本风格设置】对话框，如图 8-77 所示。

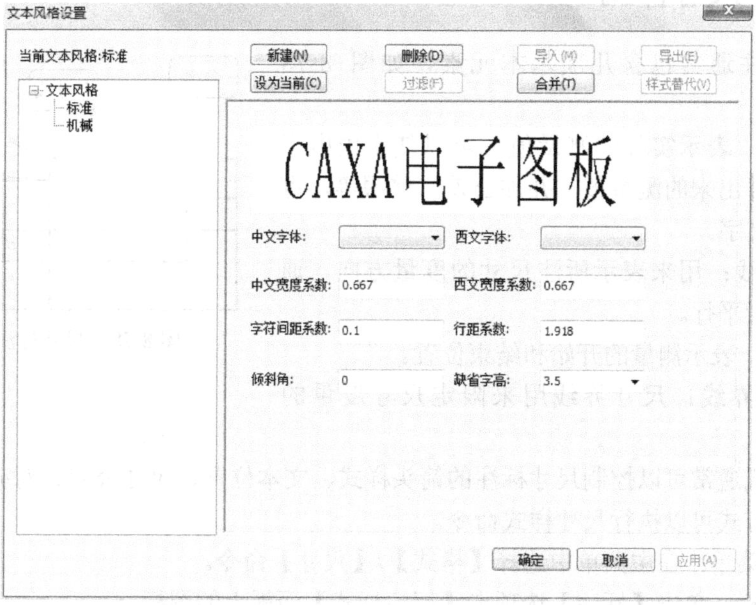

图 8-77　【文本风格设置】对话框

在【文本风格设置】对话框中列出了当前文件中所使用的文字样式。系统预定义了一个标准的默认样式，该样式不可删除，但可以编辑。

单击该对话框中的 新建(N) 、 设为当前(C) 、 删除(D) 按钮可以进行相应的操作。

选中一个文字样式后，在该对话框中可以设置字体、宽度系数、字符间距、倾斜角、字高等参数，并可以在对话框中预览。

修改文字样式中的参数后，可以单击对话框中的 确定 或 应用(A) 按钮，确定使用修改的设置。

该对话框中各种参数的含义和使用方法如下。

● 【中文字体】：可选择中文文字所使用的字体。除了支持 Windows 的 TrueType 字体外，电子图板还支持单线体（形文件）文字。

● 【西文字体】：选择方式与中文字体相同，只是限定的是文字中的西文。同样可以选择单线体（形文件）。

● 【中文宽度系数】、【西文宽度系数】：当宽度系数为 1 时，文字的长宽比例与 TrueType 字体文件中描述的字形保持一致；为其他值时，文字宽度在此基础上缩小或放大相应的倍数。

● 【字符间距系数】：同一行（列）中两个相邻字符的间距与设定字高的比值。
● 【行距系数】：横写时两个相邻行的间距与设定字高的比值。
● 【列距系数】：竖写时两个相邻列的间距与设定字高的比值。

● 【倾斜角】：横写时为一行文字的延伸方向与坐标系的 X 轴正方向按逆时针测量的夹角。竖写时为一列文字的延伸方向与坐标系的 Y 轴负方向按逆时针测量的夹角。

● 【缺省字高】：设置生成文字时默认的字高。在生成文字时也可以临时修改字高。

8.4.2 尺寸样式

尺寸标注通常包含几项基本元素，如图 8-78 所示。

● 数字：表示实际的测量值。可以使用由电子图板自动计算出来的测量值，并加公差、前缀等，也可自行输入文字。

● 尺寸线：用来表示所注尺寸的度量方向，通常与被测要素平行。

● 箭头：表示测量的开始和结束位置。

● 尺寸界线：尺寸界线用来限定尺寸度量的范围。

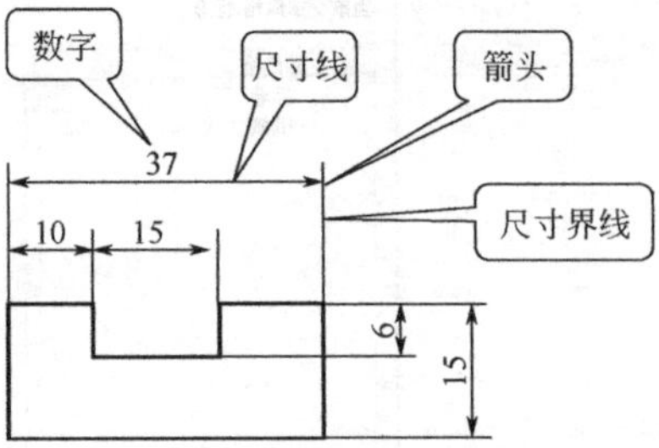

图 8-78　尺寸标注的组成

尺寸样式通常可以控制尺寸标注的箭头样式、文本位置、尺寸公差、对齐方式等。

用以下方式可以执行尺寸样式命令。

● 下拉菜单：在主菜单中选择【格式】/【尺寸】命令。

● 工具栏：单击【标注】选项卡【标注样式】面板上的图标。

● 命令行：输入“dimpara”并按回车键。

执行任意尺寸样式命令，系统即弹出【标注风格设置】对话框，该对话框中共有 7 个选项卡，可完成尺寸标注中各基本元素的设置。图 8-79 为该对话框中的【直线和箭头】选项卡。

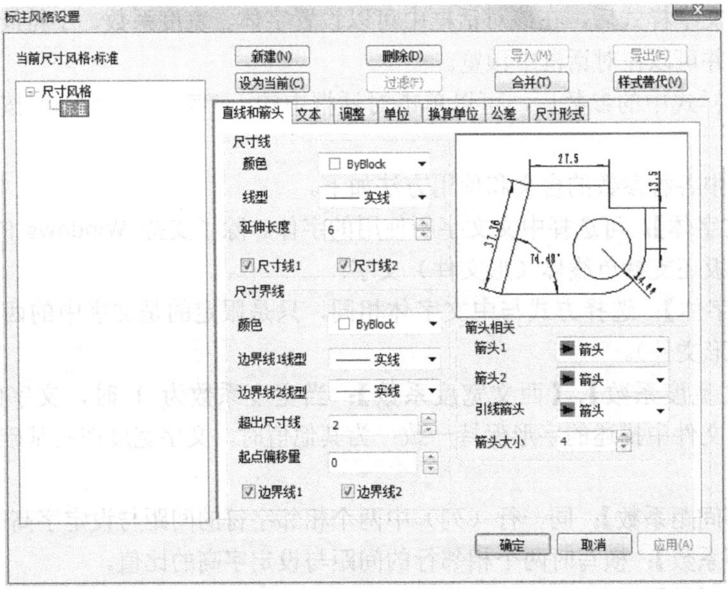

图 8-79　【直线和箭头】选项卡

1.【直线和箭头】选项卡

在【直线和箭头】选项卡中可以对尺寸线、尺寸界线及箭头进行颜色和风格的设置。该选项卡中有【尺寸线】、【尺寸界线】、【箭头相关】3 个选项组。

图 8-80 为尺寸线参数示例。

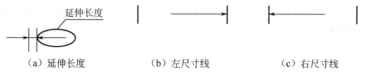

（a）延伸长度　（b）左尺寸线　（c）右尺寸线

图 8-80　尺寸线参数示例

2.【文本】选项卡

【文本】选项卡用于设置尺寸标注中的文字外观、文字位置和文字对齐方式，如图 8-81 所示。该选项卡中共有【文本外观】、【文本位置】、【文本对齐方式】3 个选项组，可以设置文本风格及文本与尺寸线的参数关系。

图 8-82～图 8-85 所示为尺寸文本参数示例。

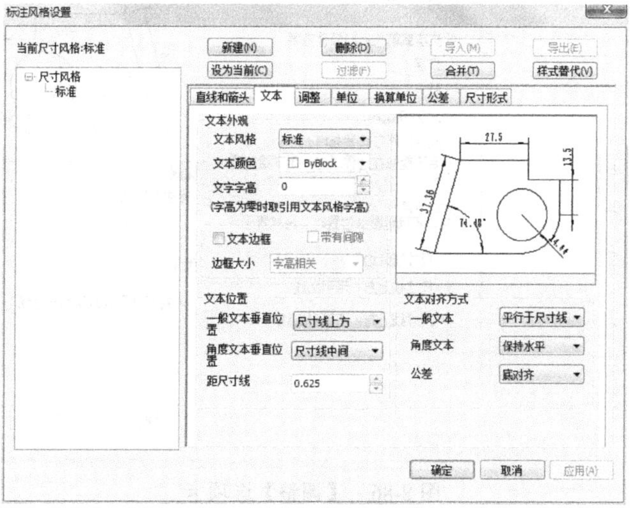

图 8-81　【文本】选项卡

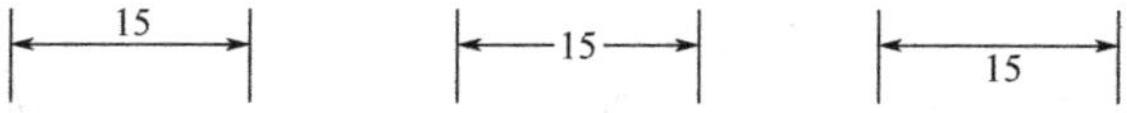

（a）文本在尺寸线上方　（b）文本在尺寸线中间　（b）文本在尺寸线下方

图 8-82　文本位置示例

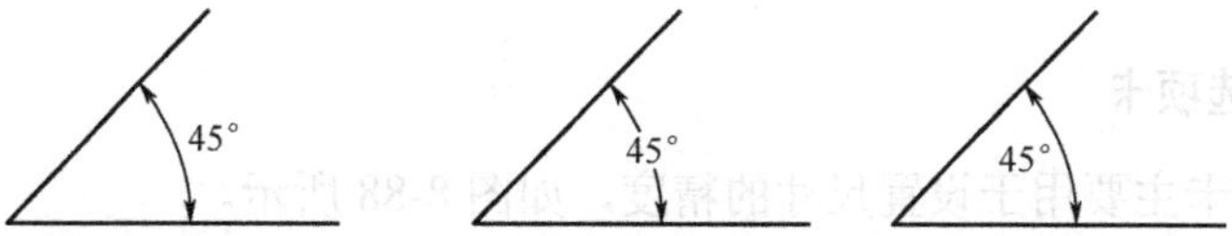

（a）在尺寸线上方　（b）在尺寸线中间　（c）在尺寸线下方

图 8-83　角度文本位置示例

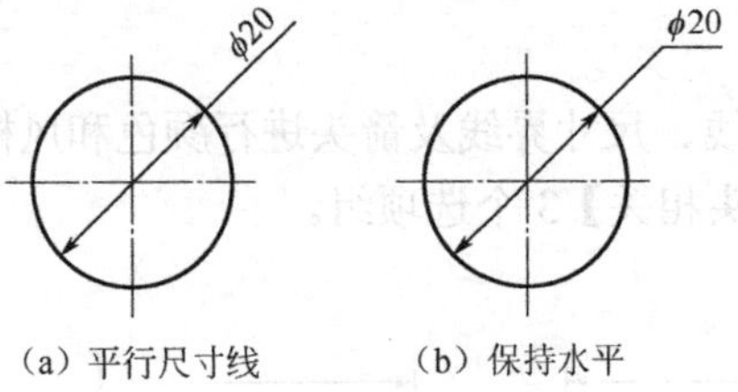

图 8-84 文本对齐方式示例

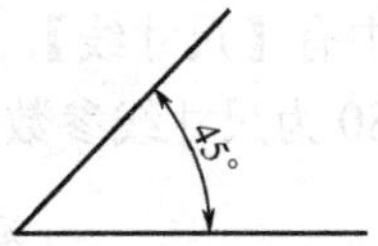

图 8-85 尺寸文本与尺寸线平行对齐方式

3.【调整】选项卡

【调整】选项卡用于设置文字与箭头的关系，如图 8-86 所示。在该选项卡中可以设置文字和箭头的位置、文本与尺寸线的关系以及标注的总比例等。

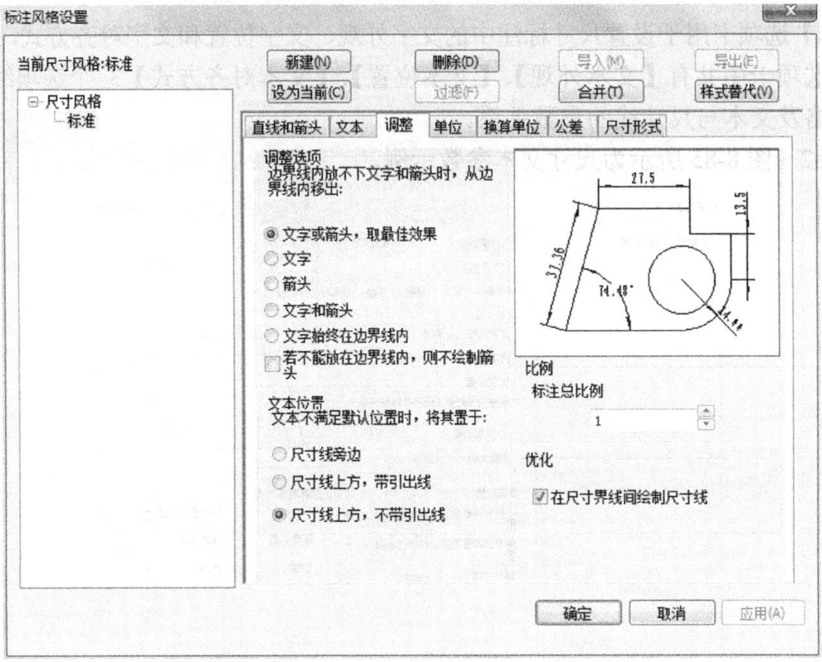

图 8-86 【调整】选项卡

图 8-87 所示为文本位置示例。

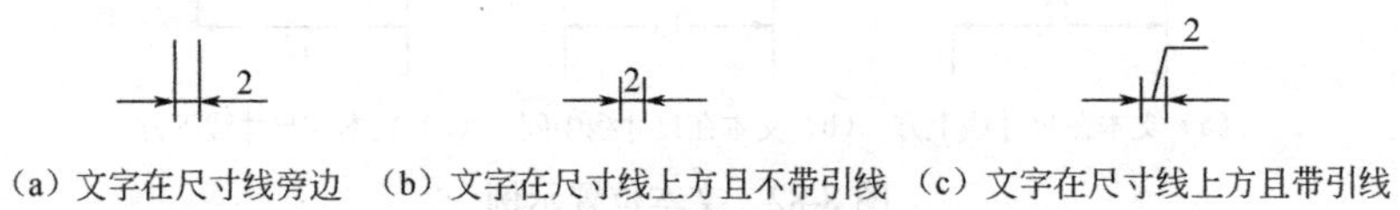

图 8-87 文本位置示例

4.【单位】选项卡

【单位】选项卡主要用于设置尺寸的精度，如图 8-88 所示。

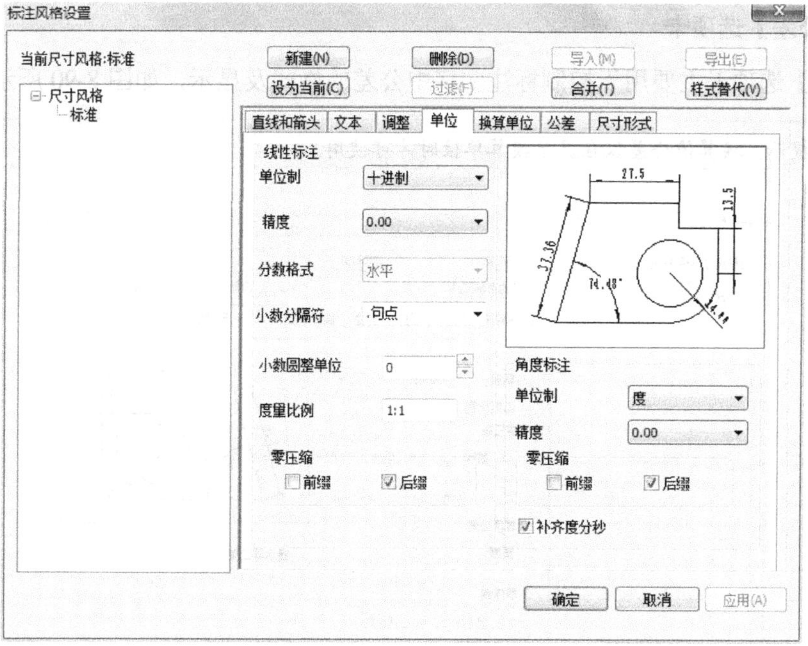

图 8-88 【单位】选项卡

5.【换算单位】选项卡

【换算单位】选项卡主要用于指定标注测量值中换算单位的显示并设置其格式和精度，如图 8-89 所示。当选择【显示换算单位】后，可以设置换算单位的单位制、精度、零压缩、显示位置等参数。

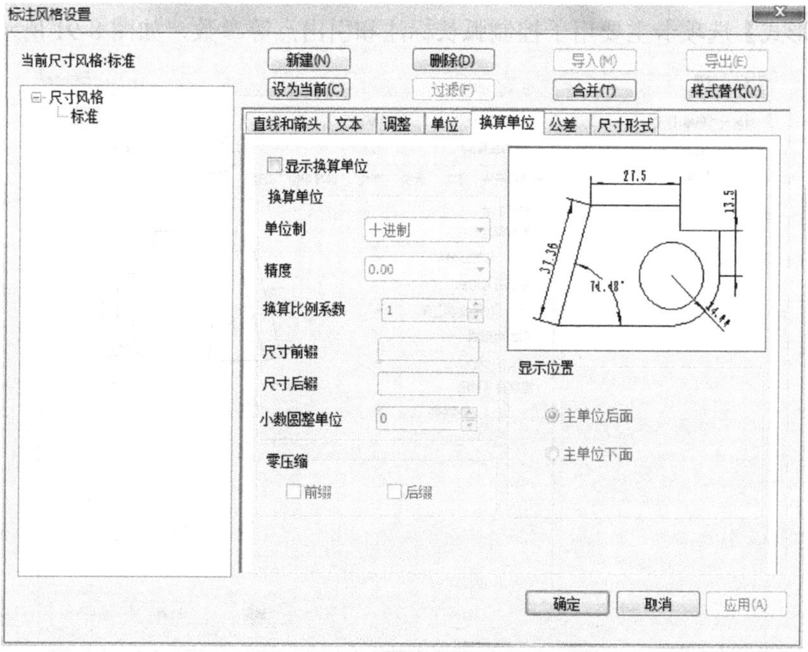

图 8-89 【换算单位】选项卡

6.【公差】选项卡

【公差】选项卡主要用于控制标注文字中公差的格式及显示，如图 8-90 所示。

提示：换算值公差仅在显示换算单位时才可使用。

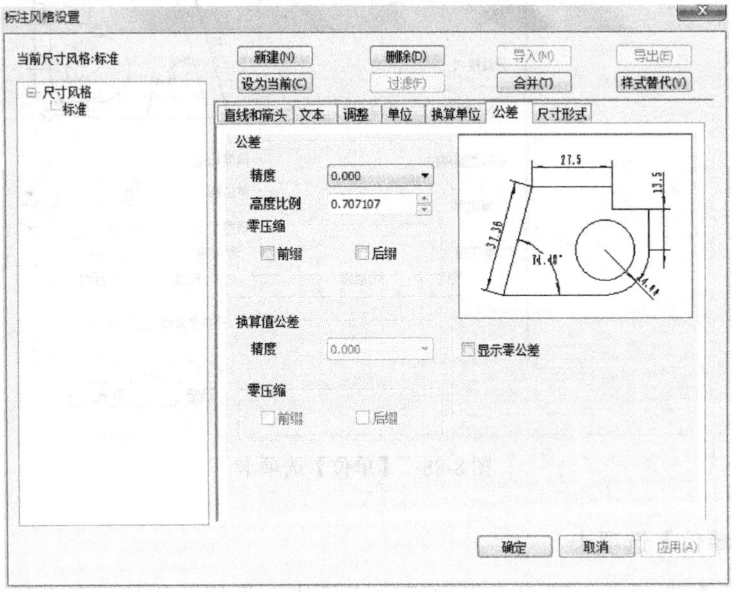

图 8-90 【公差】选项卡

7.【尺寸形式】选项卡

【尺寸形式】选项卡主要用于控制弧长标注和引出点等参数，如图 8-91 所示。

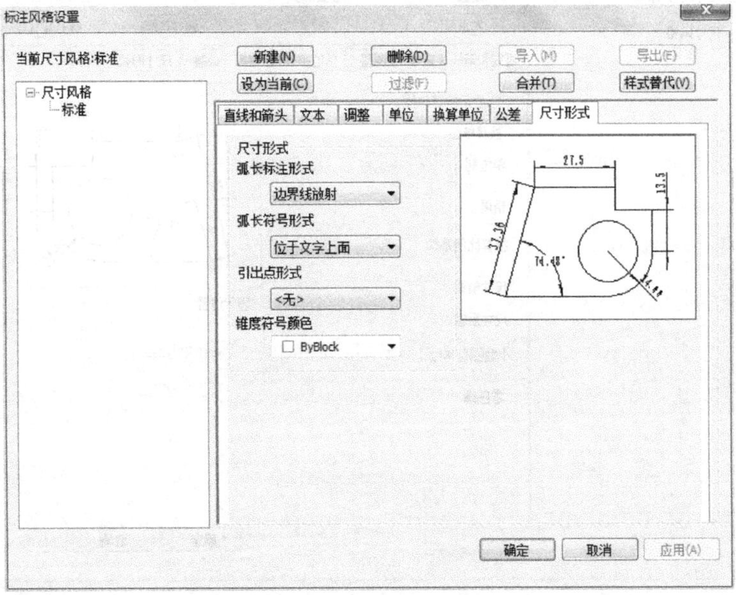

图 8-91 【尺寸形式】选项卡

图 8-92 所示为圆弧标注示例。

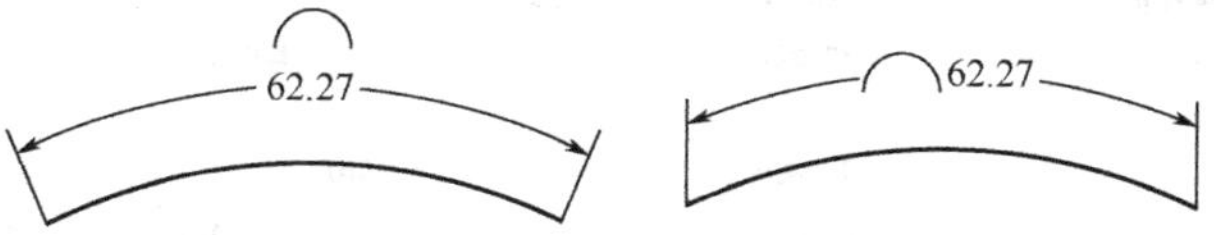

(a) 弧长标注边界线放射
符号位于文字上面

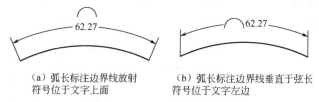

(b) 弧长标注边界线垂直于弦长
符号位于文字左边

图 8-92　圆弧标注示例

上面介绍的是系统默认的尺寸样式，用户可根据需要进行修改，也可新建一个尺寸样式。

新建尺寸样式的基本步骤如下。

[1]　在对话框中单击 新建(N) 按钮。

[2]　系统弹出如图 8-93 所示的对话框。

[3]　单击 是(Y) 按钮，出现【新建风格】对话框，设置风格名称及基准风格，如图 8-94 所示。

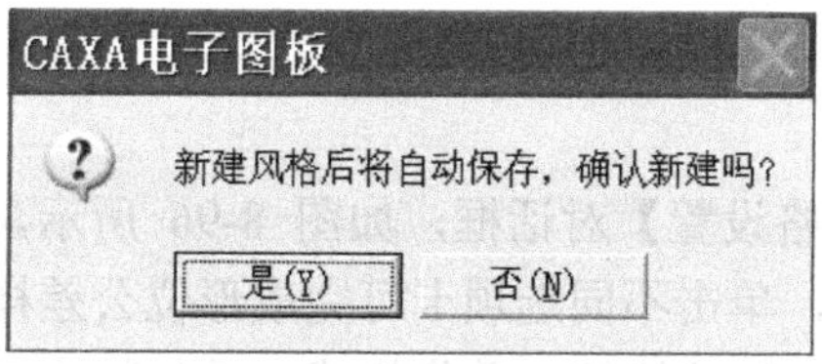

图 8-93　系统提示对话框

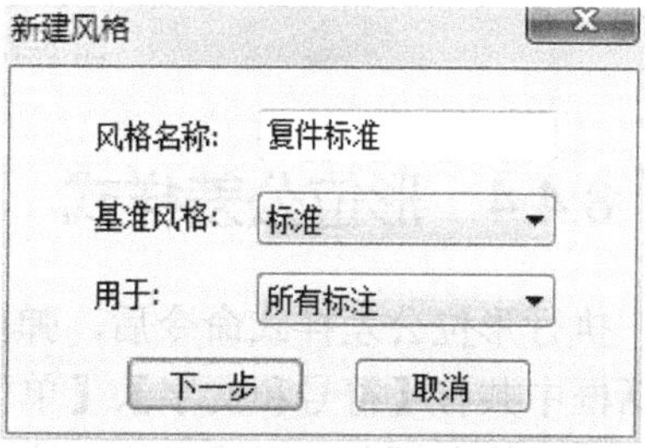

图 8-94　【新建风格】对话框

[4]　单击 下一步 按钮即可完成新建尺寸样式。

选择一个已有的尺寸样式后，在图 8-88 所示的对话框中可以对已选择的尺寸样式进行相关内容的修改。

8.4.3　引线样式

形位公差、粗糙度、基准代号、剖切符号等标注的引线均会涉及引线样式。引线样式用于为引线设置各项参数。

用以下方式可以执行引线样式命令。

- 下拉菜单：在主菜单中选择【格式】/【引线】命令。
- 工具栏：单击【标注】选项卡【管理样式】图标下的 ▾ ，在出现的下拉菜单中，单击 引线(E)... 。
- 命令行：输入“ldtype”并按回车键。

执行任意引线样式命令，系统即弹出【引线风格设置】对话框，如图 8-95 所示。在该对话框中可设置引线箭头的形式、箭头大小、引线的线型、颜色等内容。

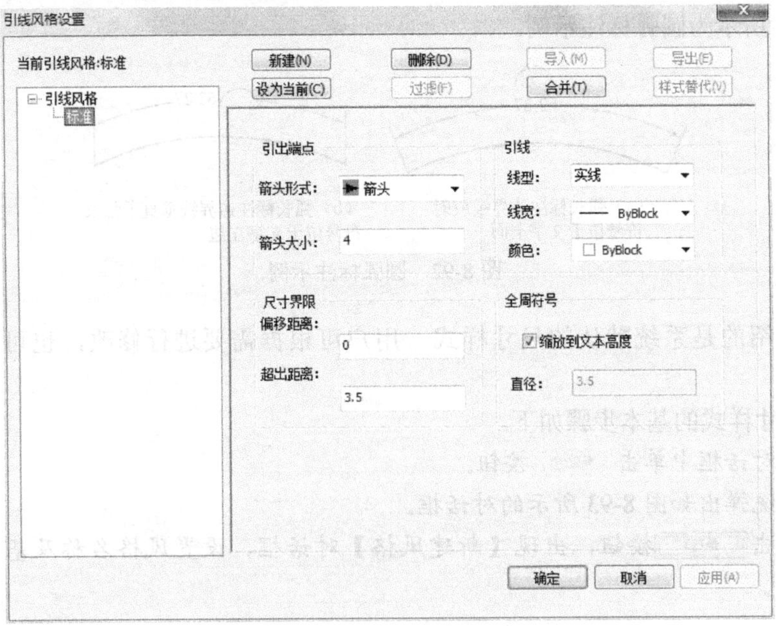

图 8-95 【引线风格设置】对话框

8.4.4 形位公差样式

执行形位公差样式命令后，弹出【形位公差风格设置】对话框，如图 8-96 所示。该对话框中共有【符号和文字】、【单位】两个选项卡，单击不同选项卡可完成形位公差样式的文本风格和颜色、引线风格、边框的线型和颜色、标注比例、单位格式、单位精度等内容的设置。设置形位公差样式的方法与设置引线样式的方法相似，不再赘述。

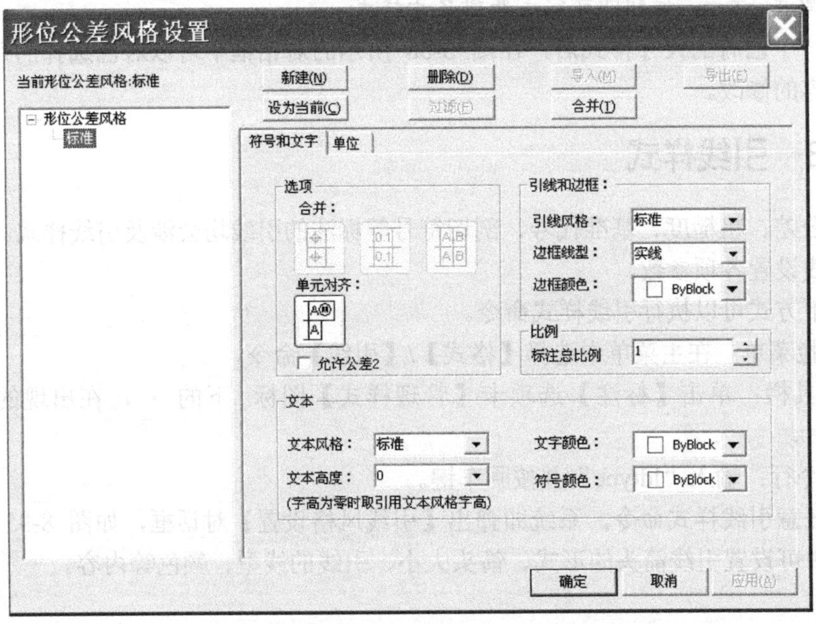

图 8-96 【形位公差风格设置】对话框

8.4.5 粗糙度样式

执行【粗糙度】样式命令后，弹出【粗糙度风格设置】对话框，如图 8-97 所示。在该对话框中可完成粗糙度样式的文字、引线、符号的设置。

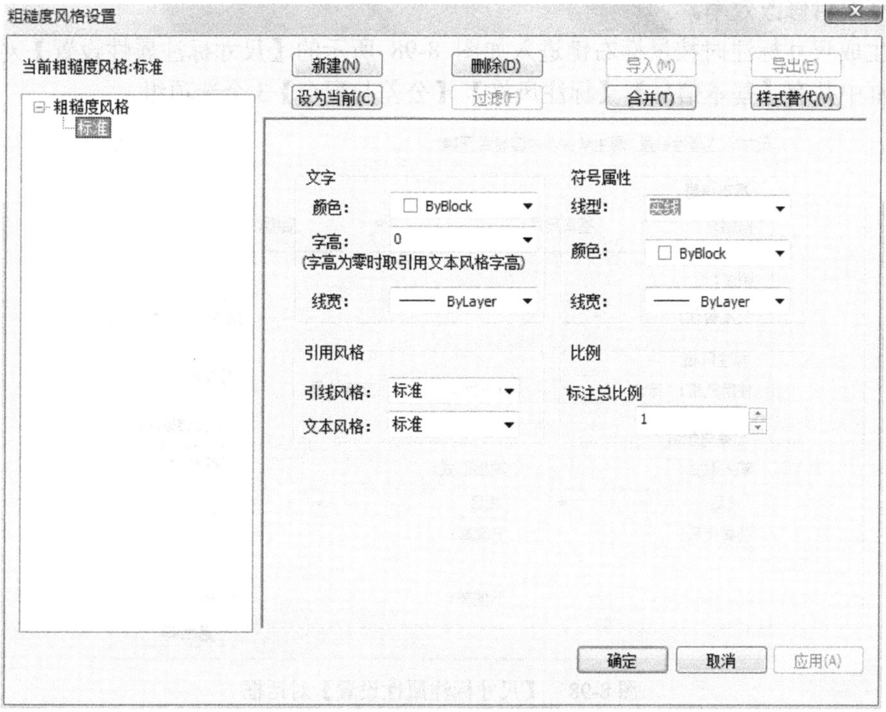

图 8-97 【粗糙度风格设置】对话框

设置粗糙度样式的方法与设置引线样式的方法相似，不再赘述。

8.5 标注编辑

标注编辑可以对所有的工程标注（尺寸、文字和工程符号）的位置或内容进行编辑。

标注编辑命令输入方式有以下几种。

- 下拉菜单：在主菜单下选择【修改】/【标注编辑】命令。
- 工具栏：单击【标注】选项卡【标注编辑】面板上的图标。
- 命令行：输入“dimedit”并按回车键。

执行标注编辑命令后，拾取要编辑的标注对象并进入该标注对象的编辑状态，接下来可以通过立即菜单、尺寸标注属性设置、特性选项板等多种方式进行编辑。

8.5.1 立即菜单编辑

执行标注编辑命令后，系统提示拾取要编辑的标注：，拾取一个尺寸后，系统根据拾取尺寸的类型不同，打开相应的立即菜单。切换不同的选项可完成相应的编辑。

8.5.2 尺寸标注属性编辑

尺寸标注中除尺寸外，通常还需要添加尺寸公差、特殊符号以及设置一些特殊参数。通过电子图板可以方便地添加和设置这些内容，并且尺寸公差可以和基本尺寸关联变化，从而提高编辑修改效率。

在生成尺寸标注时按鼠标右键进入如图 8-98 所示的【尺寸标注属性设置】对话框。该对话框中共有【基本信息】、【标注风格】、【公差与配合】3 个选项组。

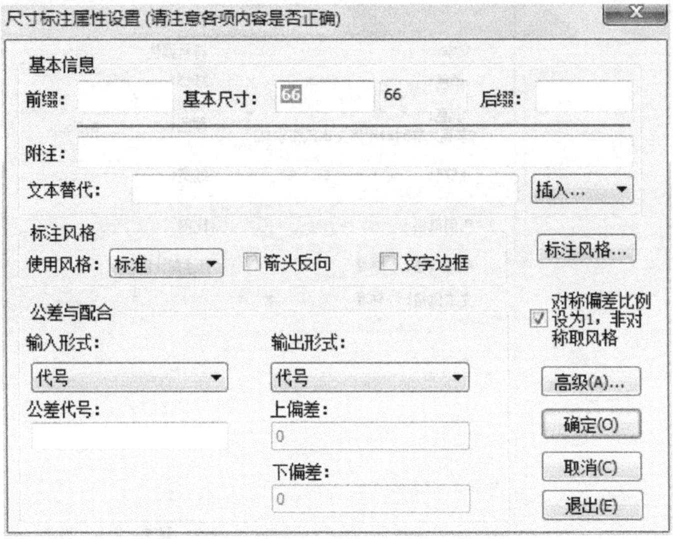

图 8-98　【尺寸标注属性设置】对话框

【实例 8-12】将图 8-99 所示的尺寸标注修改为图 8-100 所示的形式。

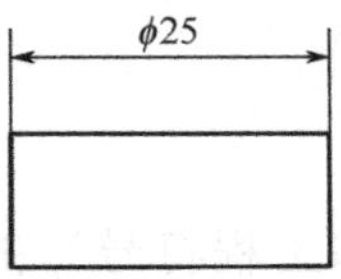

图 8-99　尺寸修改前

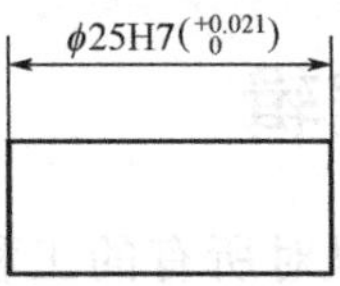

图 8-100　尺寸修改后

操作步骤

[1]　单击标注编辑命令图标。

[2]　命令行提示 拾取要编辑的标注:，拾取要编辑的尺寸。

[3]　单击鼠标右键，系统弹出【尺寸标注属性设置】对话框，在该对话框中填写相应的数值和选择相应的选项，如图 8-101 所示。

[4]　单击 确定(O) 按钮完成操作。

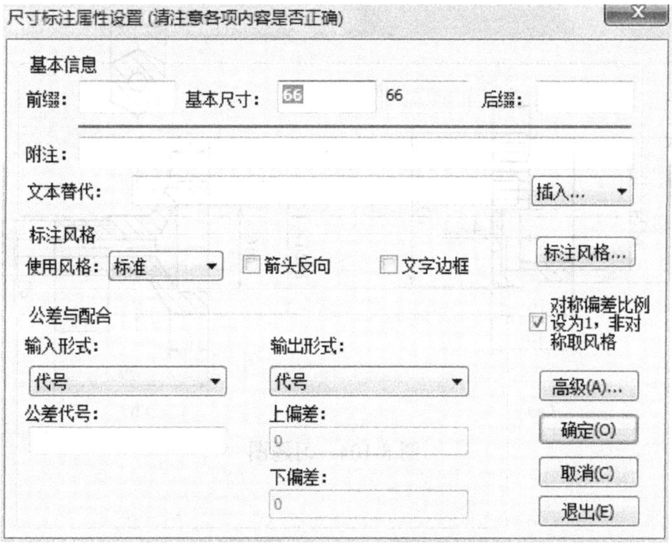

图 8-101 【尺寸标注属性设置】对话框

8.5.3 特性选项板编辑

完成尺寸标注后，拾取尺寸并右键单击【特性】或左键单击左边的【特性】按钮，打开特性选项板，如图 8-102 所示。在其中可以修改相关内容和各种参数。

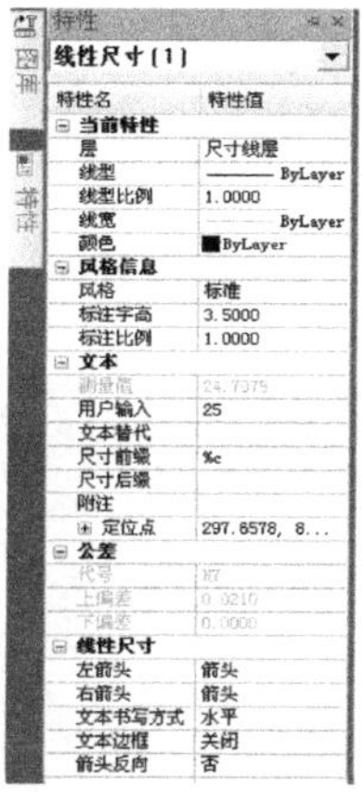

图 8-102 特性选项板

8.5.4 文字编辑

执行标注编辑命令后，拾取要编辑的文字，弹出如图 8-103 所示的【文本编辑器】对话框，在该对话框中对文字的内容与字型参数进行修改，最后单击 确定(O) 按钮结束编辑，系统即重新生成对应的文字。

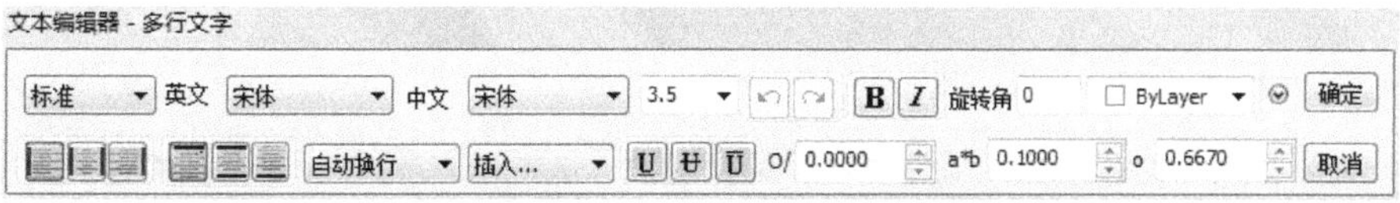

图 8-103 【文本编辑器】对话框

提示：对于大多数标注对象，双击时将自动执行标注编辑命令。

8.6 习题

1. 标注前面各章习题中的所有尺寸。
2. 绘制图 8-104 所示的图形并完成标注。

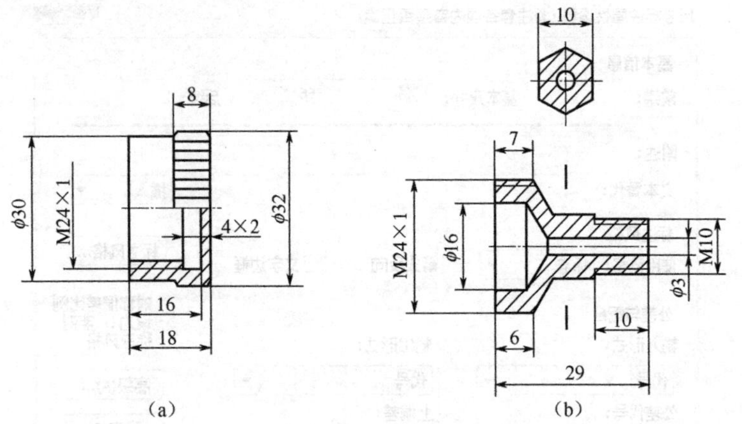

图 8-104　习题图

第 9 章 图纸幅面

前面介绍了 CAXA 电子图板中基本图形的绘制、图形编辑、工程标注等内容。而工程图纸中通常还包括零件序号、图框、标题栏、参数栏、明细表等内容，并且后续需要进行图纸打印以及产品信息输出。

CAXA 电子图板可以快速设置图纸尺寸，调入图框、标题栏、参数栏，填写图纸属性信息。

CAXA 电子图板可以快速生成符合标准的各种样式的零件序号、明细表，并且零件序号与明细表可以保持相互关联，极大地提高了编辑修改的效率。本章将详细介绍 CAXA 电子图板的图纸幅面设置，以及图框、标题栏、参数栏、零件序号、明细表的生成和编辑。

单击主菜单下的【幅面】选项，如图 9-1 所示。或者在功能区单击【图幅】选项卡，如图 9-2 所示。

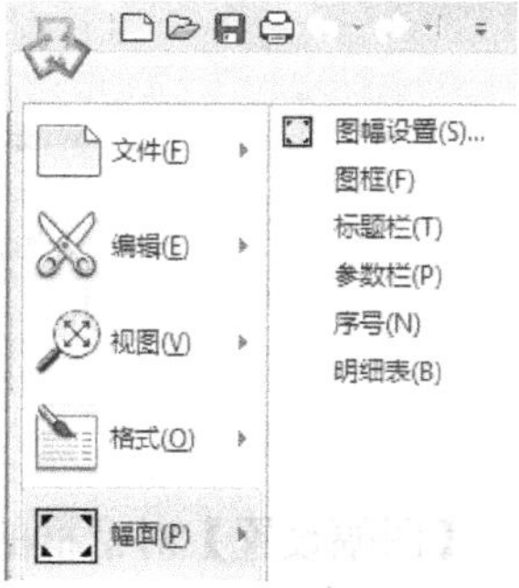

图 9-1 【幅面】菜单

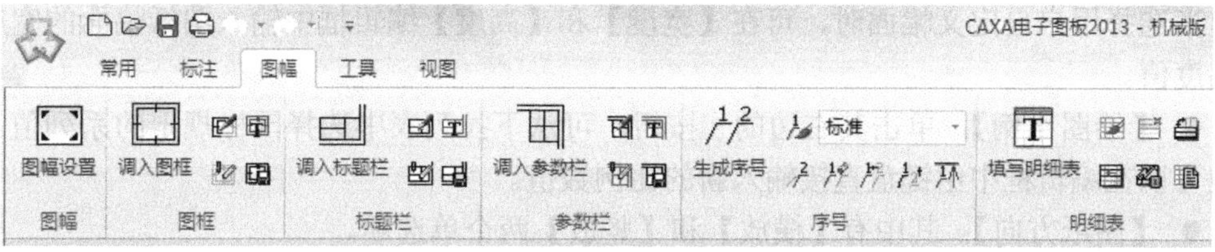

图 9-2 【图幅】选项卡

9.1 图幅设置

图幅设置用于选择标准图纸幅面或自定义图纸幅面，也可变更绘图比例或选择图纸放置方向。在进行图幅设置时，除了可以指定图纸尺寸、图纸比例、图纸方向外，还可以调入图框和标题栏，并设置当前图纸内所绘装配图中的零件序号、明细表样式等。

国家标准规定了 5 种基本图幅，分别用 A0、A1、A2、A3、A4 表示。CAXA 电子图板除了设置了这 5 种基本图幅以及相应的图框、标题栏和明细栏外，还允许自定义图幅和图框。

图幅设置命令输入方式有以下几种。

- 下拉菜单：在主菜单下选择【幅面】/【图幅设置】命令。
- 工具栏：单击【图幅】选项卡内的按钮。
- 命令行：输入“setup”并按回车键。

执行任意图符设置命令，系统即弹出【图幅设置】对话框，如图 9-3 所示。

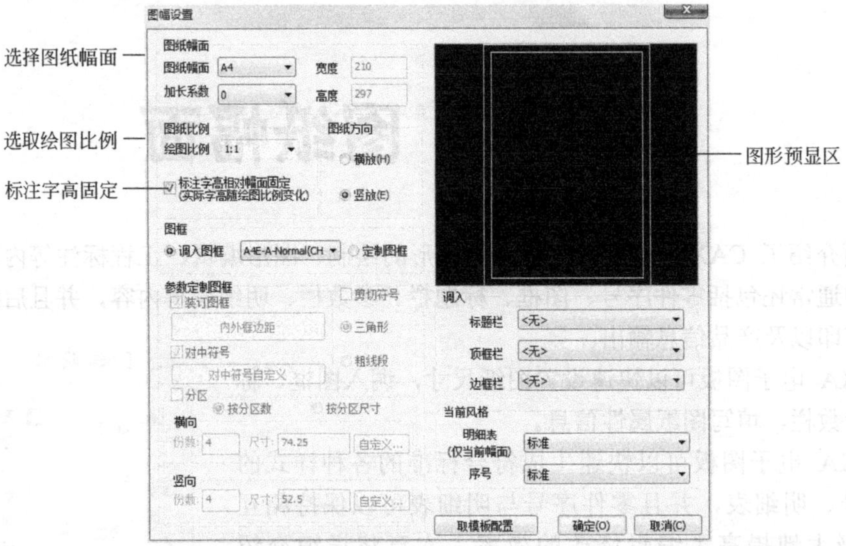

图9-3　【图幅设置】对话框

【图幅设置】对话框的内容和功能说明如下。

● 【图纸幅面】：单击其右边的▼按钮，可从下拉列表中选择 A0～A4 标准图纸幅面和用户自定义幅面。当所选择的幅面为标准幅面时，该图纸幅面的宽度值和高度值不能修改；当选择用户自定义幅面时，可在【宽度】和【高度】编辑框中输入图纸幅面的宽度值和高度值。

● 【绘图比例】：单击其右边的▼按钮，可从下拉列表中选择国标规定的系列值。用户也可以在编辑框中由键盘直接输入新的比例数值。

● 【图纸方向】：其中有【横放】和【竖放】两个单选项。

● 【调入图框】：单击其右边的▼按钮，弹出一个下拉列表，列表中的图框为系统默认图框。用户所选图框会自动在预显框中显示出来。

● 【调入标题栏】：操作与【调入图框】相同。

● 【标注字高相对幅面固定】：如果需要标注字高相对幅面固定，即实际字高随绘图比例变化，则选中此复选框。反之，则取消选中。

9.2 图框

CAXA 电子图板的图框功能包括图框的调入、定义、存储、填写和编辑等几个部分。图框尺寸可随图纸幅面大小的变化而做相应的比例调整。比例变化的原点为标题栏的插入点，一般来说即为标题栏的右下角点。

除了在【图幅设置】对话框中对图框进行设置外，也可通过【图幅】选项卡中【图框】面板上的各种命令按钮，进行图框设置。

9.2.1 调入图框

调入图框命令输入方式有以下几种。

- 下拉菜单：在主菜单下选择【幅面】/【图框】/【调入图框】。
- 功能区：单击【图幅】选项卡中【图框】面板上的【调入图框】按钮。
- 命令行：输入“frmload”并按回车键。

执行任意调入图框命令，系统即弹出【读入图框文件】对话框，如图 9-4 所示。对话框中列出了 EB/SUPPORT 目录下符合当前图纸幅面的标准图框或非标准图框的文件名。选中图框文件，单击确定(O)按钮，即可调入所选取的图框文件。

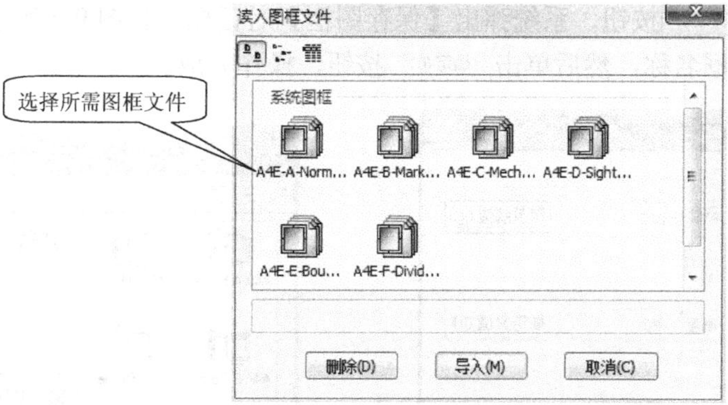

图 9-4 【读入图框文件】对话框

9.2.2 定义图框

定义图框就是将某些图形定义为图框以备调用。通常有很多属性信息如描图、底图总号、签字、日期等需要附加到图框中，定义图框后可以填写这些属性信息。这些属性信息都可以通过属性定义的方式加入图框中。

定义图框命令输入方式有以下几种。

- 下拉菜单：在主菜单下选择【幅面】/【图框】/【定义图框】。
- 功能区：单击【图幅】选项卡中【图框】面板上的按钮。
- 命令行：输入“frmdef”并按回车键。

执行定义图框命令后，根据提示拾取要定义为图框的图形元素，其尺寸大小若与当前图纸幅面匹配，在指定基准点后会弹出【保存图框】对话框，输入图框名称并单击【确定】按钮即可。

> 提示：基准点用来定位标题栏，一般为图框的右下角点。

若所选图形元素的尺寸大小与当前图纸幅面不匹配，在指定基准点后将弹出【选择图框文件的幅面】对话框。

【实例 9-1】把图 9-5 中的图形定义为图框。

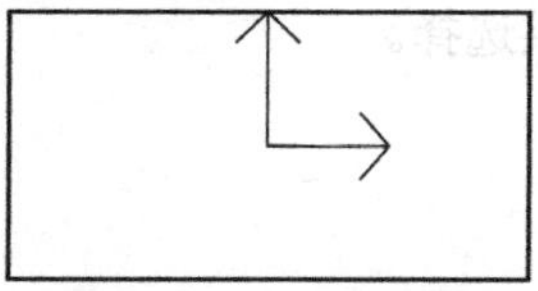

图 9-5 【实例 9-1】图

操作步骤

[1] 单击定义图框按钮。

[2] 系统提示拾取添加，用鼠标拾取构成图框的图形元素，单击鼠标右键。

[3] 系统提示基准点:，拾取矩形的右下角点为基准点，系统弹出如图 9-6 所示的对话框。

[4] 单击取系统值(S)按钮，系统弹出【保存图框】对话框，如图 9-7 所示。

[5] 输入图框名称，然后单击确定(O)按钮，操作完成。

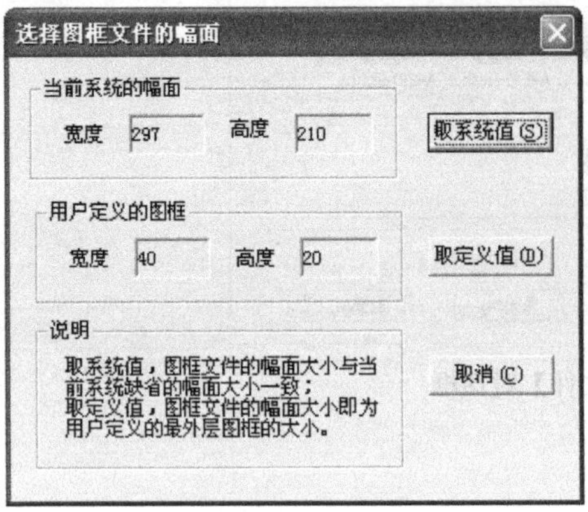

图 9-6 【选择图框文件的幅面】对话框

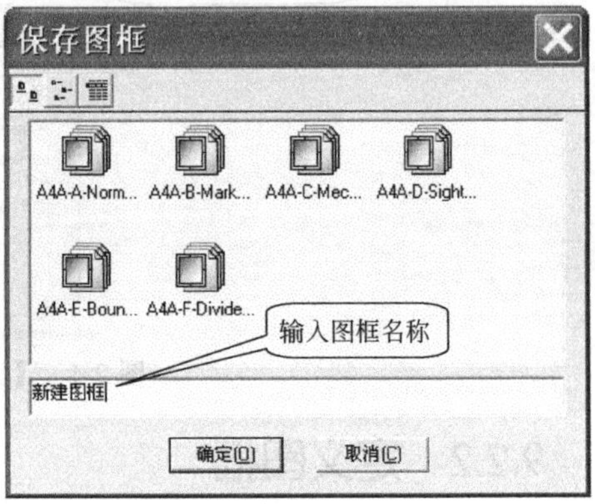

图 9-7 【保存图框】对话框

提示：在图 9-6 中如选择【取系统值】，则图框文件的幅面大小与当前系统默认的幅面大小一致；如果选择【取定义值】，则图框文件的幅面大小即为用户拾取的图形元素的最大边界大小。

9.2.3 存储图框

存储图框就是将定义好的图框存盘，以便其他文件进行调用。

存储图框命令输入方式有以下几种。

- 下拉菜单：在主菜单下选择【幅面】/【图框】/【存储图框】。
- 功能区：单击【图幅】选项卡中【图框】面板上的按钮。
- 命令行：输入“frmsave”并按回车键。

执行任意存储图框命令，系统即弹出【保存图框】对话框，如图 9-7 所示。

输入要存储的图框名称，单击确定(O)按钮后，系统自动加上文件扩展名“.FRM”，图框文件就被存储在 EB/SUPPORT 目录中。下次执行调入图框操作时，就会在【读入图框文件】对话框中出现该图框以供选择。

9.3 标题栏

CAXA 电子图板设置了多种标题栏供用户调用。CAXA 电子图板的标题栏功能包括标题栏的调入、定义、存储、填写和编辑。同时，也允许用户将图形定义为标题栏，并以文件的方式存储。

图 9-8 所示为【标题栏】面板。

提示：调入标题栏时的定位点为其右下角点。

9.3.1 调入标题栏

调入标题栏功能用于为当前图纸调入一个标题栏，如果工作界面上已有一个标题栏，则新标题栏将替代原标题栏。

调入标题栏命令输入方式有以下几种。

- 下拉菜单：在主菜单下选择【幅面】/【标题栏】/【调入标题栏】。
- 功能区：单击【图幅】选项卡中【标题栏】面板上的【调入标题栏】按钮。
- 命令行：输入“headload”并按回车键。

执行任意调入标题栏命令，系统即弹出【读入标题栏文件】对话框，如图 9-9 所示。

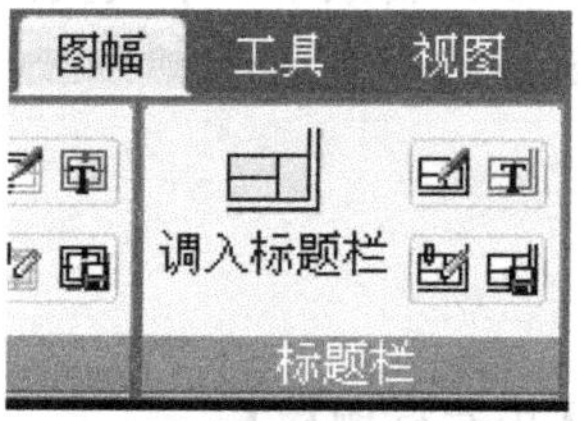

图 9-8 【标题栏】面板

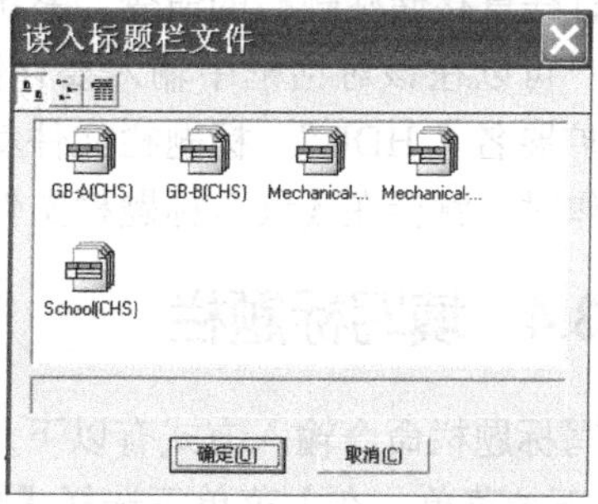

图 9-9 【读入标题栏文件】对话框

该对话框中列出了已有标题栏的文件名。从中选取所需标题栏，单击确定(O)按钮，则所选标题栏显示在图框的标题栏定位点处。

9.3.2 定义标题栏

标题栏通常由线条和文字对象组成，另外如图纸名称、图纸代号、企业名称等属性信息需要附加到标题栏中，这些属性信息都可以通过属性定义的方式加入标题栏中。定义标题栏就是将已经绘制好的图形定义为标题栏（包括文字）。系统允许将任何图形定义成标题栏文件以备调用。

定义标题栏命令输入方式有以下几种。

- 下拉菜单：在主菜单下选择【幅面】/【标题栏】/【定义标题栏】。
- 功能区：单击【图幅】选项卡中【标题栏】面板上的按钮。
- 命令行：输入“headdef”并按回车键。

定义标题栏的操作步骤如下。

[1] 单击按钮，按系统提示，拾取构成标题栏的图形元素，单击鼠标右键以示确认。

[2] 系统提示基准点:，单击表格内一点，系统弹出【保存标题栏】对话框，如图 9-10 所示。

[3] 输入新标题栏名称，单击确定(O)按钮，完成定义。

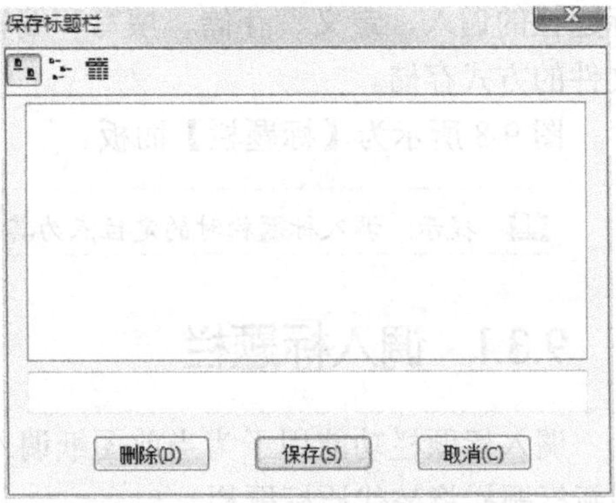

图 9-10 【保存标题栏】对话框

9.3.3 存储标题栏

存储标题栏是指将定义好的标题栏以文件形式存盘，以备调用。

存储标题栏命令输入方式有以下几种。

- 下拉菜单：在主菜单下选择【幅面】/【标题栏】/【存储标题栏】。
- 功能区：单击【图幅】选项卡中【标题栏】面板上的按钮。
- 命令行：输入“headsave”并按回车键。

执行任意存储标题栏的命令，系统即弹出【保存标题栏】对话框，如图 9-10 所示。

用户可以在该对话框中输入要存储的标题栏文件名，单击确定(O)按钮，系统自动加上文件扩展名“.HDR”，标题栏文件就被存储在 EB/SUPPORT 目录下。下次执行调入标题栏操作时，就会在【读入标题栏文件】对话框中出现该标题栏以供选择。

9.3.4 填写标题栏

填写标题栏命令输入方式有以下几种。

- 下拉菜单：在主菜单下选择【幅面】/【标题栏】/【填写标题栏】。
- 功能区：单击【图幅】选项卡中【标题栏】面板上的按钮。
- 命令行：输入“headerfill”并按回车键。

执行任意填写标题栏的命令，并拾取可以填写的标题栏，系统即弹出如图 9-11 所示的【填写标题栏】对话框。

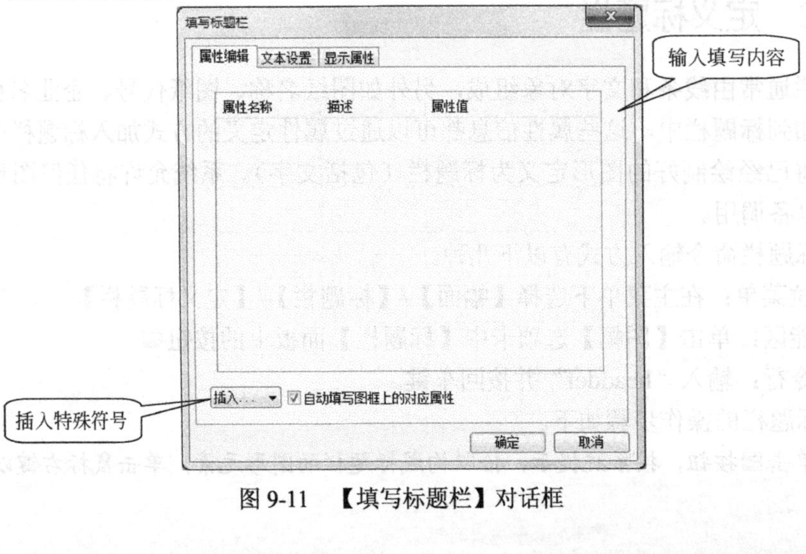

图 9-11 【填写标题栏】对话框

📖 提示：如果拾取的标题栏不是系统所提供的或没有标题栏，则无法实现填写标题栏的操作。

在对话框中填写图形文件的标题的所有内容，单击 确定(O) 按钮即可完成标题栏的填写。其中标题栏的相关属性可以在【文本设置】和【显示属性】选项卡中设置。

如果选中【自动填写图框上的对应属性】复选框，可以自动填写图框中与标题栏相同字段的属性信息。

📖 提示：双击填写完成的标题栏，系统弹出如图 9-11 所示的对话框，可对其填写内容进行编辑。

9.4 序号操作

CAXA 电子图板的序号功能包括序号样式设置，以及序号的生成、删除、交换和编辑。图 9-12 为零件【序号】面板。

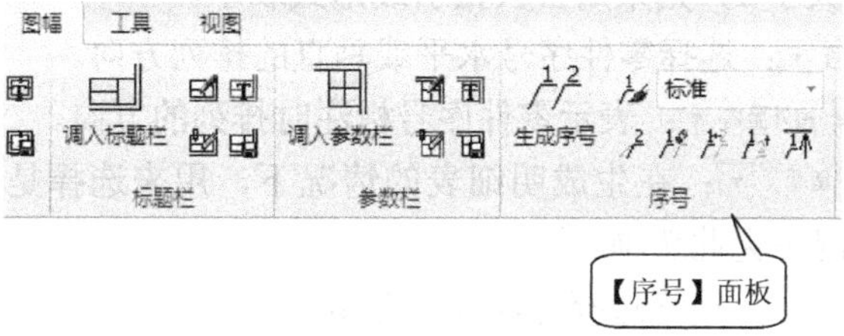

图 9-12 【序号】面板

9.4.1 生成序号

生成或插入零件序号，且与明细栏联动。在生成或插入零件序号的同时，允许用户填写或不填写明细栏中的各表项。而且对于从图库中提取的标准件，或含属性的块，它本身带有属性描述，在标注零件序号的时候，系统会将块属性中与明细栏表头对应的属性自动填入。

生成序号命令输入方式有以下几种。

- 下拉菜单：在主菜单下选择【幅面】/【序号】/【生成】。
- 功能区：单击【图幅】选项卡中【序号】面板上的按钮。
- 命令行：输入“ptno”并按回车键。

执行任意生成零件序号的命令，系统即弹出生成序号立即菜单，如图 9-13 所示。

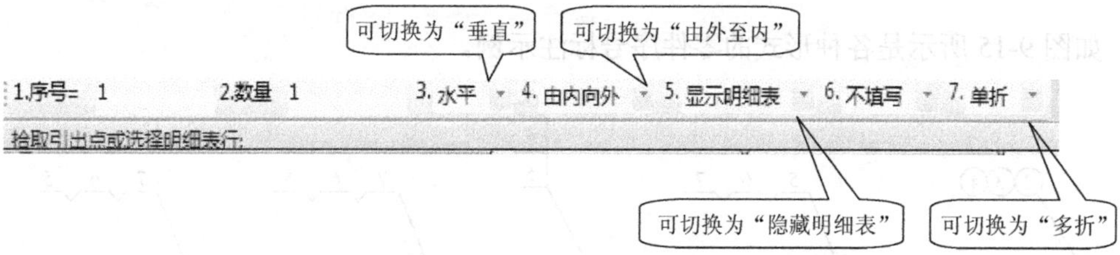

图 9-13 生成序号立即菜单

立即菜单中各选项含义如下。

● 1:序号=1：指零件序号值，系统默认初值为 1，并且根据当前序号自动递增生成下次标注时的序号值。选取此项，可以改变序号，数字前还可以加前缀。系统可根据当前零件序号值判断是生成零件序号或插入零件序号。

第一位符号为“~”：序号及明细表中均显示为六角。

第一位符号为“!”：序号及明细表中均显示有小下画线。

第一位符号为“@”：序号及明细表中均显示为圈。

第一位符号为“#”：序号及明细表中均显示为圈下加下画线。

第一位符号为“$”：序号显示为圈，明细表中显示没有圈。

> 提示：前缀和数值最多只能输入 3 位（即最多可输入共 6 位的字串）。若前缀中第一位为符号“@”，则零件序号为加圈的形式。

● 2:数量：若数量大于 1，则采用公共指引线形式表示。

● 3:水平 或 3:垂直：选择零件序号水平或垂直的排列方向。

● 4:由内至外 或 4:由外至内：表示零件序号标注时排列的方向。

● 6:不填写 或 6:填写：在生成明细表的情况下，用来选择是否同时填写明细表。在不生成明细表的情况下无此选项。

● 7.单折 或 7.多折：用来选择标注线折弯数。

在进行生成序号操作时，要注意以下几点。

● 如果输入序号值只有前缀而无数字，则系统根据当前序号情况生成新序号，新序号值为当前前缀的最大值加 1。

● 当输入序号值小于当前相同前缀的最大序号值，大于等于最小序号值时，系统提示是否插入序号；如果选择插入序号形式，则系统重新排列相同前缀的序号值和相关的明细栏。

● 如果输入的序号与已有序号相同，则系统弹出如图 9-14 所示的【注意】对话框。单击 插 入(I) 按钮，则生成新序号，在此序号后的其他相同前缀的序号依次顺延；如果单击 取重号(R) 按钮，则生成与已有序号重复的序号；如果单击 取 消(C) 按钮，则输入序号无效。

图 9-14 【注意】对话框

如图 9-15 所示是各种形式的零件序号标注示例。

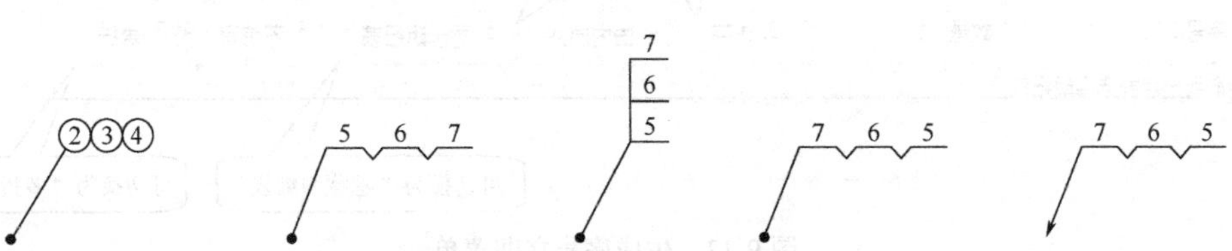

图 9-15 零件序号标注示例

9.4.2 删除序号

删除序号就是在已有的序号中删除不需要的序号。在删除序号的同时，也删除了明细栏中的相应表项。

删除序号命令输入方式有以下几种。

- 下拉菜单：在主菜单下选择【幅面】/【序号】/【删除序号】。
- 功能区：单击【图幅】选项卡中【序号】面板上的按钮。
- 命令行：输入“ptnodel”并按回车键。

执行任意删除零件序号命令，系统提示请拾取要删除的序号，用鼠标拾取待删除的序号，该序号即被删除。

删除零件序号时应注意以下问题。

- 对于多个序号共用一条指引线的序号结点，如果拾取位置为序号，则删除被拾取的序号；如果拾取到其他部位，则删除整个结点。
- 如果所要删除的序号没有重名的序号，则同时删除明细栏中相应的表项，否则只删除所拾取的序号。
- 如果删除的序号为中间项，系统会自动将该项以后的序号值顺序减一，以保持序号的连续性。

9.4.3 编辑序号

编辑序号指修改指定序号的位置。

编辑序号命令输入方式有以下几种。

- 下拉菜单：在主菜单下选择【幅面】/【序号】/【编辑序号】。
- 工具栏：单击【图幅】选项卡上【序号】面板内的按钮。
- 命令行：输入“ptnoedit”并按回车键。

执行任意编辑零件序号命令，系统提示请拾取零件序号:，用鼠标拾取待编辑的序号，根据鼠标拾取位置的不同，可以分别修改序号的引出点或转折点位置。

编辑零件序号应注意以下问题。

- 如果鼠标拾取的是序号的指引线，则所编辑的是序号引出点及引出线的位置。
- 如果拾取的是序号值，则系统弹出立即菜单，如图 9-16 所示。在其中设置相关选项，输入转折点后，所编辑的是转折点及序号的位置。

> 📖 提示：编辑序号只能修改其位置，而不能修改序号本身。

图 9-17 为编辑序号示例。

图 9-16 编辑序号立即菜单

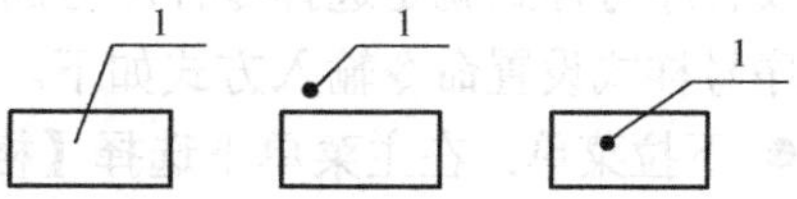

（a）原图　（b）拾取引线　（c）拾取序号

图 9-17 编辑序号示例

9.4.4 交换序号

交换序号就是交换序号的位置，并根据需要交换明细表内容。

交换序号命令输入方式有以下几种。

- 下拉菜单：在主菜单下选择【幅面】/【序号】/【交换序号】。
- 工具栏：单击【图幅】选项卡上【序号】面板内的按钮。
- 命令行：输入“ptnoswap”并按回车键。

执行任意交换零件序号命令，系统弹出交换序号立即菜单，如图 9-18 所示。按系统提示拾取要交换的零件序号，系统提示请拾取第二个零件序号:，拾取另外一个零件序号，则两序号交换位置。

若拾取的序号为连续标注，则拾取完第一个序号后，系统弹出对话框，如图 9-19 所示。选择要交换的序号，单击确定(O)按钮，继续拾取第二个零件序号，按同样的方法操作。

图 9-18　交换序号立即菜单

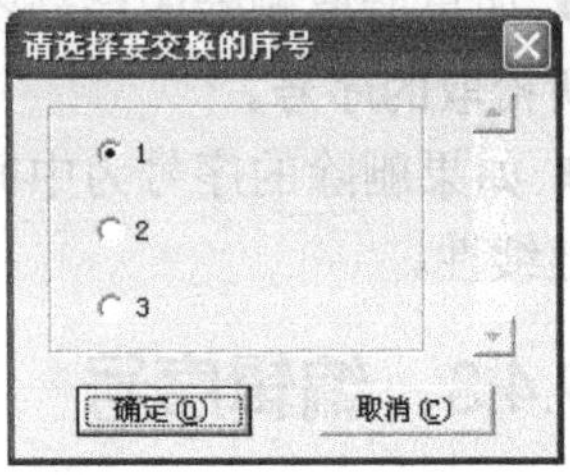

图 9-19 交换序号对话框

图 9-20 所示为交换序号示例。

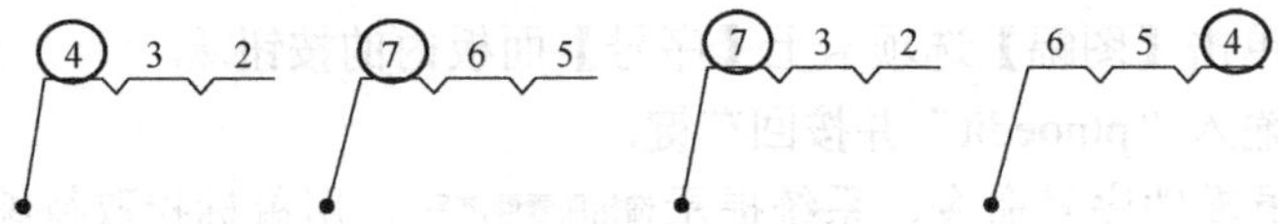

（a）交换前　　（b）交换后

图 9-20　交换序号示例

9.4.5 序号样式

不同的工程图纸中通常需要不同的序号样式，如显示不同的外观、文字的风格等。可通过设置参数选择多种样式，包括箭头样式、文本样式、序号格式、特性显示，以及序号的尺寸参数，如横线长度、圆圈半径、垂直间距等。

设置序号样式就是选择零件序号的标注形式。

序号样式设置命令输入方式如下。

- 下拉菜单：在主菜单下选择【格式】/【序号】。
- 功能区：单击【图幅】选项卡上【序号】面板内的序号样式按钮。
- 命令行：输入“partnoset”并按回车键。

执行任意序号样式设置命令，系统弹出【序号风格设置】对话框，如图 9-21 所示。

该对话框中共有【序号基本形式】和【符号尺寸控制】两个选项卡。

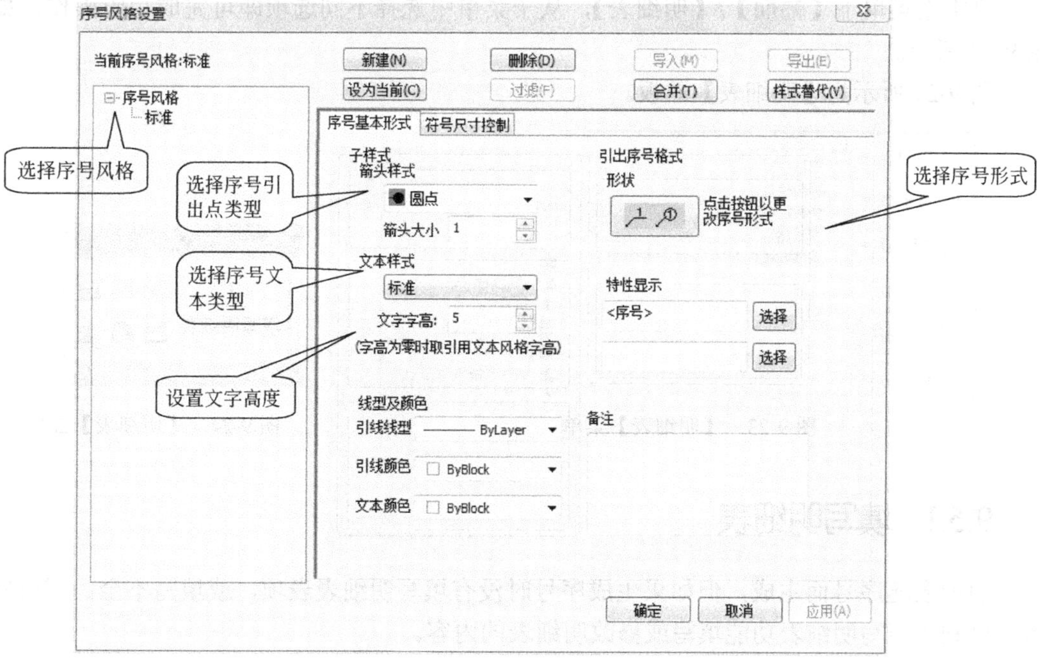

图 9-21 【序号风格设置】对话框

【序号基本形式】选项卡中各参数含义及设置方法如下。

- 【箭头样式】：可以选择不同的箭头形式，如圆点、斜线、空心箭头、直角箭头等，并且可以设置箭头的长度和宽度。但是，箭头宽度只有在不是圆点的情况下才可以设置。
- 【文本样式】：可以选择序号中文本的样式以及文本的高度。
- 【形状】：可以选择序号的形状。

在【符号尺寸控制】选项卡中可以设置符号的样式，在此不做详述。

单击 新建(N) 按钮可新建一个不同于系统自动配置的序号风格。

在【序号风格】下选择风格名称，再单击 设为当前(C) 按钮，可切换不同风格的序号样式。在功能区内单击【图幅】选项卡上【序号】面板内序号样式按钮后的下拉箭头，从下拉列表中也可选择序号的样式，如图 9-22 所示。

图 9-22 序号样式下拉列表

9.5 明细表

CAXA 电子图板为绘制装配图设置了明细表。明细表与零件序号联动，可随零件序号的生成、插入和删除产生相应的变化。

单击主菜单下【幅面】/【明细表】，从子菜单中选择不同选项即可完成相应操作，如图 9-23 所示。

图 9-24 所示为【明细表】面板。

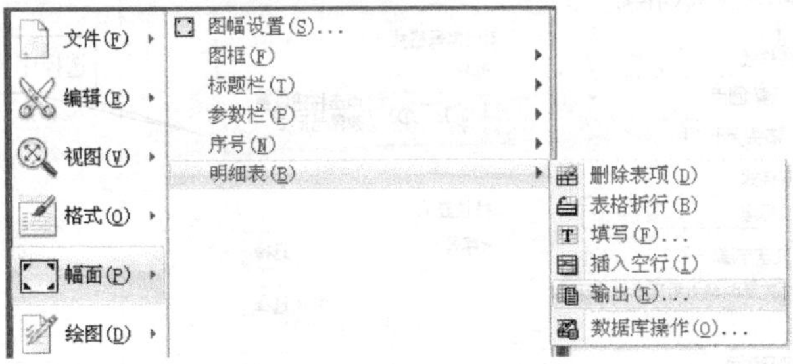

图 9-23 【明细表】菜单

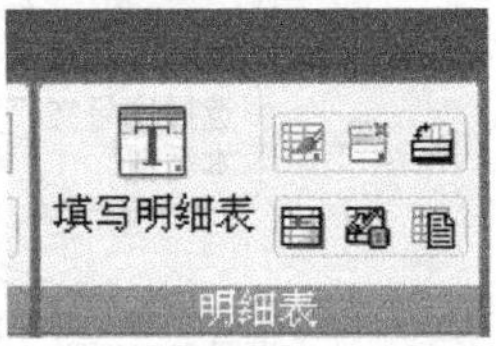

图 9-24 【明细表】面板

9.5.1 填写明细表

明细表随序号而生成，但如果生成序号时没有填写明细表表项，或填写不全，或要修改，可利用填写明细表功能填写或修改明细表的内容。

填写明细表命令输入方式如下。

- 下拉菜单：在主菜单下选择【幅面】/【明细表】/【填写明细表】。
- 功能区：单击【幅面】选项卡上【明细表】面板内的按钮 T。
- 命令行：输入“tbledit”并按回车键。

执行任意填写明细表的命令，系统弹出【填写明细表】对话框，如图 9-25 所示。从中选择要修改或填写的表项，进行编辑，单击 确定(O) 按钮，所填项目即自动添加到明细表中。单击鼠标右键，结束操作。

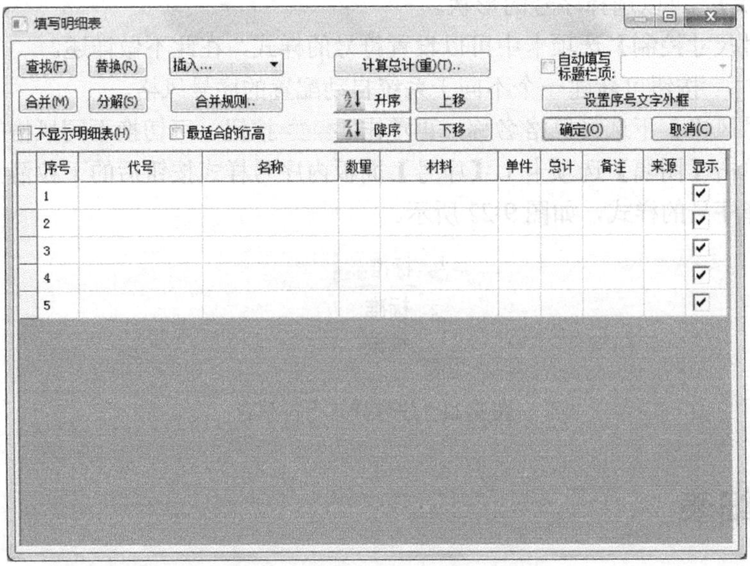

图 9-25 【填写明细表】对话框

提示：若此时工作界面中没有明细表，则无法进行填写明细表的操作。双击已存在的标题栏也可打开【填写明细栏】对话框。

9.5.2 删除表项

删除表项就是从已有的明细表中删除某一个表项及其内容。

删除表项命令输入方式如下。

- 下拉菜单：在主菜单下选择【幅面】/【明细表】/【删除表项】。
- 功能区：单击【幅面】选项卡上【明细表】面板内的按钮。
- 命令行：输入“tbldel”并按回车键。

执行任意删除表项的命令，系统提示请拾取表项，拾取所要删除的明细表表项，如果拾取无误，则删除该表项及其对应的序号，同时该序号以后的序号将自动重新排列。如若拾取明细表表头，则删除全部表项和序号。可重复执行以上操作，单击鼠标右键，即可结束操作。

9.5.3 表格折行

表格折行就是将已存在的明细表的表格在所需要的位置向左或向右转移。转移时，表格及项目内容一起转移。

表格折行命令输入方式如下。

- 下拉菜单：选择【幅面】/【明细表】/【表格折行】。
- 功能区：单击【幅面】选项卡上【明细表】面板内的按钮。
- 命令行：输入“tblbrk”并按回车键。

图 9-26 所示为“左折”示例。

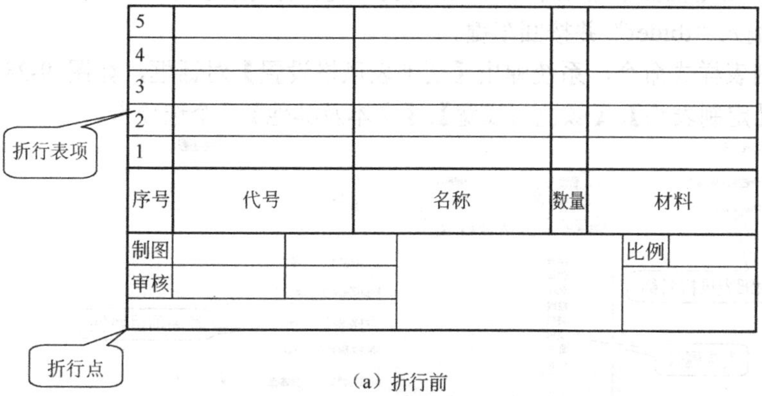

（a）折行前

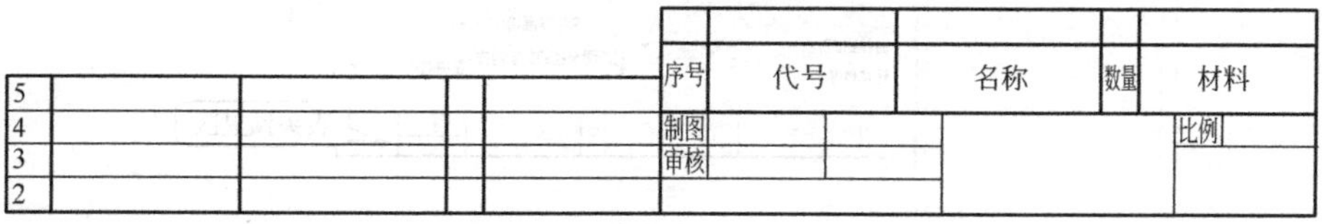

（b）折行后

图 9-26 “左折”示例

执行任意表格折行的命令，系统弹出表格折行立即菜单，如图 9-27 所示。若选择“左折”，按提示用鼠标从已有的明细表中拾取某一待折行的表项，则该表项以上的表项（包括该表项）及其内容全部移到明细表的左侧。

图 9-27　表格折行立即菜单

> 提示：明细表内容较多时可以设置多个折行点。

9.5.4　插入空行

插入空行命令输入方式如下。

- 下拉菜单：在主菜单下选择【幅面】/【明细表】/【插入空行】。
- 功能区：单击【幅面】选项卡上【明细表】面板内的按钮。
- 命令行：输入“tblnew”并按回车键。

执行任意插入空行的命令，系统提示请拾取表项：，拾取某一行表项，则在此行上部插入一个空白行。

9.5.5　明细表样式

如果系统所提供的明细表的表头内容不符合用户的需求，用户可以修改或增删明细表的表头内容。CAXA 电子图板明细表样式功能包含明细表样式设置、颜色与线宽设置、文字设置等，用户可以定制各种样式的明细表。

明细表样式命令输入方式如下。

- 下拉菜单：从主菜单中选择【格式】/【明细表】。
- 功能区：单击【幅面】选项卡上【明细表】面板内的按钮。
- 命令行：输入“tbldef”并按回车键。

执行任意明细表样式命令，系统弹出【明细表风格设置】对话框，如图 9-28 所示。该对话框中共有【定制表头】、【颜色与线宽】、【文本及其他】3 个选项卡。

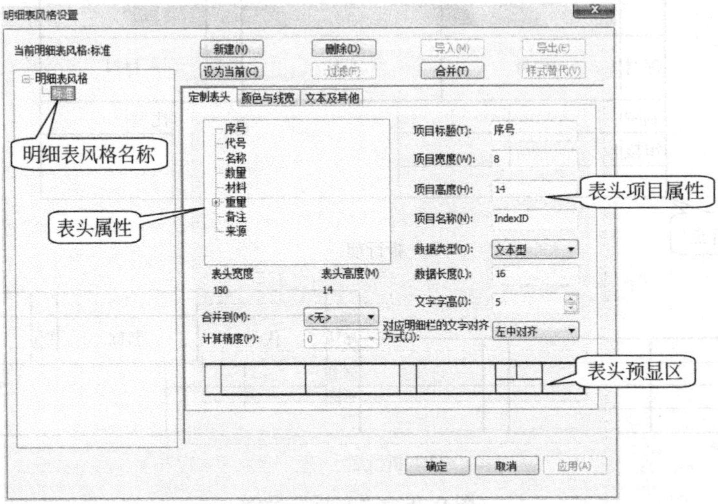

图 9-28　【明细表风格设置】对话框

1.【定制表头】选项卡

图 9-28 中显示了【定制表头】选项卡，其中列出了当前表头的各项内容及各功能按钮。用户通过对各项内容进行编辑，可以建立一个新表头或修改原有表头。

在表项名称列表框中列出了当前明细表的所有表头字段及其内容。单击其中的一个字段，然后可以在右侧修改这个字段的参数，各参数的含义如下。

- 【项目宽度】：表示在明细表表头中每一栏的宽度。
- 【项目名称】：表示在明细表表头中每一栏的名称。
- 【数据类型】：选择表项对应的数据类型。
- 【数据长度】：如果表项中的数据类型为字符型，则在此项中输入字符长度。
- 【文字字高】：调整明细表表头文字大小。
- 【明细栏的文字对齐】：调整明细表表头文字的对齐方式。

如图 9-29（a）所示为当前的明细表表头，其【定制表头】选项卡中的各项参数如图 9-28 所示。

若想将该表头改为图 9-29（b）所示的形式，基本操作步骤如下。

<table>
<tr><td rowspan="2">序号</td><td rowspan="2">代号</td><td rowspan="2">名称</td><td rowspan="2">数量</td><td rowspan="2">材料</td><td>单件</td><td>总计</td><td rowspan="2">备注</td></tr>
<tr><td colspan="2">重量</td></tr>
</table>

（a）原表头

<table>
<tr><td rowspan="2">序号</td><td rowspan="2">名称</td><td rowspan="2">数量</td><td rowspan="2">材料</td><td>单件</td><td>总计</td><td rowspan="2">备注</td></tr>
<tr><td colspan="2">重量</td></tr>
</table>

（b）修改后的表头

图 9-29　定制表头示例

[1]　在图 9-28 所示的【定制表头】选项卡中，在表项名称列表框中选中“序号”，将项目宽度改为 16。

[2]　在表项名称列表框中选中“代号”后，单击鼠标右键，弹出如图 9-30 所示的右键菜单，选中“删除项目”。

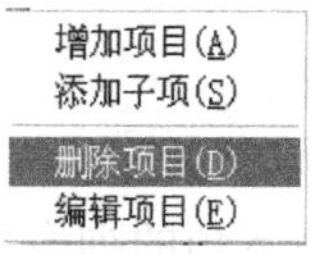

图 9-30　表项修改右键菜单

[3]　单击 确定 按钮，完成表头的修改。

2.【颜色与线宽】选项卡

在【颜色与线宽】选项卡中单击各选项右边的▾按钮即可设置明细表各种线条的线宽，包括表头外框线、表头内部横线、表头内部竖线、明细表外框线、明细表内部横线、明细表内部竖线。也可以设置各种元素的颜色，包括文字颜色、表头线框颜色、明细表横线颜色、明细表竖线颜色。

3.【文本及其他】选项卡

在【文本及其他】选项卡中列出了当前明细表的所有表项及其内容的文本风格。

9.6 填写技术要求

CAXA 电子图板用数据库文件分类记录了常用的技术要求文本项，可以辅助生成技术要求文本插入工程图，也可以对技术要求库中的文本进行添加、删除和修改。

填写技术要求命令输入方式如下。

- 下拉菜单：在主菜单下选择【标注】/【技术要求】。
- 功能区：单击【标注】选项卡上【标注】面板内的按钮，如图 9-31 所示。
- 命令行：输入“speclib”并按回车键。

图 9-31 【标注】面板

执行任意填写技术要求命令后，系统弹出【技术要求库】对话框，如图 9-32 所示，在该对话框中填写技术要求即可。

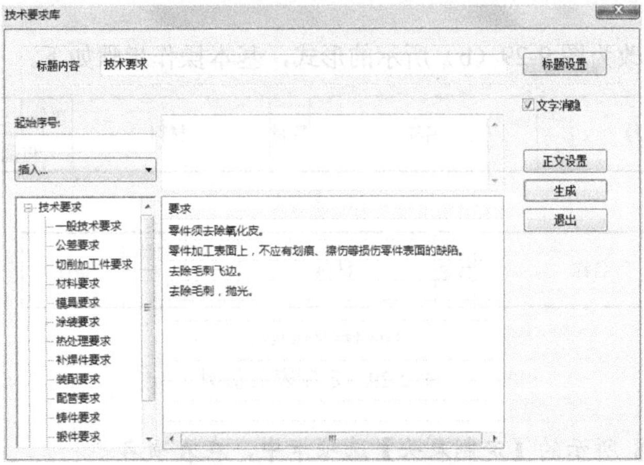

图 9-32 【技术要求库】对话框

左下角的列表框中列出了所有已有的技术要求类别，右侧的表格中列出了当前类别的所有文本项。如果技术要求库中已经有了要用到的文本，则可以用鼠标直接将文本从表格中拖到上面的编辑框中合适的位置，也可以直接在编辑框中输入和编辑文本。完成编辑后，单击【生成】按钮，根据提示指定技术要求所在的区域，系统即自动生成技术要求。

单击 正文设置 按钮可以进入【文字标注参数设置】对话框，修改技术要求文本要采用的参数。需要指出的是，设置的字型参数是技术要求正文的参数，而标题“技术要求”4 个字由标题旁的【标题设置】按钮进行设置。

技术要求库的管理工作也是在此对话框中进行的。选择左下角列表框中的不同类别，右侧表格中的内容就会随之变化。要修改某个文本项的内容，只需要直接在表格中修改；要增加新的文本项，可以在表格最后左边有星号的行输入；要删除文本项，则用鼠标单击相应行左边的选择区选中该行，再按 Delete 键删除；要增加一个类别，则选择列表框中的最后一项【增加新类别】，输入新类别的名字，然后在表格中为新类别增加文本项；要删除一个类别，则选中该类别，按 Delete 键，在弹出的消息框中选择【是】，该类别及其中的所有文本项都从数据库中被删除；要修改类别名，则用鼠标双击，再进行修改。完成管理工作后，单击 退出 按钮退出对话框。

9.7 习题

在 A3 图纸上绘制图 9-33 所示的组合体的三视图，采用 A3 横放，比例为 1∶1，采用学生用的标题栏形式。

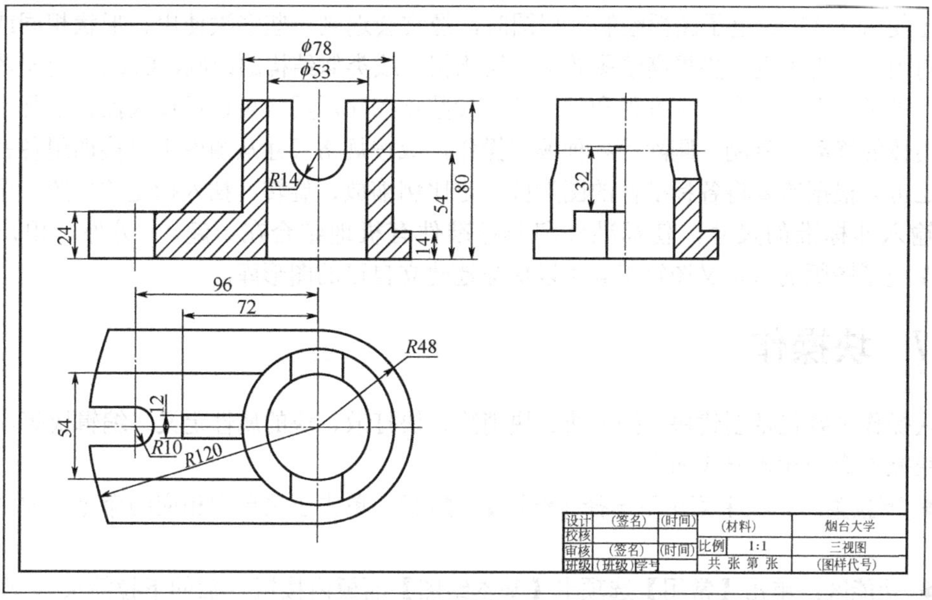

（a）

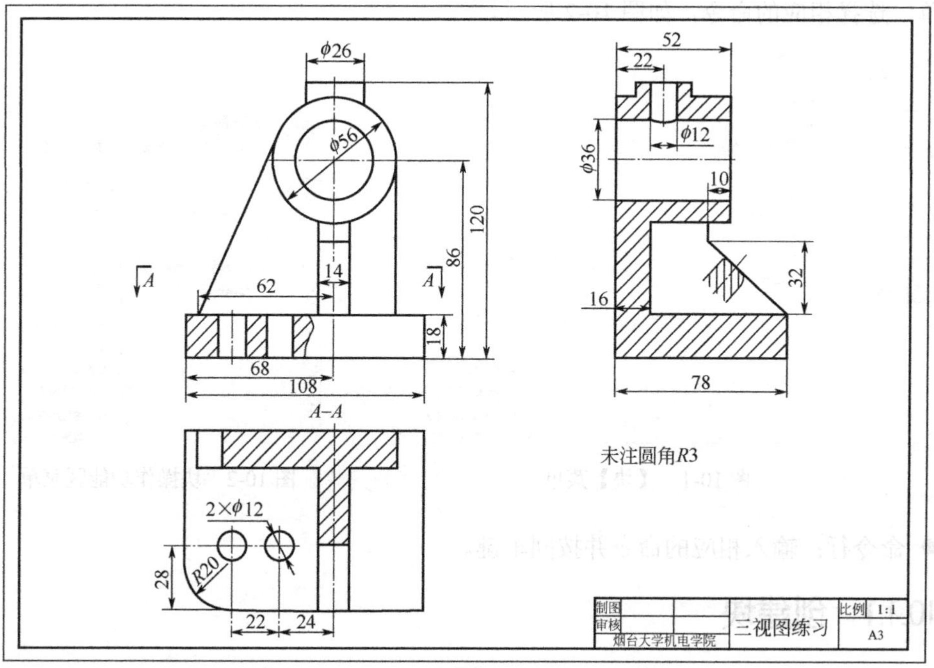

（b）

图 9-33　习题图

第 10 章　块与图库

在使用 CAXA 电子图板绘制工程图时，经常会遇到一些多次使用、形状相同或基本相同的图形。为了进一步提高绘图效率，简化相同或类似结构的绘制，CAXA 电子图版为用户提供了块操作及多种标准件和常用件的参数化图库。用户可以通过块操作进行类似于其他实体的移动、复制、删除等各种编辑操作，或按规格尺寸从图库中直接调用各种标准件，还可以根据需要将各标准件的图形按一定比例缩放、旋转、插入指定的位置。用户也可以输入非标准的尺寸，使标准件和非标准件有机地结合在一起。 另外，用户通过 CAXA 电子图版的自定义图符工具可以快捷地建立自己的图形库。

10.1 块操作

块操作主要包括创建块、插入块、块消隐、块打散、块的属性定义、编辑块等。

块操作命令输入方式如下。

● 下拉菜单：在主菜单下选择【绘图】/【块】，单击子菜单中相应的命令，如图 10-1 所示。

● 功能区：单击【常用】选项卡【基本绘图】面板内按钮后的下拉箭头，弹出下拉菜单，选择相应的命令，如图 10-2 所示。

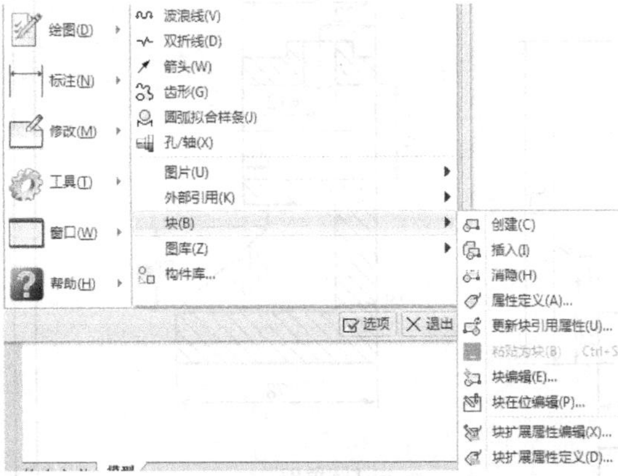

图 10-1　【块】菜单

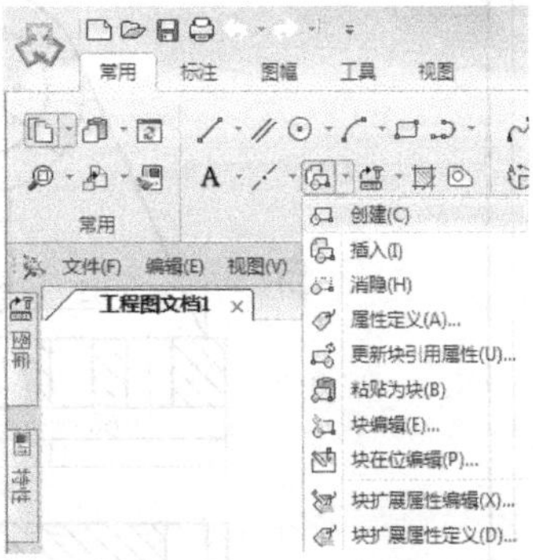

图 10-2　块操作功能区菜单

● 命令行：输入相应的命令并按回车键。

10.1.1 创建块

创建块指将选中的一组图形元素组成一个块实体。生成的块位于当前层，并可对其进行图形编辑操作。每个块对象包含块名称、一个或者多个对象、用于插入块的基点坐标值和相关的属性数据。

创建块命令输入方式如下。

- 下拉菜单：在主菜单下选择【绘图】/【块】/【创建】。
- 功能区：单击【常用】选项卡【基本绘图】面板内按钮后的下拉箭头，弹出下拉菜单，单击按钮。
- 命令行：输入“block”并按回车键。

执行创建块命令后，拾取欲组合为块的图形对象并确认，然后指定块的基准点，系统弹出【块定义】对话框，如图 10-3 所示。在对话框中的【名称】框中输入块的名称，名称最多可以包含 255 个字符，包括字母、数字、空格，以及操作系统或程序未作他用的任何特殊字符。块名称及块定义保存在当前图形中。

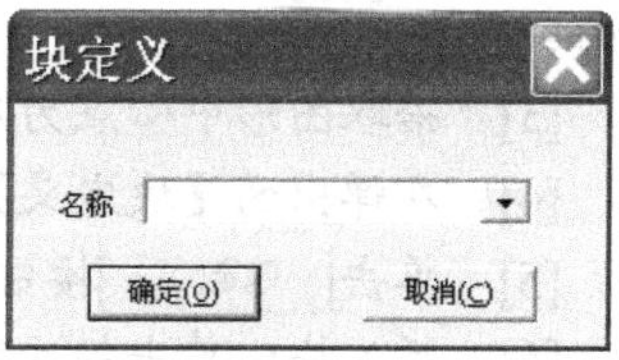

图 10-3 【块定义】对话框

10.1.2 插入块

插入块是指选择一个块并插入当前图形中。

插入块命令输入方式如下。

- 下拉菜单：在主菜单下选择【绘图】/【块】/【插入】。
- 功能区：单击【常用】选项卡【基本绘图】面板内的按钮。
- 命令行：输入“insertblock”并按回车键。

执行插入块命令后，弹出如图 10-4 所示的【块插入】对话框，在该对话框中输入将要插入块的名称，左侧为其形状预览区，选择适当的比例、旋转角，单击确定(O)按钮完成块的插入。

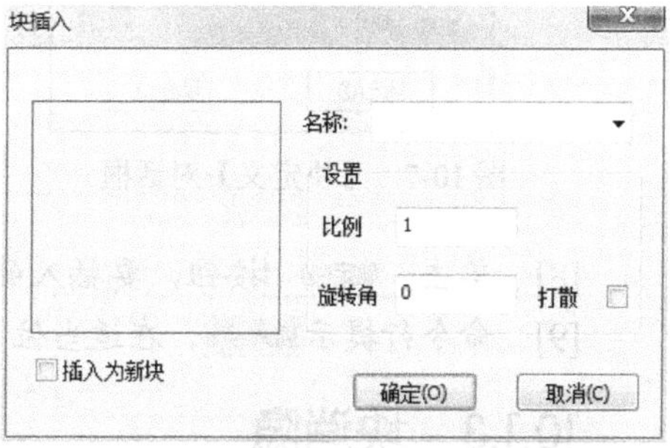

图 10-4 【块插入】对话框

【实例 10-1】将图 10-5（a）所示的图形定义成块，并旋转 45°后插入当前图样中，如图 10-5（b）所示。

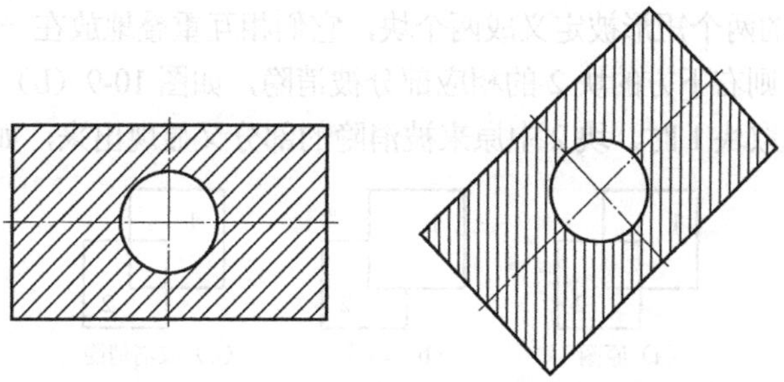

（a）原图　　（b）插入块

图 10-5 【实例 10-1】图

操作步骤

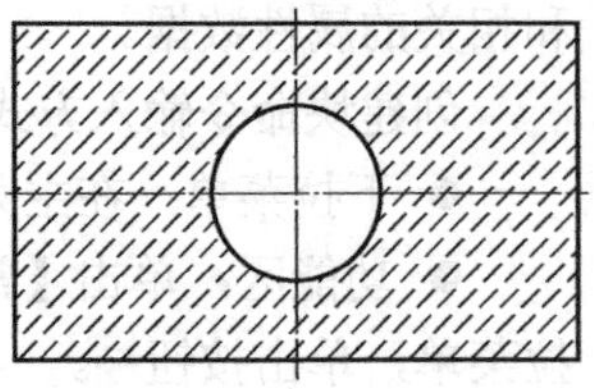

图 10-6 框选图形

[1] 创建块：单击创建块命令按钮，命令行提示拾取元素:。

[2] 框选图形，单击鼠标右键确定，如图 10-6 所示。命令行提示基准点:。

[3] 拾取图形中心点为基准点。

[4] 在弹出的【块定义】对话框中输入块的名称，如图 10-7 所示。

[5] 单击 确定(O) 按钮，完成块的创建。

[6] 插入块：单击插入块命令按钮。

[7] 在弹出的【块插入】对话框中选择块的名称，设置块的比例及旋转角，如图 10-8 所示。

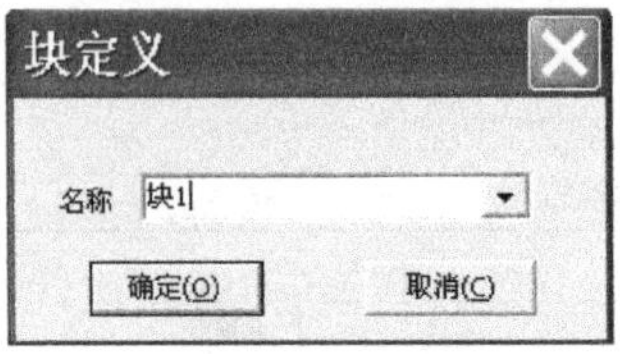

图 10-7 【块定义】对话框

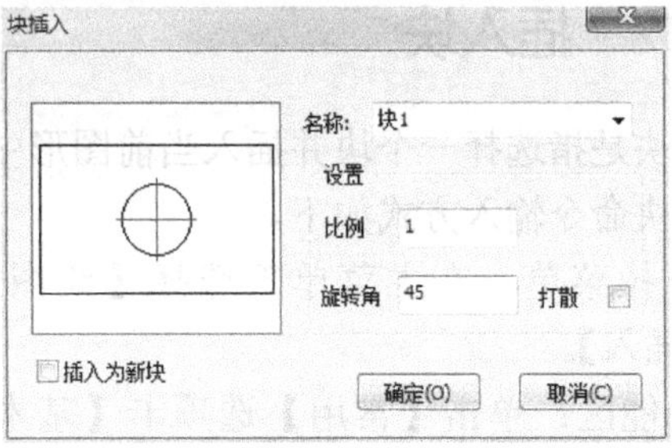

图 10-8 【块插入】对话框

[8] 单击 确定(O) 按钮，要插入的块将随光标在绘图区内移动。

[9] 命令行提示插入点:，在适当位置按鼠标左键指定插入点，即可完成插入块的操作。

10.1.3 块消隐

当当前图形元素、块等发生相互遮掩时，通过块消隐操作，可以将具有封闭外轮廓的块图形作为前景图形区，自动擦除该区内其他图形。电子图板提供的二维自动消隐功能，给作图带来了方便。特别是在绘制装配图的过程中，当零件的位置发生重叠时，此功能的优势更加突出。

图 10-9（a）中的两个矩形被定义成两个块，它们相互重叠地放在一起，如果选择左上方的块 1 为前景实体，则右下方的块 2 的相应部分被消隐，如图 10-9（b）所示。选择“取消消隐”方式，当再次选取块 1 时，块 2 中原来被消隐的部分又显现出来，如图 10-9（c）所示。

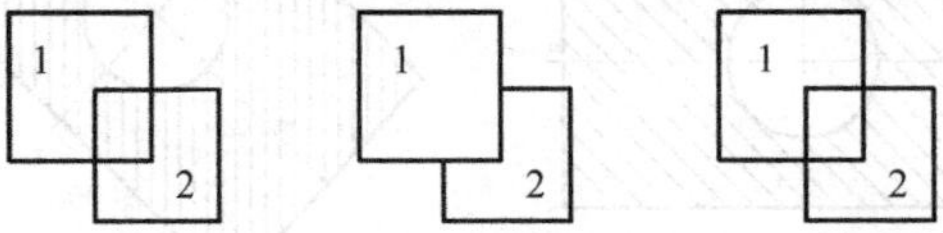

（a）原图　（b）消隐　（c）取消消隐

图 10-9 块消隐示例

块消隐命令输入方式如下。

- 下拉菜单：在主菜单下选择【绘图】/【块】/【消隐】。
- 功能区：单击【常用】选项卡【基本绘图】面板内按钮后的下拉箭头，弹出下拉菜单，选择块消隐命令。
- 命令行：输入“hide”并按回车键。

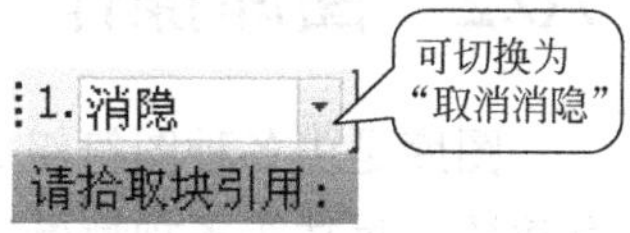

图 10-10　块消隐立即菜单

执行块消隐命令后，弹出如图 10-10 所示的块消隐立即菜单， 移动鼠标在绘图区中拾取要消隐的块，如图 10-9 中拾取块 1 即可完成消隐。

如果要取消消隐，则在图 10-10 所示的立即菜单中选择“取消消隐”，再拾取相应的块，如图 10-9 中的块 1 即可完成取消消隐操作。

10.1.4　块打散

块打散是指将块打散成为块生成前的状态，它是块生成的逆过程。块打散的操作相对简单，先在绘图区内选中要打散的块，被选中的块呈红色，再单击鼠标右键，在如图 10-11 所示的右键快捷菜单中选择“分解”命令即可。或者在绘图区内选中要打散的块后，在功能区【常用】选项卡的【修改】面板中单击修改图标即可。

> 提示：图 10-11 中的右键快捷菜单也可用于创建块的操作。

10.1.5　编辑块

对于插入当前图形的块可以编辑其各种特性，包括块中对象、颜色和线型、块属性数据和定义等。

块的属性编辑和查询主要通过特性选项板来完成，选中一个块并打开特性选项板，如图 10-12 所示。其中可以修改块的层、线型、线宽、颜色等特性，以及设置定位点、旋转角、缩放比例、属性定义的内容、消隐选择等。

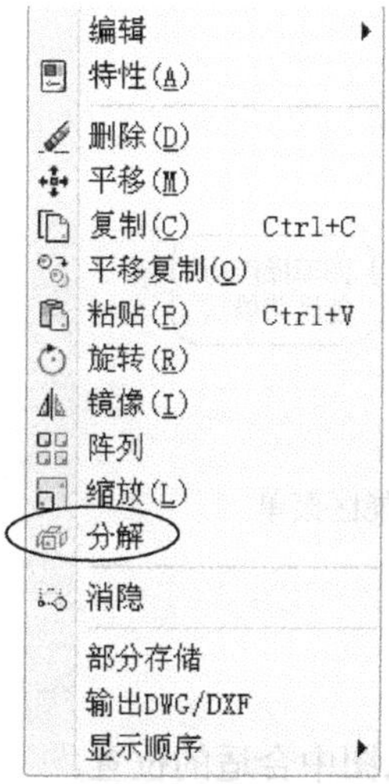

图 10-11　右键快捷菜单

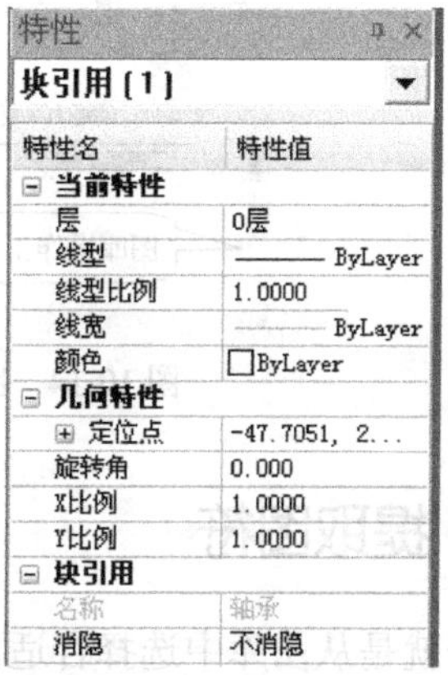

图 10-12　特性选项板

10.2 图库操作

图库是由各种图符组成的，而图符就是由一些基本图形对象组合而成的对象，同时具有参数、尺寸等多种特殊属性。通过提取图符可以按所需参数快速生成一组图形对象，方便后续的各种编辑操作。

图符按是否参数化分为参数化图符和固定图符。图符可以由一个视图或多个视图（不超过 6 个视图）组成。图符的每个视图在提取出来时可以定义为块，因此在调用时可以进行块消隐。图库及块操作为用户绘制零件图、装配图等工程图提供了极大的方便。

选择主菜单【绘图】/【图库】，弹出子菜单，如图 10-13 所示，可以从中选择图库操作的各个选项。还可以在图库操作工具栏中进行相应操作。也可在功能区【常用】选项卡【基本绘图】面板内单击图库操作按钮后的▼，从下拉菜单中选择相应的命令，如图 10-14 所示。

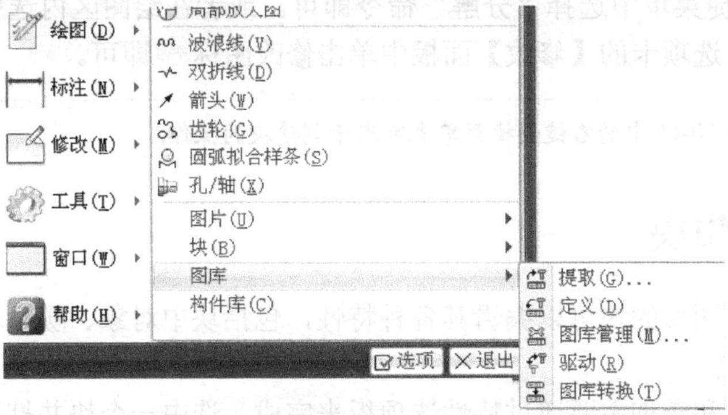

图 10-13 【图库】菜单

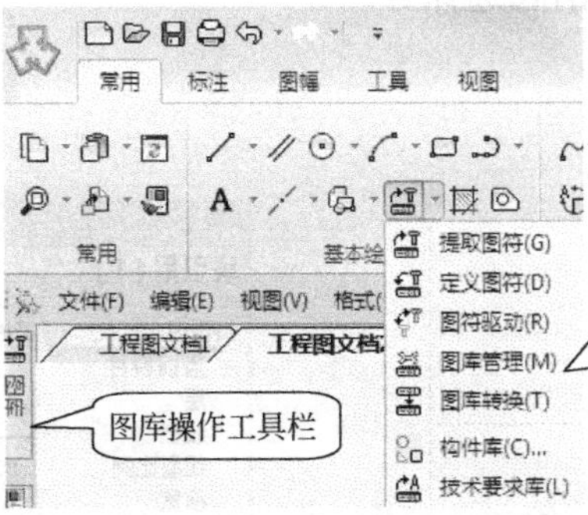

图 10-14 图库操作工具栏和功能区菜单

10.2.1 提取图符

提取图符就是从图库中选择合适的图符，将其插入图中合适的位置。

提取图符命令输入方式如下。

● 下拉菜单：在主菜单下选择【绘图】/【图库】/【提取】。
● 功能区：单击【常用】选项卡内【基本绘图】面板上的按钮。
● 命令行：输入“sym”并按回车键。

执行任意提取图符的命令，系统即弹出【提取图符】对话框，如图 10-15 所示。该对话框将图符类别分为大类和小类，查找时，先单击“图符大类”的下拉按钮，从中选择所需大类，再按同样方法在“图符小类”中选择小类，然后在图符列表框中选择具体的图符。

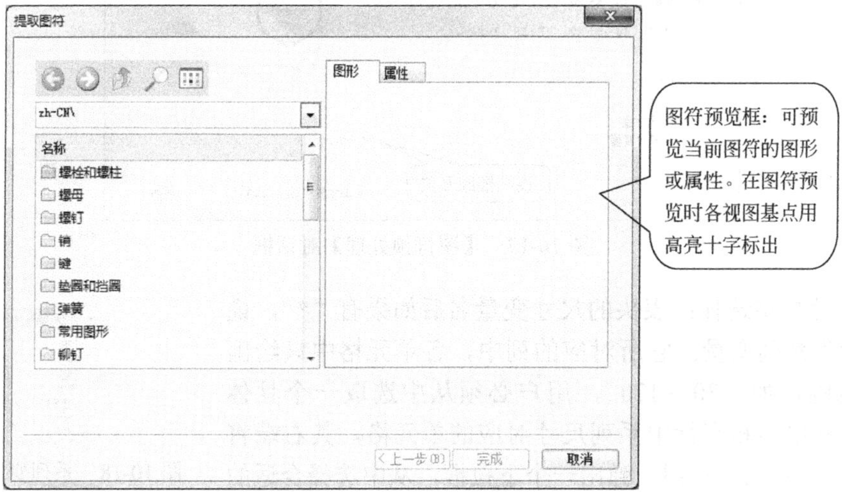

图 10-15 【提取图符】对话框

CAXA 电子图板图库中的图符数量非常大，提取图符时又需要快速查找到要提取的图符，因此 CAXA 电子图板的图库中所有的图符均按类别进行划分并存储在不同的目录中，这样能方便区分和查找。在图 10-15 所示的对话框中，左边为图符列表框，右边为图符预览框。提取图符时可以通过此对话框中的按钮和控件进行快速检索。

● 分别为后退、前进、向上按钮，这几个按钮可以协助在不同目录之间切换。
● 为浏览模式切换按钮，单击此按钮可以在列表模式和缩略图模式之间切换。
● 为查找按钮，单击该按钮将弹出【搜索图符】对话框，如图 10-16 所示。可通过图符名称来检索图符。检索时不必输入图符完整的名称，只需要输入图符名称的一部分，系统就会自动检索到符合条件的图符，例如“GB5781－86 六角全螺纹 C 级”只需要输入“GB5781－86”或“六角全螺纹”就可以检索到。

图 10-16 【搜索图符】对话框

选定要提取的图符后，在【提取图符】对话框中单击下一步(N)>按钮，进入【图符预处理】对话框，如图 10-17 所示。

该对话框用于对已选定的参数化图符进行设置。

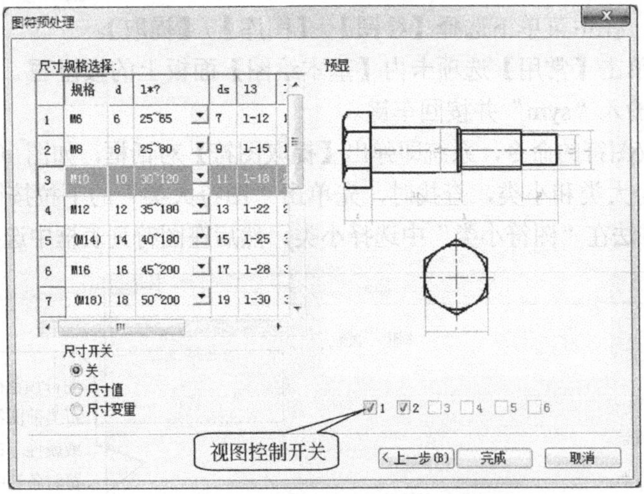

图 10-17 【图符预处理】对话框

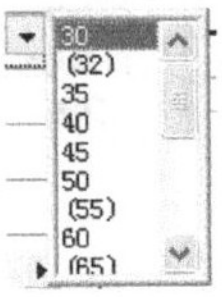

图 10-18 系列变量的选择

● 尺寸规格选择：表头的尺寸变量名后如果有“*”，说明该变量为系列变量。它所对应的列中，各单元格中只给出了一个范围，如“30～120”，用户必须从中选取一个具体值。用鼠标单击相应行中系列尺寸对应的单元格，其右端将出现按钮▾，单击此按钮，弹出一个下拉框，从中选择合适的系列尺寸，如图 10-18 所示。此时该行数据变为蓝色，表示已选中这行数据。

● 尺寸开关：控制图符提取后的尺寸标注情况。“关”表示提取后不标注任何尺寸；“尺寸值”表示提取后标注实际尺寸；“尺寸变量”表示只标注尺寸变量名，而不标注实际尺寸。

● 图符处理：控制图符的输出形式，图符的每一个视图在默认情况下作为一个块插入。“打散”是指将块打散，也就是将每一个视图打散成相互独立的元素；“消隐”是指图符提取后可消隐；“原态”是指图符提取后，保持原有状态不变，不被打散，也不消隐。

● 图符预览：对话框右半部是图符预览区，下面排列有 6 个视图控制开关，可打开或关闭任意一个视图，被关闭的视图将不被提取出来。

【实例 10-2】用 M6 螺栓连接图 10-19 中的两零件。要求：提取 GB/T 5780 六角头螺栓-C 级，GB/T 95-2002 平垫圈-C 级，GB/T 41-2000 六角螺母-C 级。

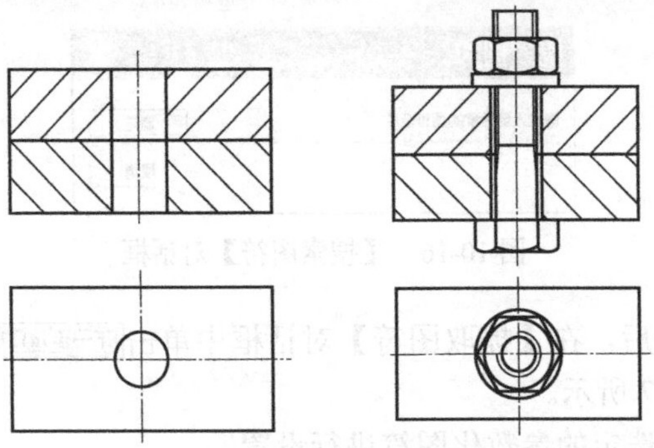

图 10-19 【实例 10-2】图

操作步骤

[1] 在工作界面左下角设置屏幕点捕捉方式为 屏幕点 导航。

[2] 提取螺母：单击提取图符命令按钮，系统弹出【提取图符】对话框，如图 10-20 所示。

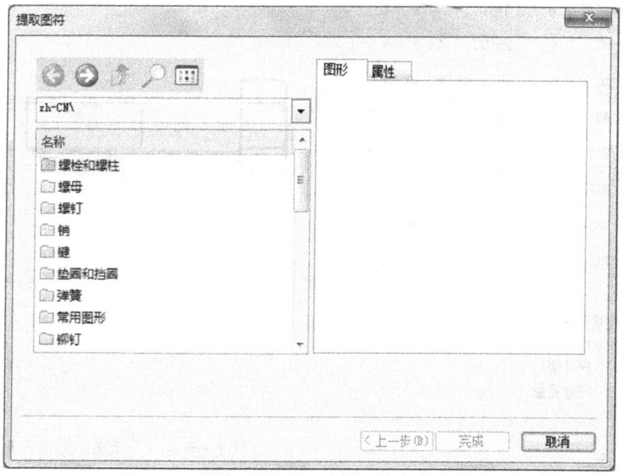

图 10-20 【提取图符】对话框

[3] 单击按钮，在对话框检索栏内输入“六角头螺栓-c 级”，如图 10-21 所示。

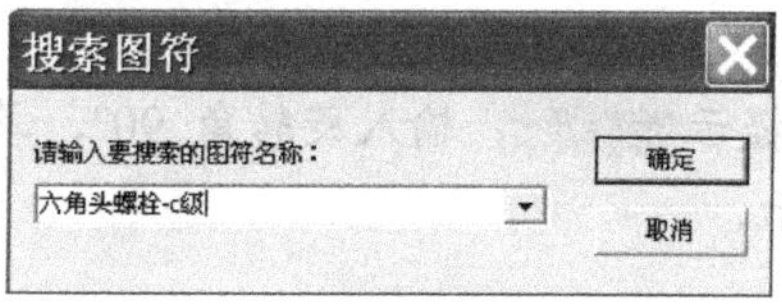

图 10-21 【搜索图符】对话框

[4] 单击 确定 按钮，返回【提取图符】对话框，如图 10-22 所示。

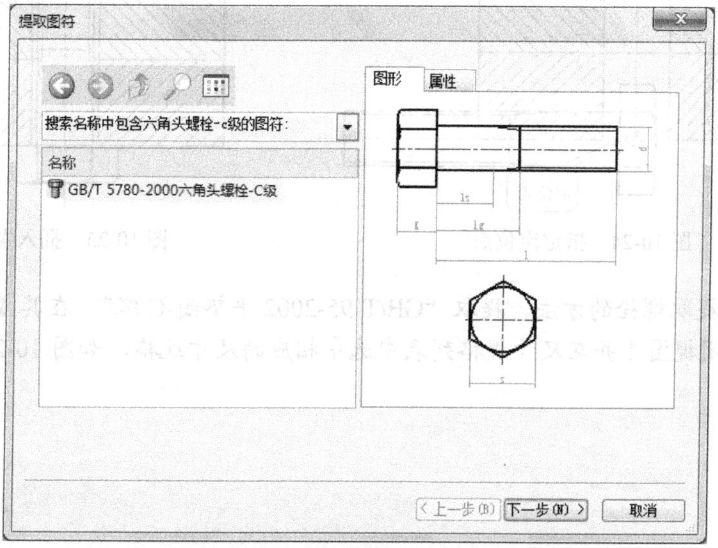

图 10-22 【提取图符】对话框

[5] 单击[下一步(N)>]按钮，进入【图符预处理】对话框，关闭视图 2，并在尺寸规格列表中选中 M6，同时选择螺栓的长度为 30，如图 10-23 所示。

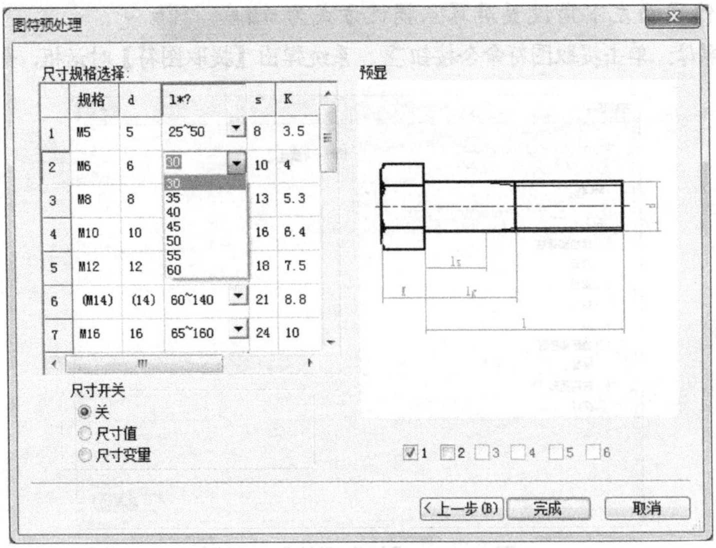

图 10-23 【图符预处理】对话框

[6] 单击[完成]按钮，图符随光标移动，命令行提示“指定定位点”，按提示完成操作，如图 10-24 所示。

[7] 图符定位后，系统提示 旋转角:，输入旋转角 90°，单击鼠标右键确定，完成插入螺栓的操作，如图 10-25 所示。

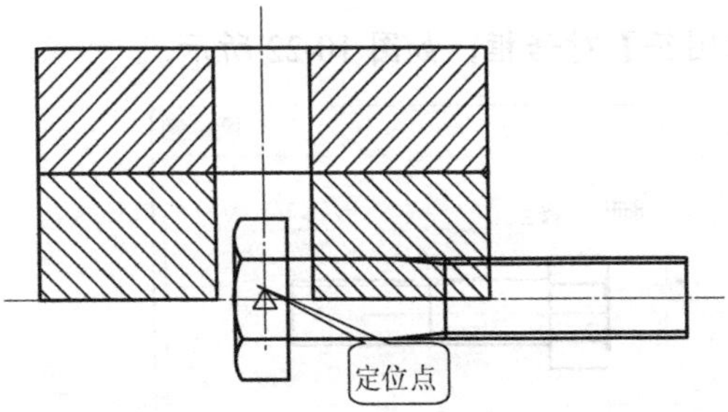

图 10-24 指定定位点

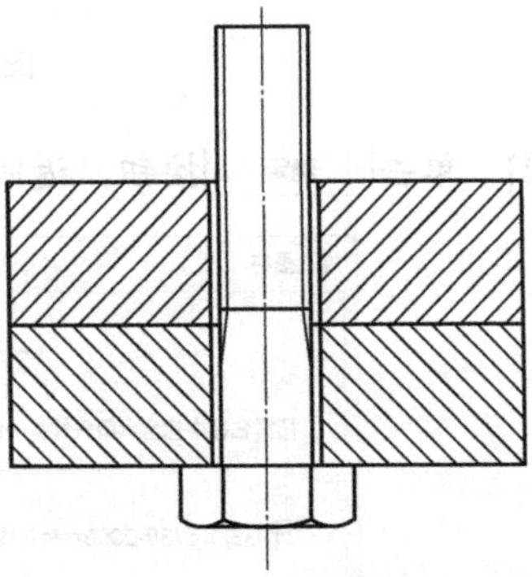

图 10-25 插入螺栓

[8] 按照提取螺栓的方法，提取“GB/T 95-2002 平垫圈-C 级”，在其【图符预处理】对话框中，关闭视图 1 并在尺寸规格列表中选中相应的尺寸规格，如图 10-26 所示。

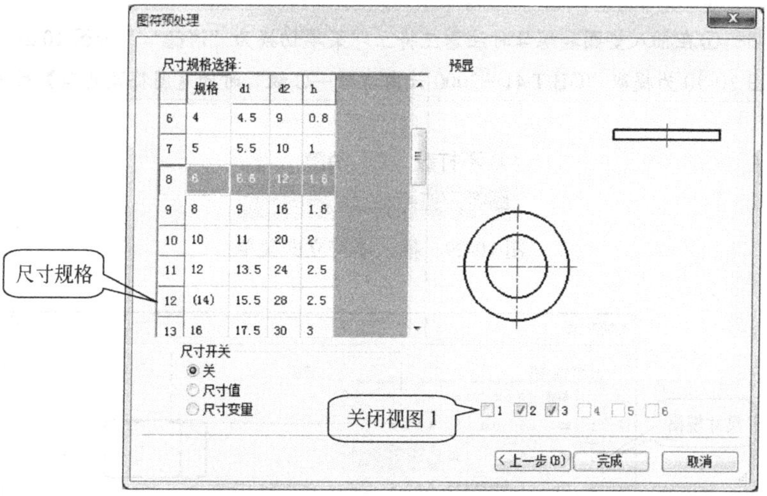

图 10-26 【图符预处理】对话框

[9] 单击 完成 按钮，垫圈俯视图图符 2 随光标移动，指定其定位点后按鼠标右键结束操作。此时垫圈侧视图图符 3 随光标移动，用相同的方法插入图符 3，如图 10-27 所示。

> 提示：插入图符 3 时，注意应与图符 2 有投影关系，这也是在步骤[1]中要将屏幕点切换到导航的原因。后面插入螺母时也应注意该问题。

[10] 按照提取螺栓的方法，提取“GB/T 41—2000 六角螺母-C 级”，在其【图符预处理】对话框中，关闭视图 3、视图 4，并在尺寸规格列表中选中相应的尺寸规格。

[11] 单击 完成 按钮，螺母图符 1 随光标移动，指定其定位点后单击鼠标右键结束操作。此时螺母图符 2 随光标移动，用相同的方法插入图符 2，如图 10-28 所示。

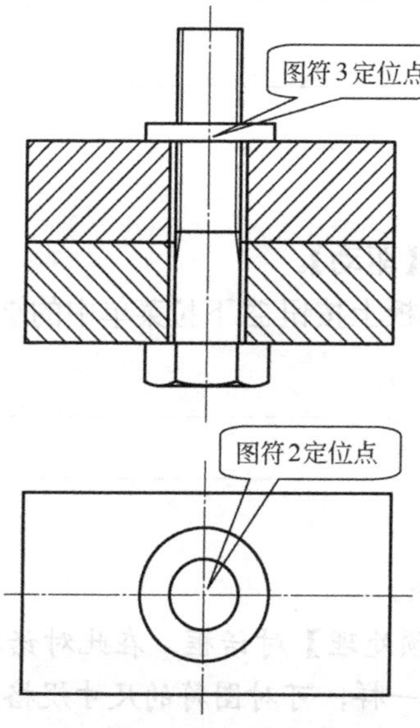

图 10-27 插入垫圈

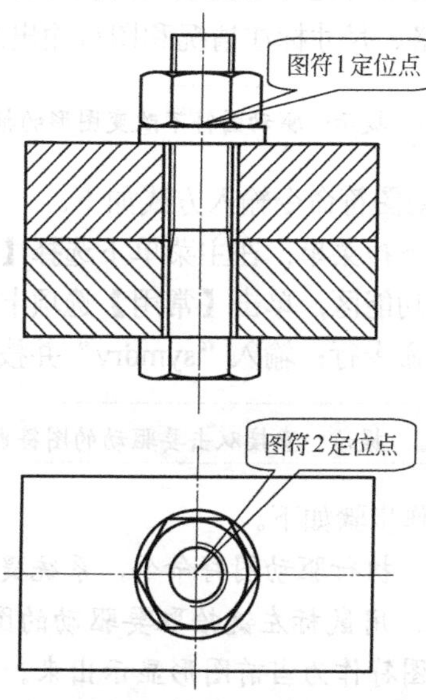

图 10-28 插入螺母

说明：①在插入垫圈和螺母时注意应将立即菜单切换为“消隐”，如图 10-29 所示。

②图 10-30 为提取“GB/T 41—2000 六角螺母—C 级”时的【图符预处理】对话框。

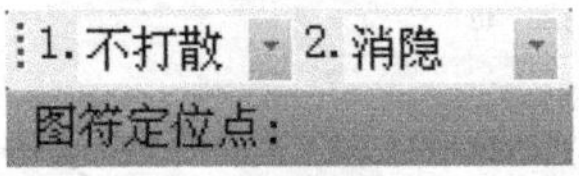

图 10-29　插入图符立即菜单

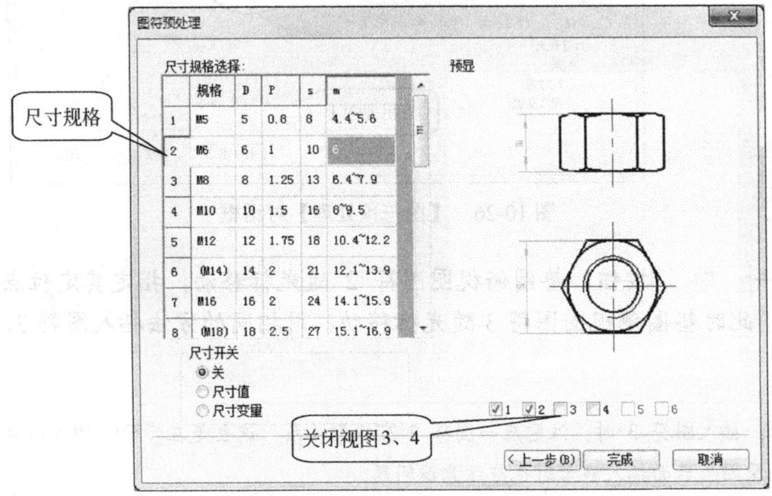

图 10-30　【图符预处理】对话框

10.2.2　驱动图符

驱动图符是对已提取出的没有打散的图符进行驱动，更换图符或者改变已提取图符的尺寸规格、尺寸标注情况和图符输出形式等参数。

提示：驱动图符不改变图形的插入点和旋转角。

驱动图符命令输入方式如下。

- 下拉菜单：在主菜单下选择【绘图】/【图库】/【驱动】。
- 功能区：单击【常用】选项卡内【基本绘图】面板上按钮下拉菜单中的。
- 命令行：输入“symdrv”并按回车键。

提示：直接双击要驱动的图符也可驱动图符。

操作步骤如下。

[1]　执行驱动图符命令，系统提示请选择想要变更的图符:。

[2]　用鼠标左键拾取要驱动的图符，弹出【图符预处理】对话框。在此对话框中将所选的图符作为当前图形显示出来。与提取图符的操作一样，可对图符的尺寸规格、尺寸开关以及图符处理等项目进行修改。

[3] 修改完成后单击 完成 按钮，则绘图区内原图符变为修改后的图符。

10.3 习题

1．将图 10-31（a）所示的钢质零件（缺少的尺寸自行确定）用 M20 双头螺柱连接起来，如图 10-31（b）所示。螺母采用 GB/T 41—2000 六角螺母 C 级，垫圈采用 GB/T 95—2002 垫圈 C 级。

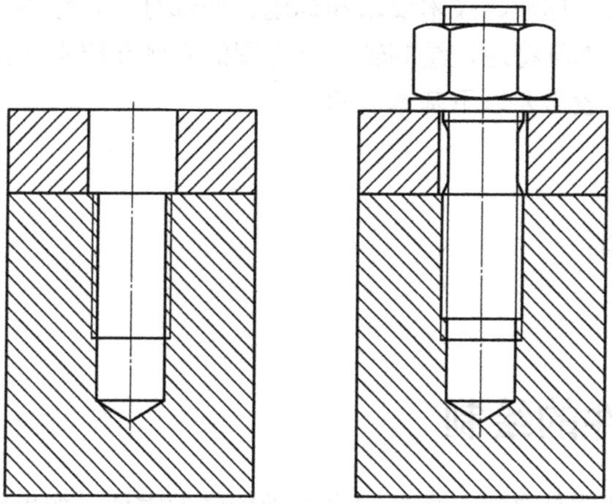

（a）原图　　（b）双头螺柱连接

图 10-31　习题 1 图

2．将图 10-32（a）所示的钢质零件（缺少的尺寸自行确定）用 M20 螺钉连接起来，如图 10-32（b）所示。螺钉采用 GB/T 70.1—2000 内六角螺柱头螺钉。

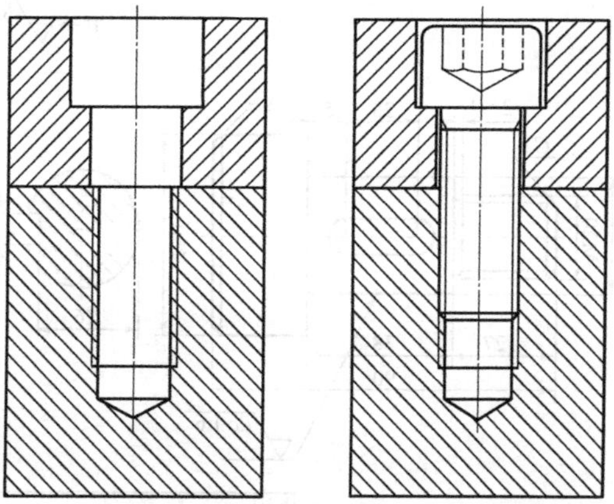

（a）原图　　（b）螺钉连接

图 10-32　习题 2 图

第 11 章　零件图的绘制

工程上常见的零件一般分为轴套类、盘盖类、叉架类、箱体类四大类。零件图的主要内容包括一组视图、尺寸标注、技术要求和标题栏四部分。在绘图过程中常用绘图命令配合编辑命令进行绘制。本章将通过绘制轴类零件图的实例介绍零件图的绘制过程。

绘制一张零件图一般需要以下基本步骤：

[1]　零件图分析；

[2]　设定图纸；

[3]　设置绘图环境；

[4]　绘制图形；

[5]　工程标注。

11.1 轴类零件的绘制

轴是机器中的重要零件之一，主要用来支承旋转的零件，如齿轮、带轮等。CAXA 电子图板中专门设置了孔/轴绘制按钮 ⊕，因而绘制起来比较简单。在绘制过程中主要用到的知识要点有：使用孔/轴绘制命令，使用尺寸公差标注方法，使用标注编辑命令。

下面以图 11-1 所示的传动轴为例来介绍轴类零件的绘制方法和过程。

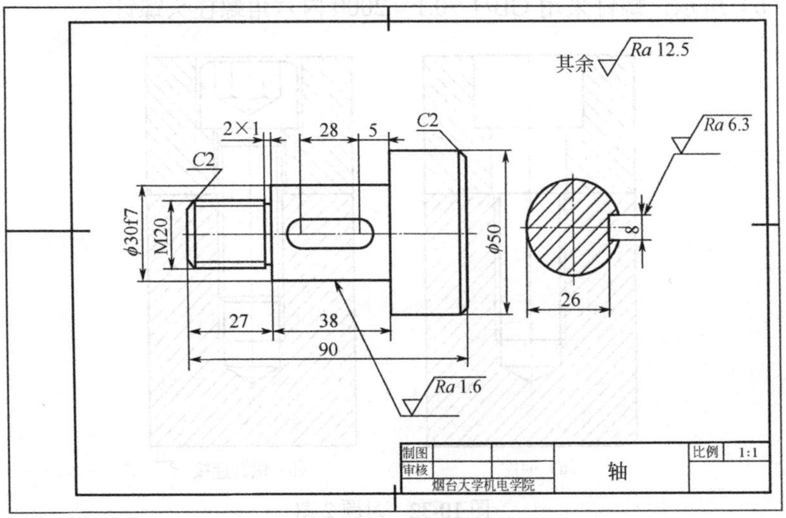

图 11-1　动轴零件图

11.1.1 零件图分析

如图 11-1 所示为轴的零件图。该轴的表达采用了轴线水平放置的非圆视图作为主视图，除此之外还有一个断面图，主要表达键的结构特点。主视图为四段同轴圆柱体，轴左右两端带有倒角，左端轴带有螺纹，中间轴段带有键槽。图中尺寸大部分是电子图板中的基本尺寸类型，两处有倒角尺寸，一处有公差尺寸，图中还包括粗糙度和文字类型的技术要求。

11.1.2 设定图纸

根据图形大小，调入 A4 横放，比例为 1:1，标题栏为学生用的标题栏，按要求填写标题栏。

【图幅设置】对话框如图 11-2 所示。设置完成后单击确定按钮。图幅设置如图 11-3 所示。

图 11-2 【图幅设置】对话框

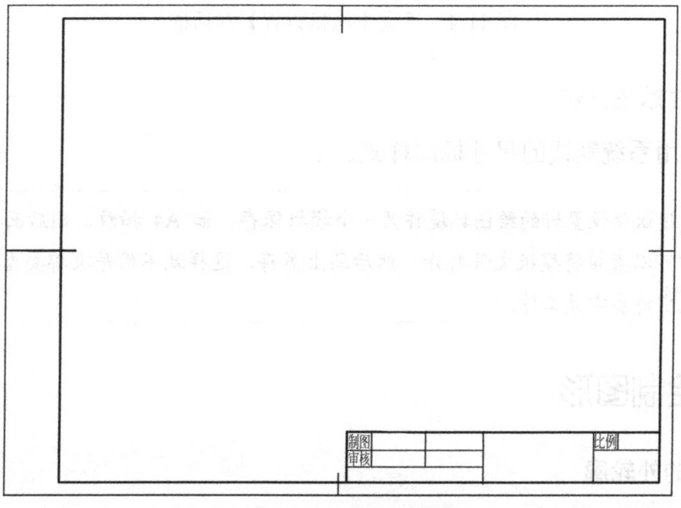

图 11-3 图幅设置

11.1.3 设置绘图环境

绘图环境主要指文字、标注、图层的设置。若以后要利用所绘制的零件图拼装装配图，则应把各零件的图层、尺寸标注样式等设置得尽可能一致，以确保装配图中不会出现过多的层和尺寸标注样式。

1. 图层设置

单击图层设置命令按钮，弹出【层设置】对话框，由于该图有技术要求及标题栏内容，所以添加一个文本层。

2. 设置文字样式

单击文本设置命令按钮，弹出【文本风格设置】对话框，设置中、西文字体，如图 11-4 所示。

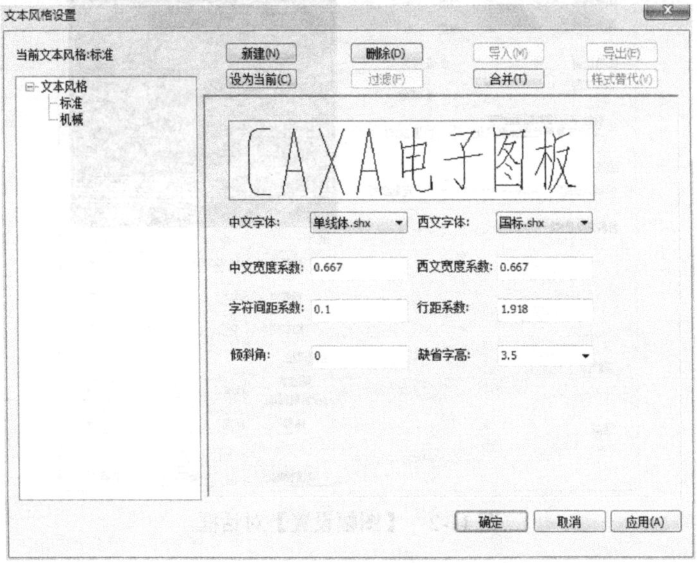

图 11-4 【文本风格设置】对话框

3. 设置尺寸标注样式

该图可以使用系统默认的尺寸标注样式。

> 提示：建议将设置好的绘图环境作为一个模板保存，如 A4 横放，则后面再用到 A4 横放的图样时可以直接将模板文件打开，然后马上另存，这样就不用每次都要重新设置绘图环境，可以减少许多重复工作。

11.1.4 绘制图形

1. 绘制轴的外轮廓

[1] 切换图层：单击图层下拉列表框右侧的下拉箭头，弹出图层列表，如图 11-5 所

示，将当前层切换为粗实线层。

[2] 单击孔/轴命令按钮，切换立即菜单如图 11-6 所示。根据系统提示，在适当位置输入插入点。

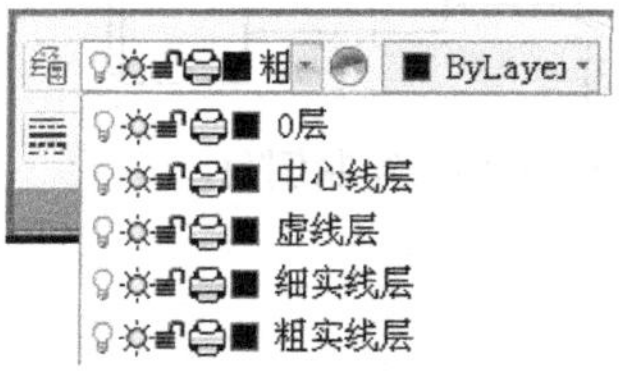

图 11-5 切换图层

图 11-6 绘制轴立即菜单 1

[3] 切换立即菜单中的相关选项，并输入轴的长度 25，如图 11-7 所示。

图 11-7 绘制轴立即菜单 2

[4] 重复步骤[3]，切换不同的立即菜单，如图 11-8、图 11-9 所示，单击鼠标右键确认，绘制轴，如图 11-10 所示。

图 11-8 绘制轴立即菜单 3

图 11-9 绘制轴立即菜单 4

2. 绘制倒角

[1] 单击过渡命令按钮右侧的下拉箭头，打开下拉菜单，如图 11-11 所示。

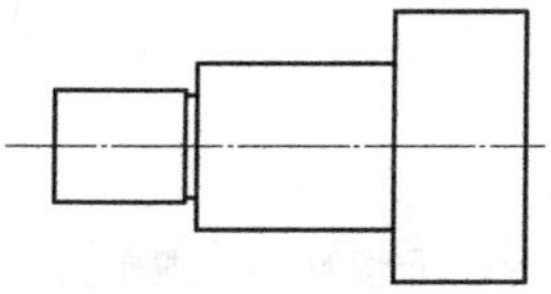

图 11-10 绘制轴

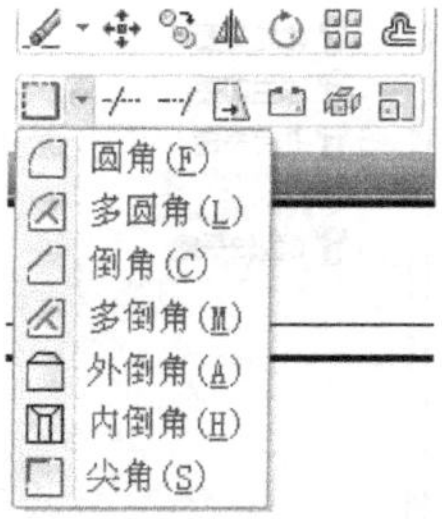

图 11-11 下拉菜单

[2] 单击外倒角命令按钮，切换立即菜单如图 11-12 所示。

[3] 根据命令行提示依次选择三条直线，完成左端倒角绘制。

[4] 重复上一步骤，完成右端倒角绘制，如图 11-13 所示。单击鼠标右键退出倒角绘制。

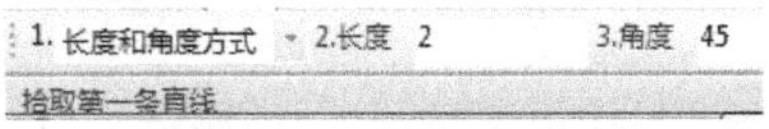

图 11-12 倒角立即菜单

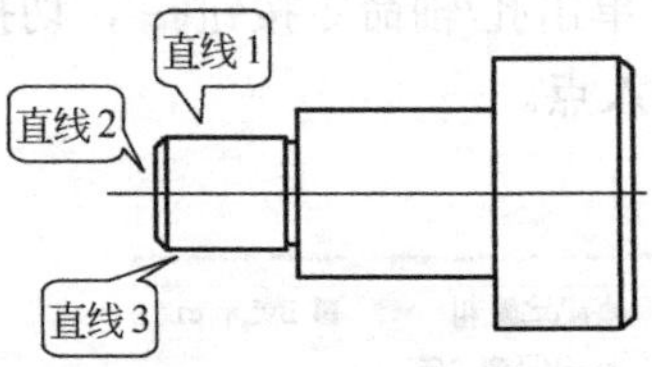

图 11-13 绘制倒角

3. 绘制主视图键槽

[1] 将图层切换到中心线层，单击平行线命令按钮，切换立即菜单如图 11-14 所示。拾取直线，输入偏移距离 5，绘制平行线，如图 11-15 所示。

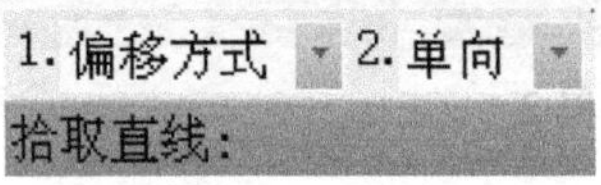

图 11-14 平行线立即菜单

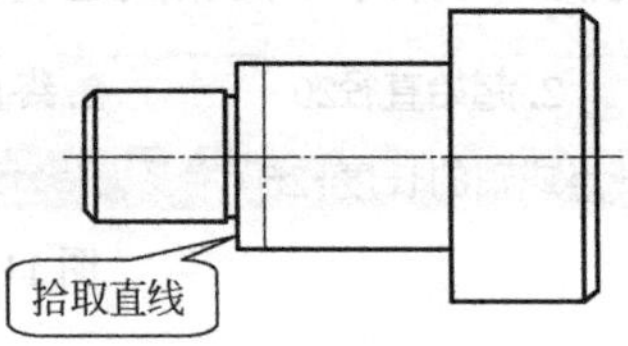

图 11-15 绘制平行线

提示：绘制该平行线是为了方便下面键槽的插入。

[2] 单击提取图符命令按钮，在弹出的【提取图符】对话框中，找到 A 型轴平键，如图 11-16 所示。

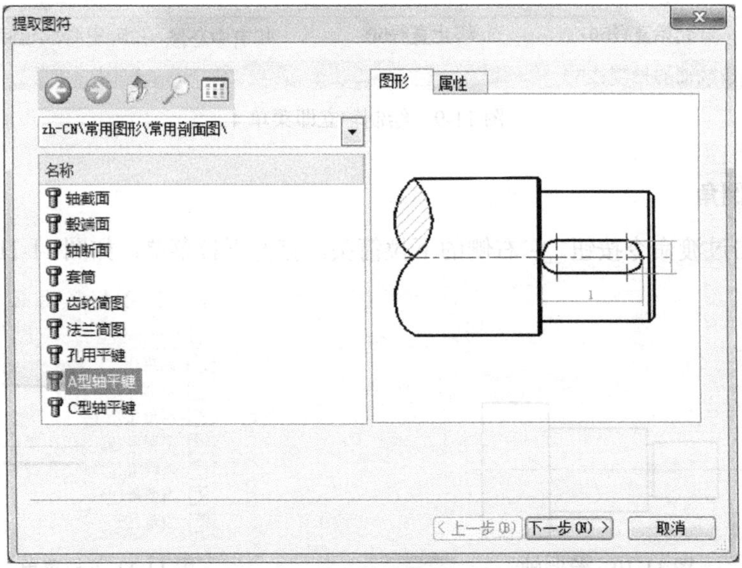

图 11-16 【提取图符】对话框

[3] 单击 下一步(N) > 按钮，在弹出的【图符预处理】对话框中选择相应的键槽尺寸，

如图 11-17 所示。

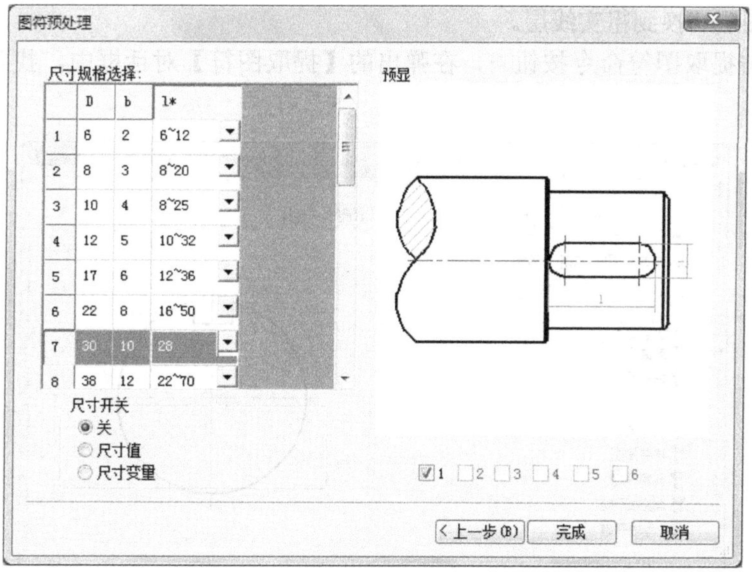

图 11-17 【图符预处理】对话框

[4] 单击 完成 按钮，一键槽图形将随光标移动。将光标移动到图 11-18 中的位置，按鼠标左键确定该位置，并按命令行提示，输入旋转角 0°。

[5] 删除多余的点画线，完成键槽的绘制，如图 11-19 所示。

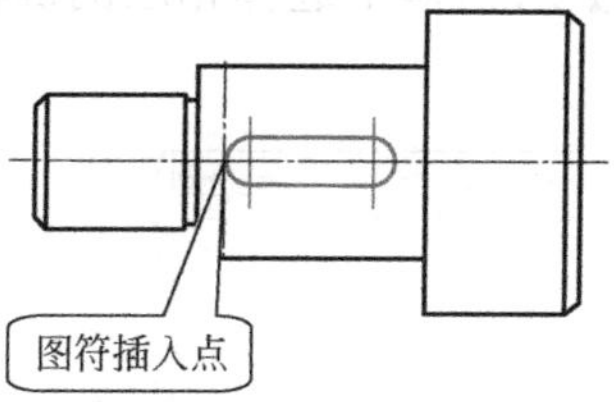

图 11-18 插入图符

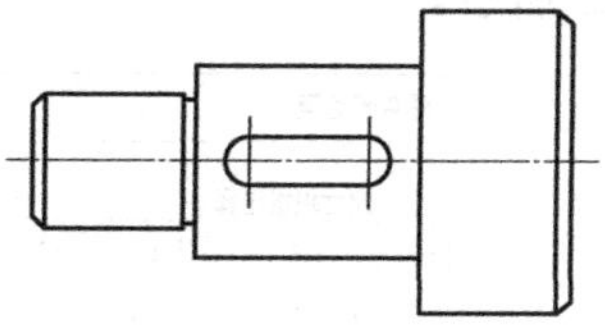

图 11-19 绘制键槽

4．绘制螺纹细实线

[1] 将图层切换至细实线层。

[2] 单击直线命令按钮，切换立即菜单如图 11-20 所示。绘制螺纹线，如图 11-21 所示。

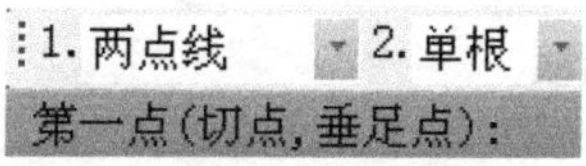

图 11-20 两点线立即菜单

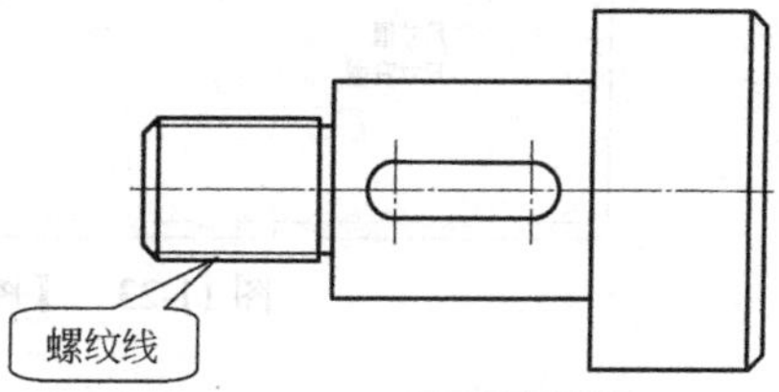

图 11-21 绘制螺纹线

5. 绘制剖面图

[1] 将图层切换到粗实线层。

[2] 单击提取图符命令按钮，在弹出的【提取图符】对话框中，找到轴截面，如图 11-22 所示。

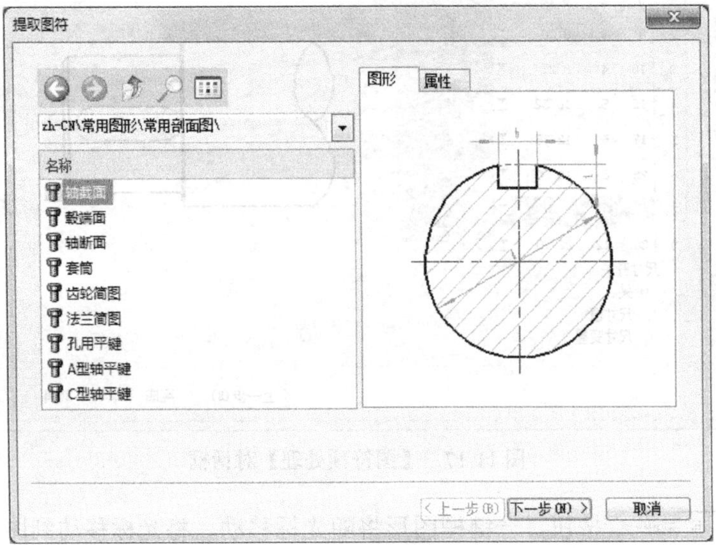

图 11-22 【提取图符】对话框

[3] 单击 下一步(N) > 按钮，在弹出的【图符预处理】对话框中选择相应的键槽尺寸，如图 11-23 所示。

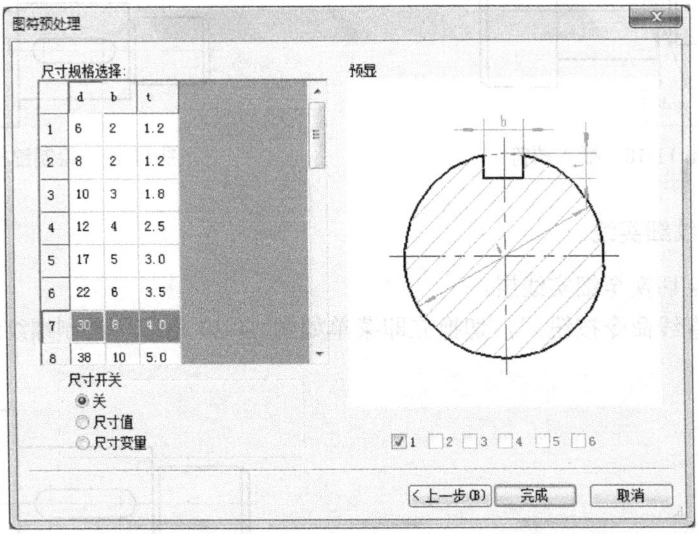

图 11-23 【图符预处理】对话框

[4] 单击 完成 按钮，一键槽图形将随光标移动。将光标移动到图 11-24 中的位置，按鼠标左键确定该位置，并按命令行提示，输入旋转角 90°。完成断面图的绘制，

如图 11-25 所示。

> 📖 提示：插入键槽断面图时须注意中心线要对齐，可打开状态栏上的“导航”。

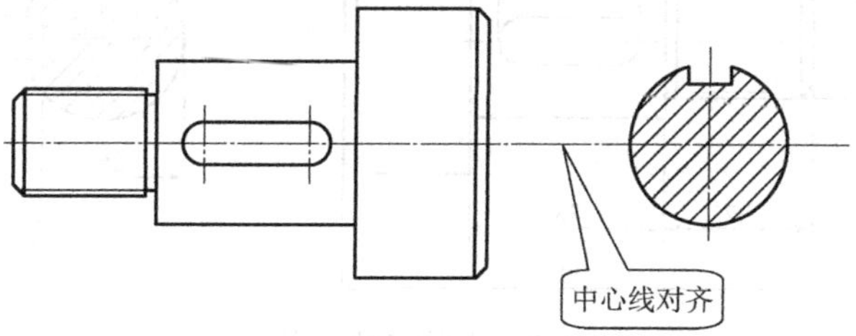

图 11-24　插入图符

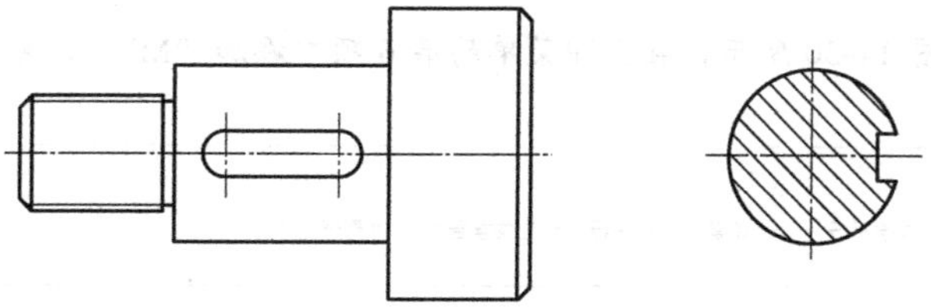

图 11-25　绘制断面图

11.1.5　工程标注

工程标注主要包括基本尺寸标注、倒角标注、粗糙度标注、填写技术要求等。在标注前一般需要进行标注样式的设定。

1. 基本尺寸标注

[1]　单击【标注】工具栏中的尺寸标注按钮，弹出立即菜单，如图 11-26 所示。

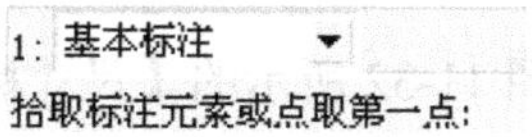

图 11-26　尺寸标注立即菜单

[2]　按命令行提示拾取两点，并将立即菜单切换为图 11-27 所示的形式，拖动鼠标完成长度尺寸的标注，如图 11-28 所示。

图 11-27　长度标注立即菜单

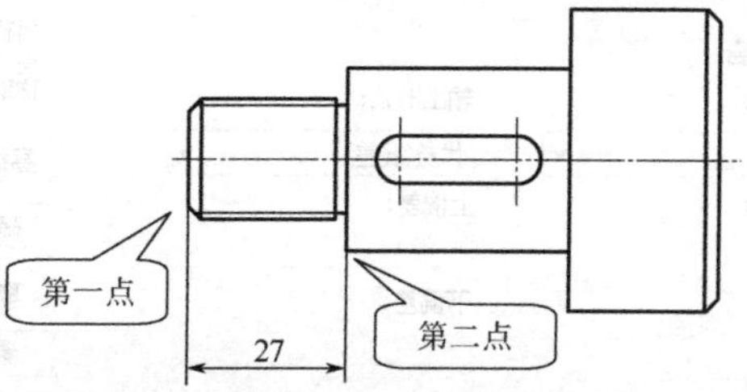

图 11-28　标注长度尺寸

[3] 重复上一步骤可标注其他长度尺寸，如图 11-29 所示。

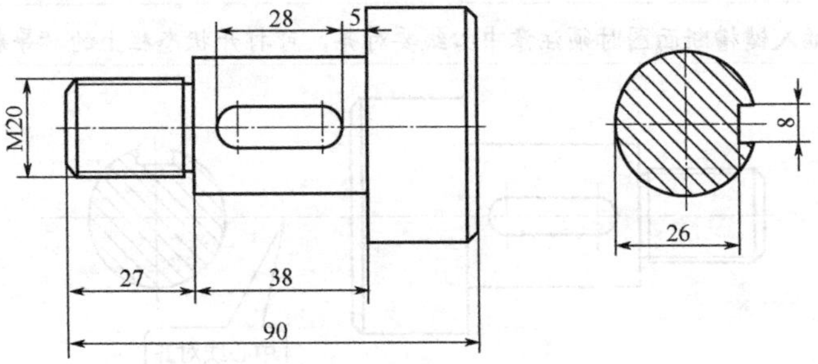

图 11-29 标注其他长度尺寸

提示：如图 11-30 所示，在立即菜单的第 6 项中添加“M”，可完成 M20 螺纹的尺寸标注。

图 11-30 标注螺纹立即菜单

2．标注直径尺寸

[1] 单击基本标注命令按钮，拾取需要标注的直线，切换立即菜单如图 11-31 所示。

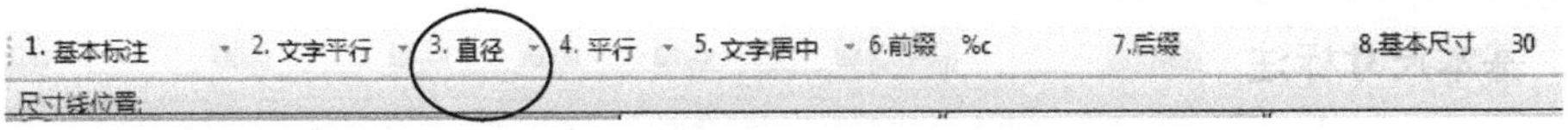

图 11-31 标注直径立即菜单

[2] 单击鼠标右键，设置如图 11-32 所示的【尺寸标注属性设置】对话框。

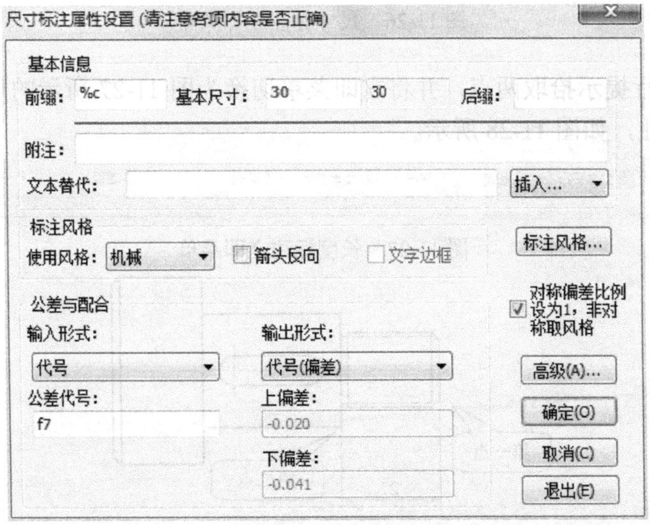

图 11-32 【尺寸标注属性设置】对话框

[3] 单击 确定(O) 按钮，完成直径尺寸的标注，如图 11-33 所示。

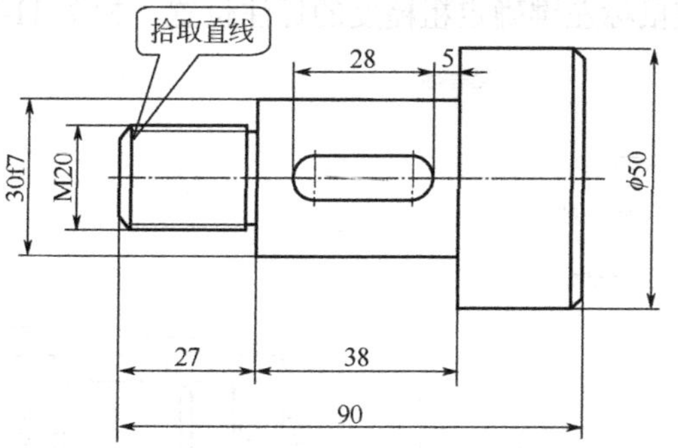

图 11-33 标注直径尺寸

3. 标注倒角

[1] 单击倒角标注命令按钮，切换立即菜单如图 11-34 所示。

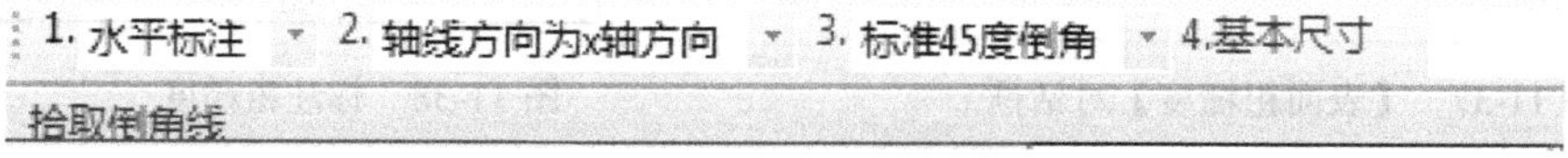

图 11-34 标注倒角立即菜单

[2] 拾取倒角，在适当位置按鼠标左键确定标注的位置，如图 11-35 所示。

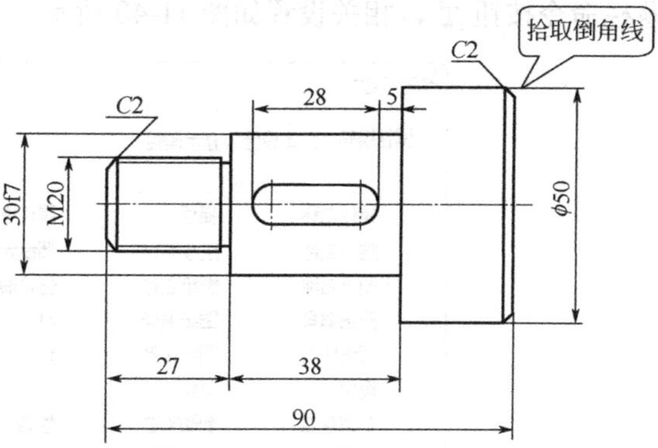

图 11-35 标注倒角

4. 标注粗糙度

[1] 单击粗糙度标注命令按钮。

[2] 切换立即菜单如图 11-36 所示。

图 11-36 标注表面粗糙度立即菜单

[3] 设置如图 11-37 所示的【表面粗糙度】对话框，单击 确定 按钮。

[4] 按命令行提示，拾取转向线。

[5] 在适当位置按鼠标左键确定粗糙度的标注位置，如图 11-38 所示。

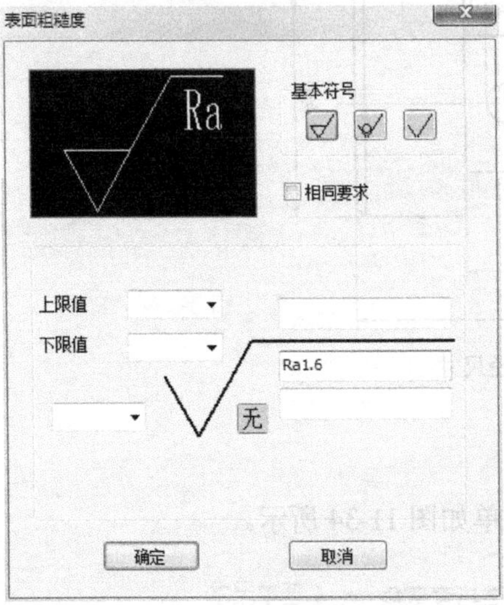

图 11-37 【表面粗糙度】对话框

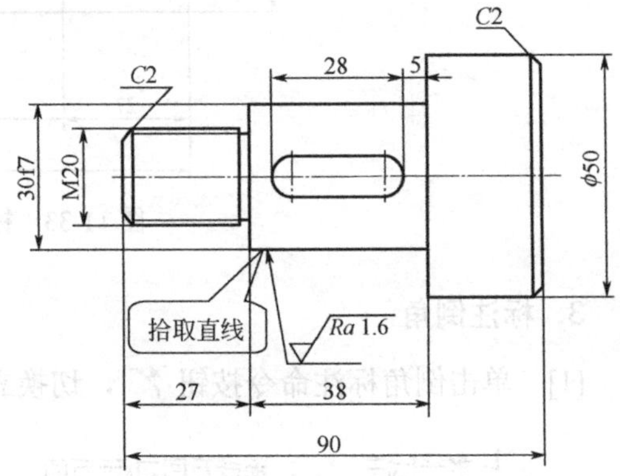

图 11-38 标注粗糙度

[6] 用相同方法完成值为 6.3 的粗糙度标注，如图 11-39 所示。

5．填写标题栏

[1] 单击填写标题栏命令按钮 T，相关设置如图 11-40 所示。

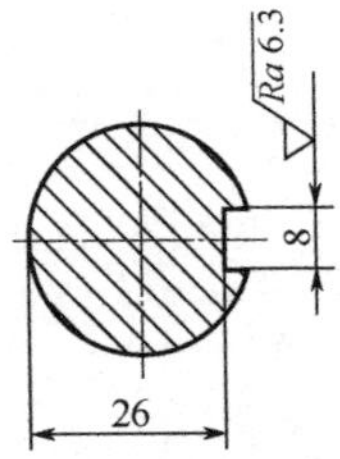

图 11-39 标注其他粗糙度

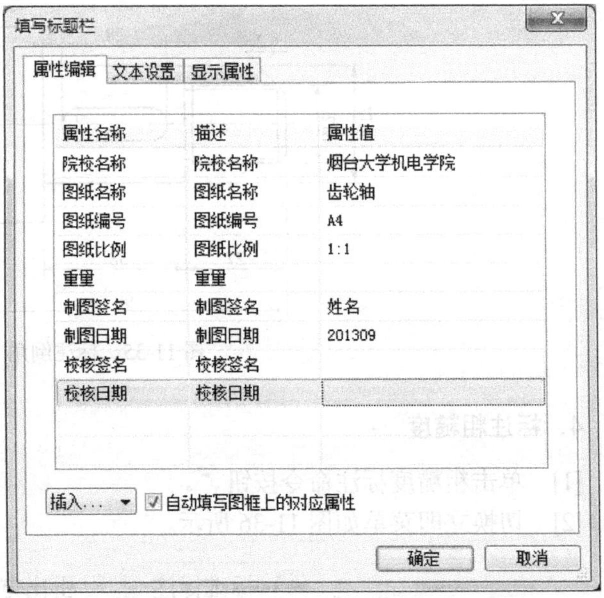
填写标题栏
属性编辑
文本设置
显示属性
属性名称
描述
属性值
院校名称
院校名称
烟台大学机电学院
图纸名称
图纸名称
齿轮轴
图纸编号
图纸编号
A4
图纸比例
图纸比例
1:1
重量
重量
制图签名
制图签名
姓名
制图日期
制图日期
201309
校核签名
校核签名
校核日期
校核日期
插入...
自动填写图框上的对应属性
确定
取消

图 11-40 【填写标题栏】对话框

[2] 单击 确定 按钮，完成操作，如图 11-41 所示。

制图	姓名	2010，1	齿轮轴	比例	1:1
审核				A4	
烟台大学机电学院					

图 11-41　填写标题栏

说明：标题栏会因【图幅设置】对话框中标题栏的选项不同而不同。

6. 填写技术要求

[1]　单击填写技术要求按钮，填写相关内容，如图 11-42 所示。

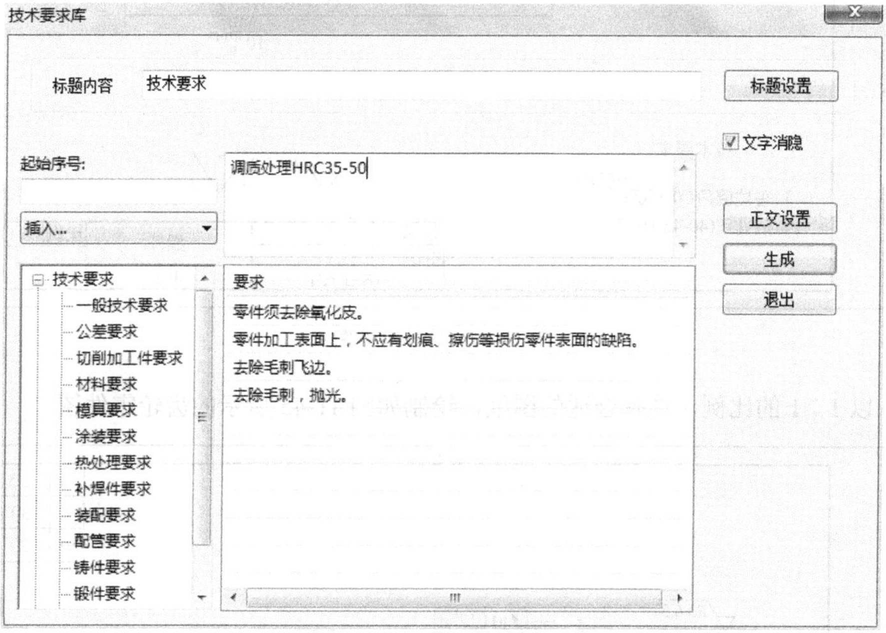

图 11-42　【技术要求库】对话框

[2]　单击 生成 按钮，按命令行提示指定两点。

[3]　完成操作，如图 11-43 所示。

技术要求

调质处理 HRC35-50

图 11-43　填写技术要求

11.2 习题

1．以 1∶1 的比例，选择合适的图纸，绘制如图 11-44 所示的螺杆零件图。

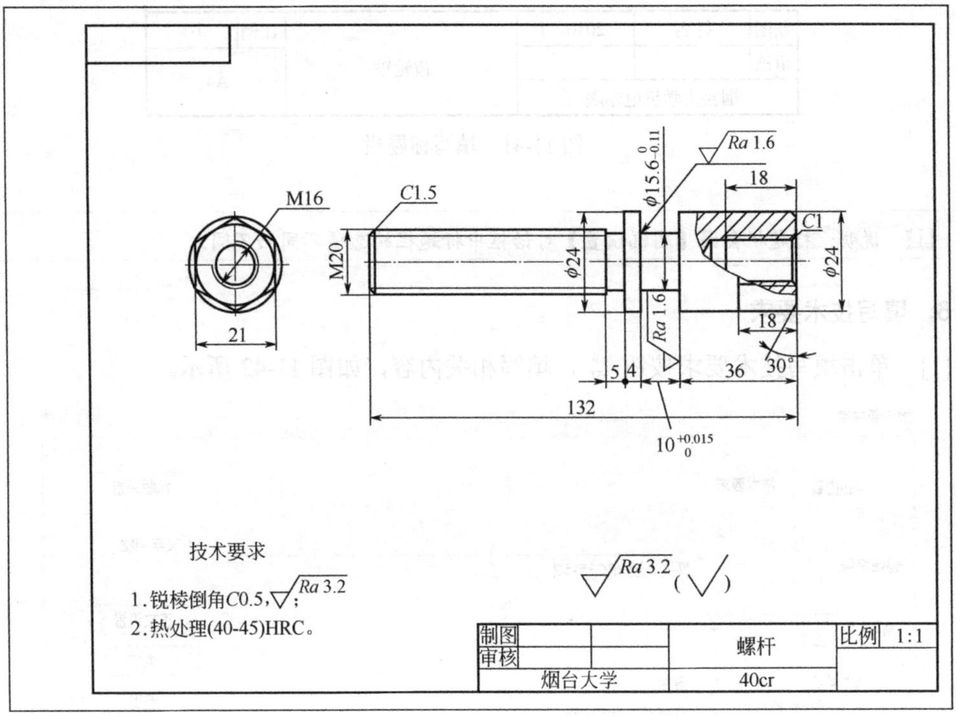

图 11-44　螺杆零件图

2. 以 1∶1 的比例，选择合适的图纸，绘制如图 11-45 所示的齿轮零件图。

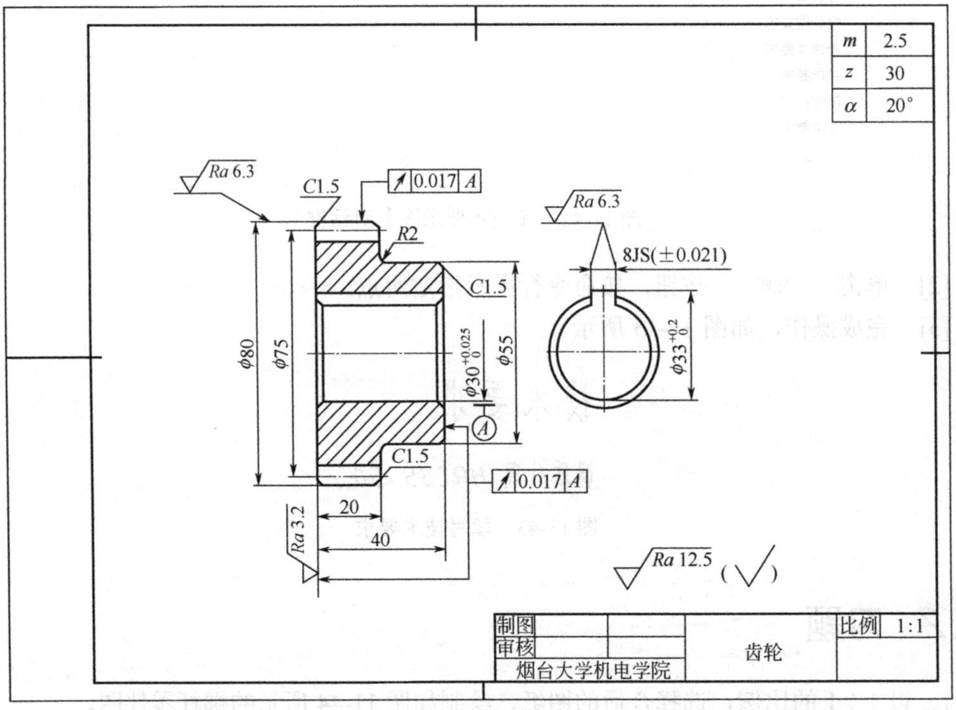

图 11-45　齿轮零件图

3．以 1∶1 的比例，选择合适的图纸，绘制如图 11-46 所示的各零件图。

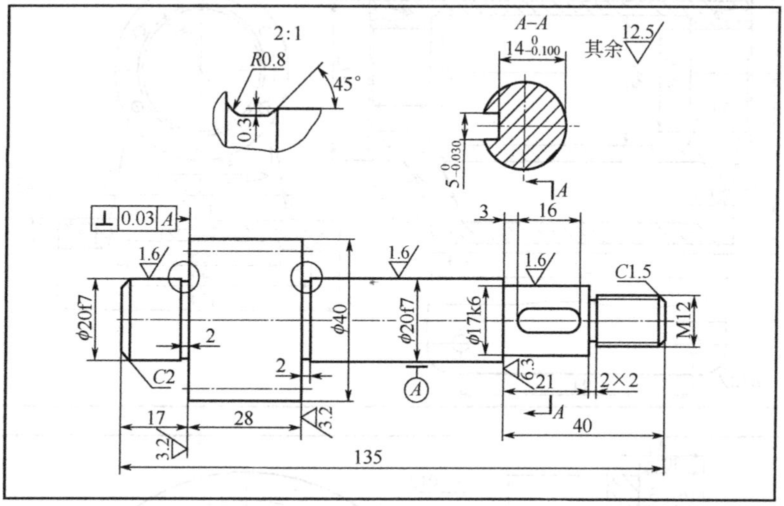

（a）

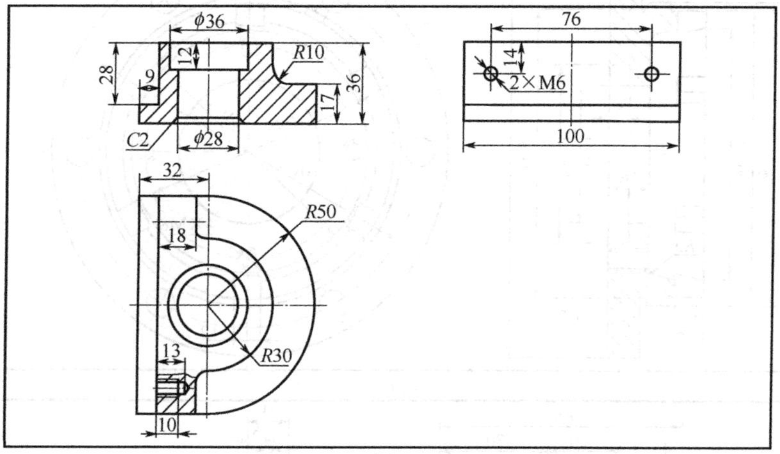

（b）

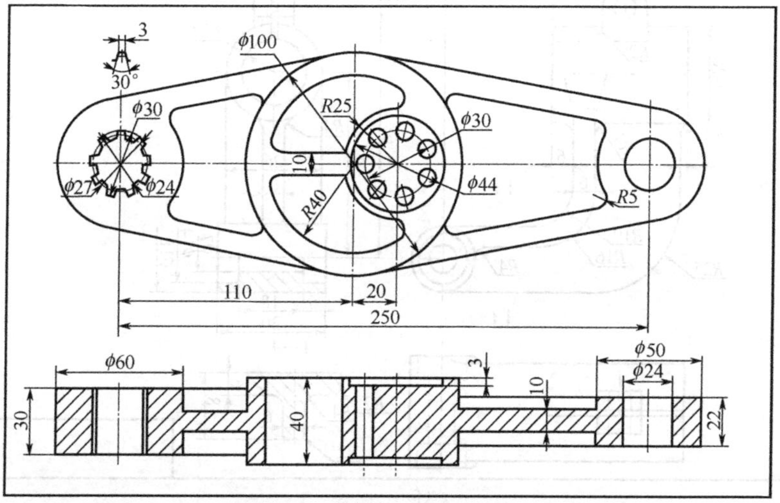

（c）

图 11-46　零件图

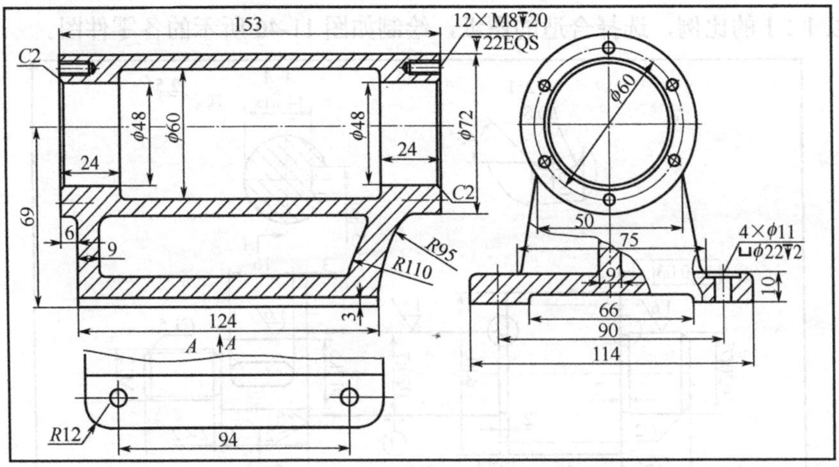

（d）

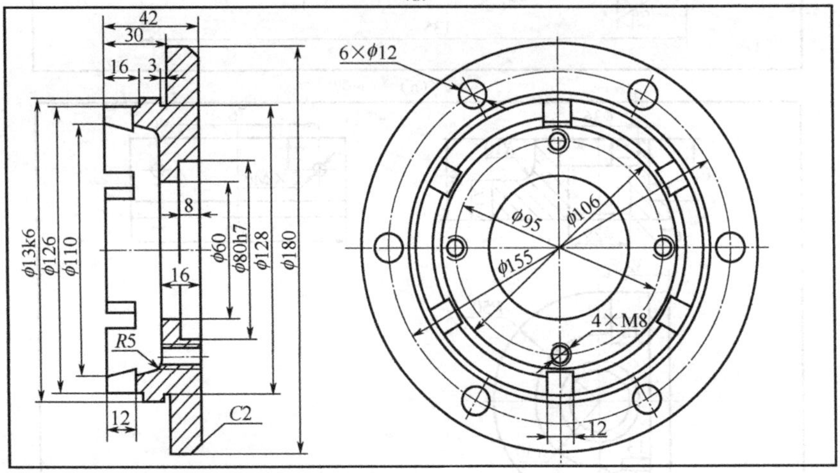

（e）

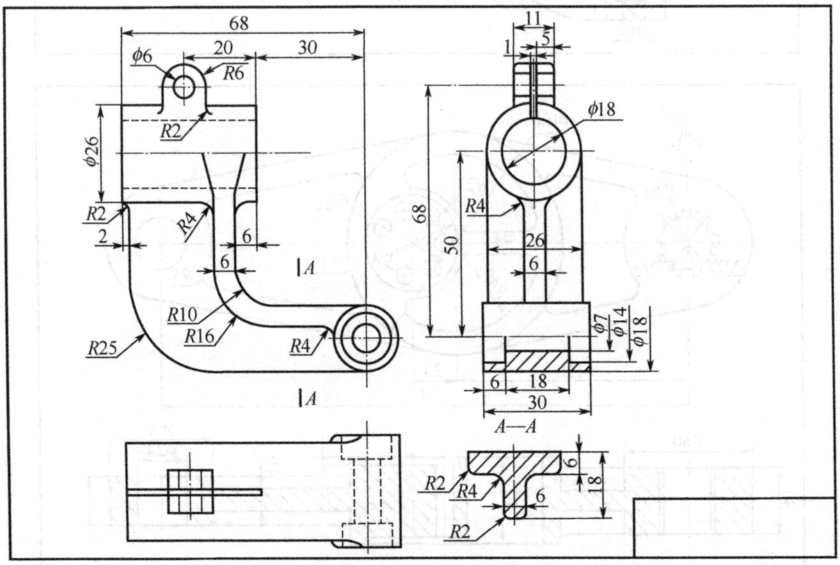

（f）

图 11-46　零件图（续）

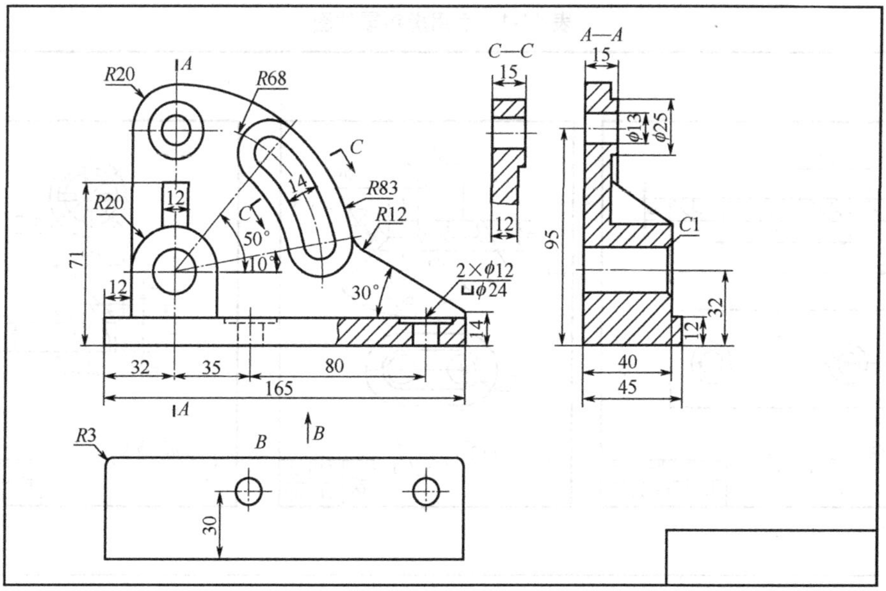

（g）

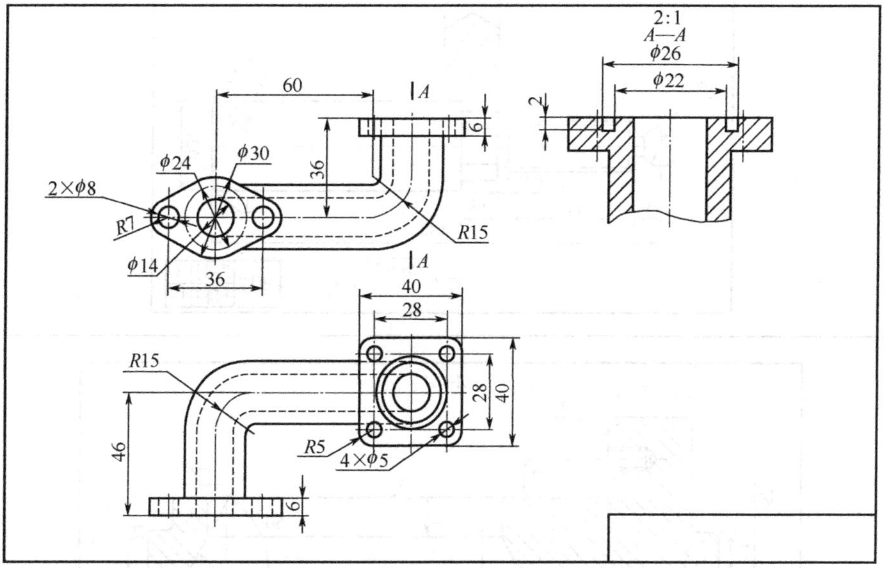

（h）

图 11-46　零件图（续）

4. 绘制表 11-1 中手用虎钳的零件图，并保存留待后用。

5. 绘制表 11-2 中的轴承零件图，并保存留待后用。

表 11-1　手用虎钳零件图

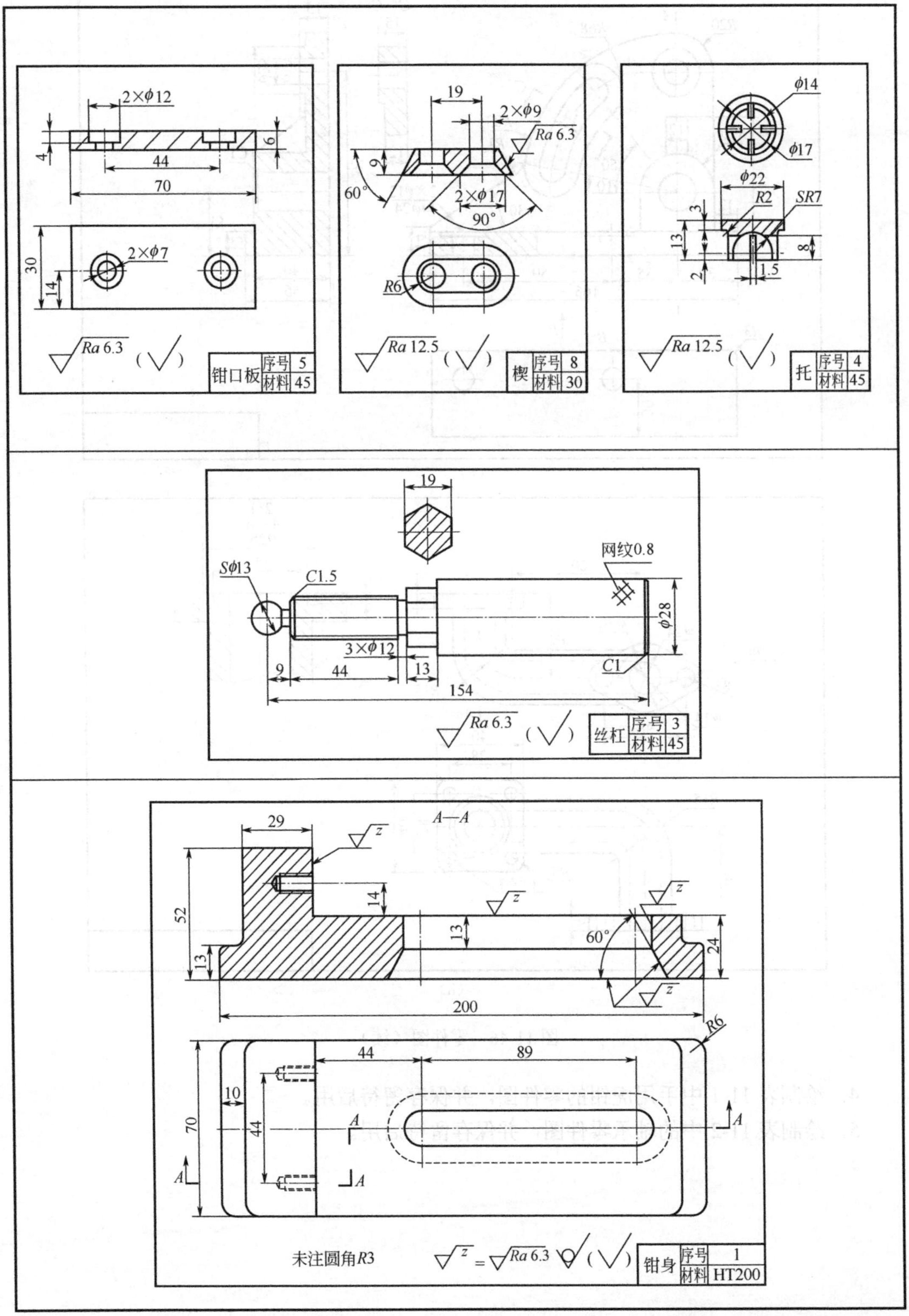

续表

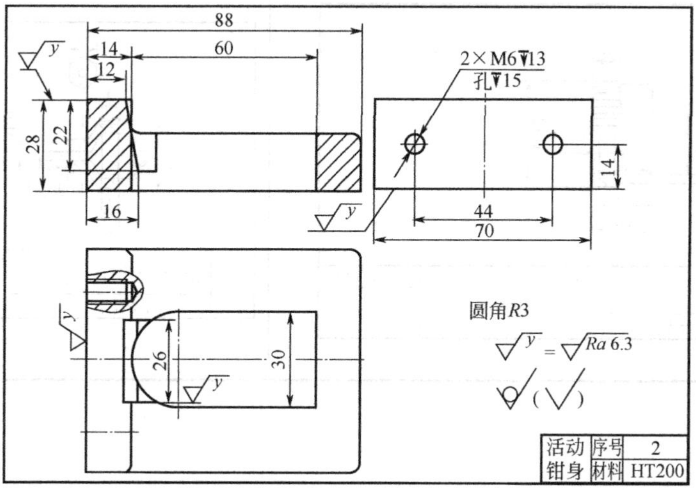

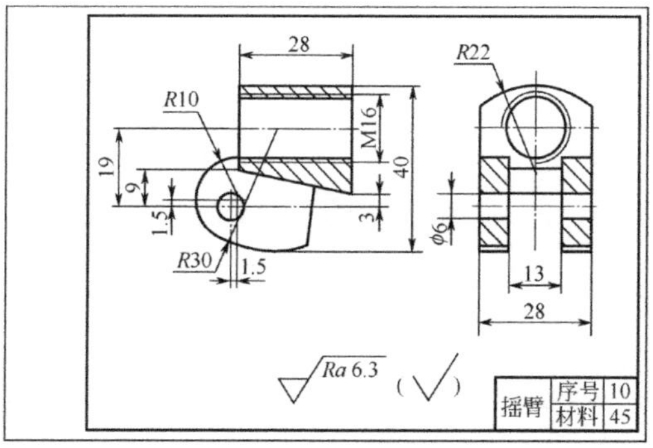

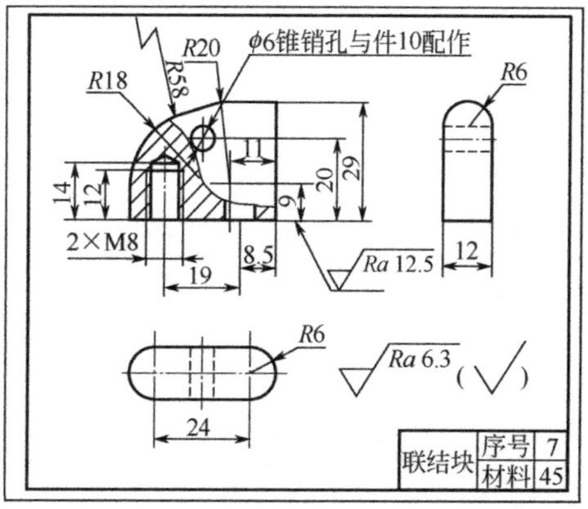

表 11-2 轴承零件图

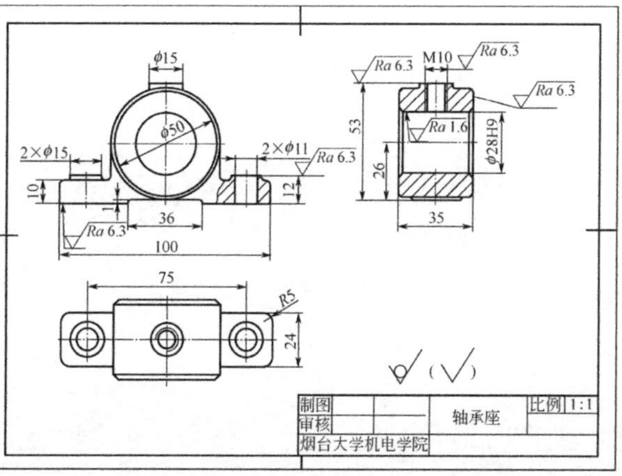

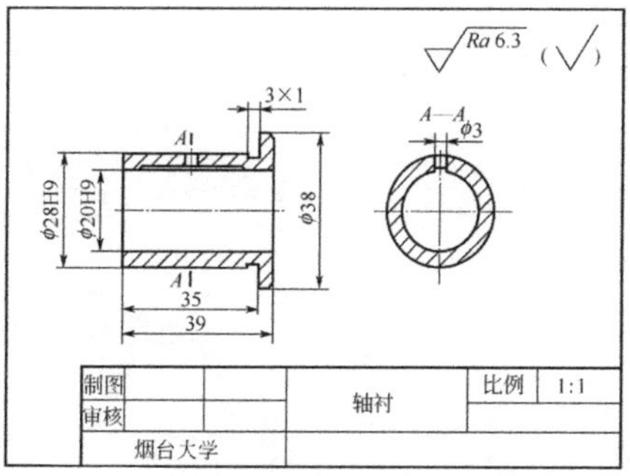

续表

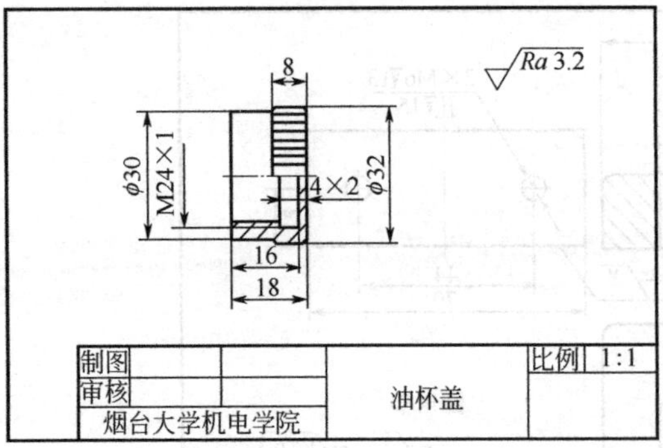
Ra 3.2
8
φ30
M24×1
4×2
φ32
16
18
制图
审核
烟台大学机电学院
油杯盖
比例
1:1

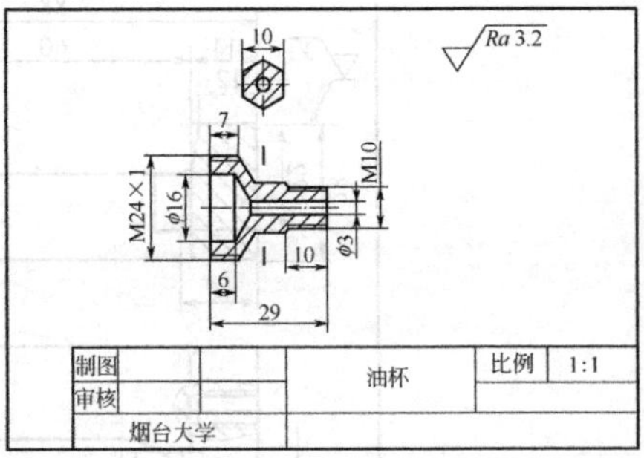
Ra 3.2
10
7
M24×1
φ16
M10
φ3
10
6
29
制图
审核
油杯
比例
1:1
烟台大学

第 12 章　绘制装配图

再简单的机器也是由若干个部件组成的，而部件又是由许多零件装配而成的。因此，需要用装配图来表示机器或部件的装配关系。装配图是用来表达机器的工作原理、零件间装配关系、零件主要结构形状，以及装配、检验、安装时所需的尺寸数据、技术要求的技术文件。本章将通过具体实例来介绍装配图的绘制过程。

12.1 装配图基本知识和绘图步骤

装配图的内容包括一组视图、尺寸标注、技术要求、标题栏和明细栏。在绘制装配图的过程中，首先要绘制好非标准件的零件图，将这些零件的零件图直接或稍做修改后“部分存储”，然后新建一个文件，设置绘图环境，并入“部分存储”的文件，标准件可直接从图库中调用，然后修整装配图，标注尺寸、公差，并生成零件序号，最后填写明细表、技术要求和标题栏。

在绘制装配图的过程中主要用到“部分存储”、“并入文件”、“提取图符”、“尺寸标注”、“定制明细表”、“生成序号”、“技术要求库”、“填写标题栏”等命令。

绘制装配图的一般步骤如下：

[1] 图形分析；

[2] 绘制非标准件零件图；

[3] 部分存储零件图；

[4] 新建装配图文件并设置绘图环境；

[5] 并入部分存储文件；

[6] 调入标准件；

[7] 标注尺寸；

[8] 生成零件序号和填写明细表；

[9] 填写技术要求和标题栏。

12.2 绘图实例

下面以图 12-1 所示的齿轮轴装配图为例，介绍装配图的绘制步骤。

12.2.1 图形分析

由图 12-1 所示的装配图可知，该装配体共由 5 个零件组成。其中螺母、垫圈、键为标准件，在电子图板的图形库中已经有这些标准件的图形，用“提取图符”命令可将这些图形直接提取出来。齿轮和轴是主要零件，是图库中没有的。因此，首先要绘制出这两个零件的零件图，并将这两个零件图存盘以备后用。

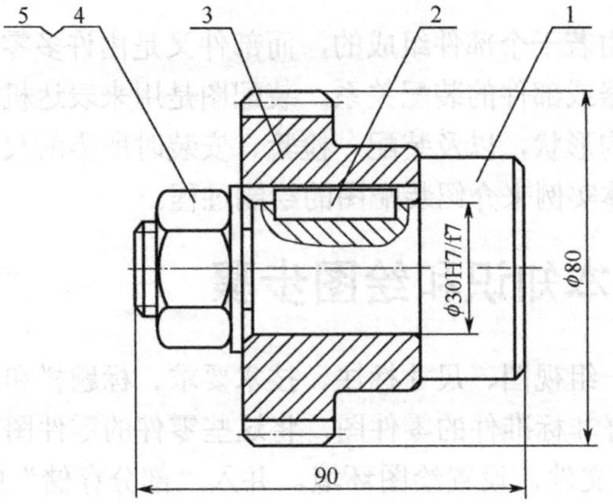

技术要求

装配时表面涂黄干油

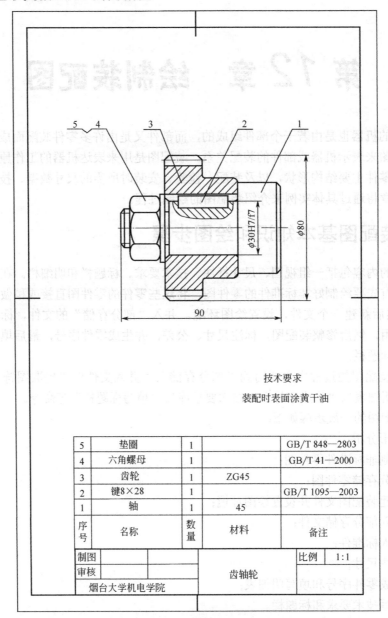

序号	名称	数量	材料	备注
5	垫圈	1		GB/T 848—2803
4	六角螺母	1		GB/T 41—2000
3	齿轮	1	ZG45	
2	键8×28	1		GB/T 1095—2003
1	轴	1	45	

制图			齿轴轮	比例	1:1
审核					
烟台大学机电学院					

图 12-1　齿轮轴装配图

12.2.2　绘制非标准件零件图

零件图作为制造和检验零件的技术文件，不仅应将零件的内、外结构和大小表达清楚，还要为零件的加工、检验、测量提供必要的技术要求。因此，一组视图、完整的尺寸、技术要求、标题栏这四部分是一张完整的零件图必备的内容。图 12-2 和图 12-3 为齿轮和轴的零件图，零件图的绘制在此不再赘述。

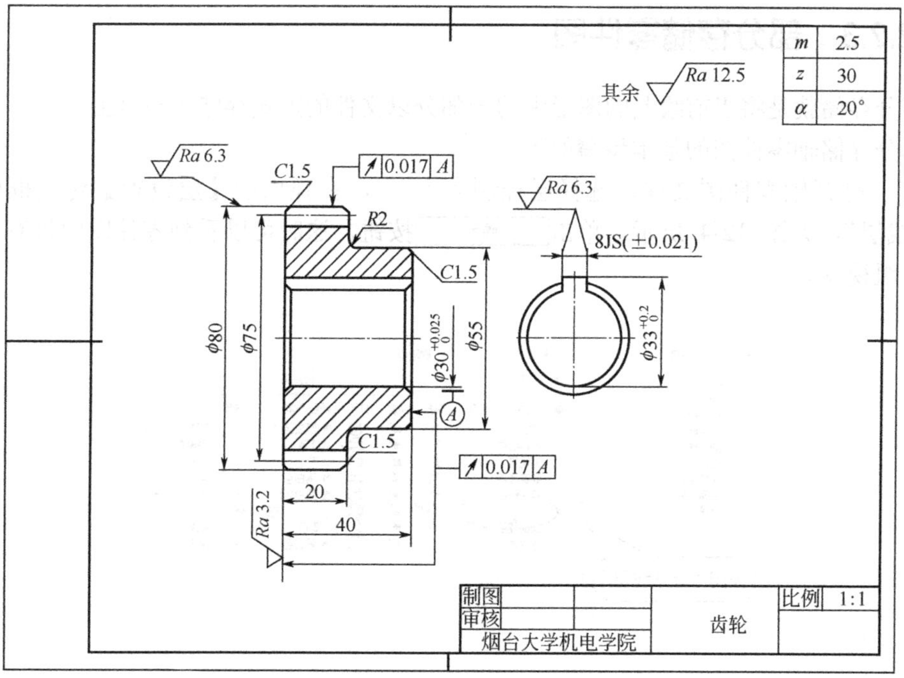

图 12-2　齿轮零件图

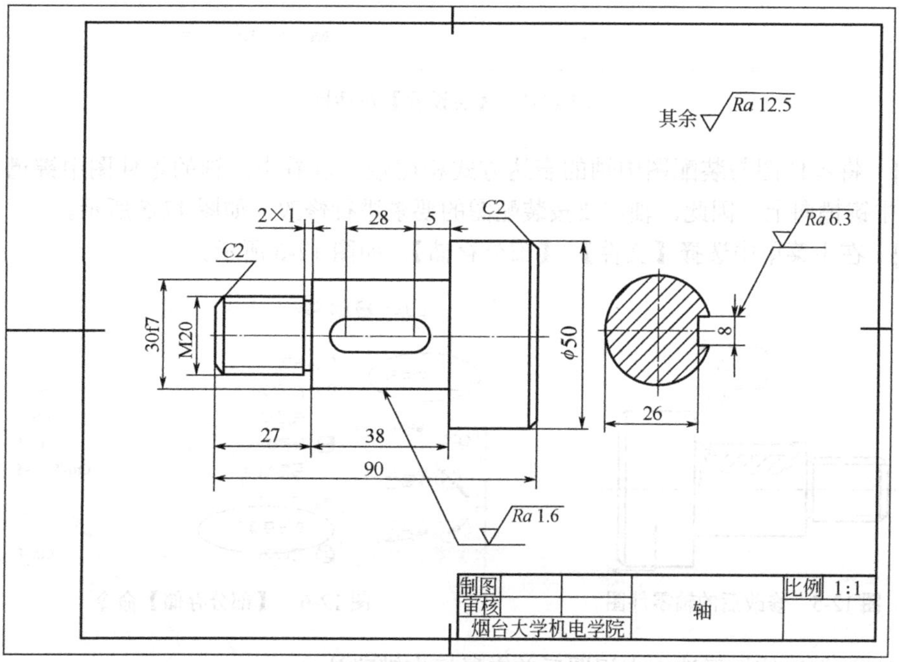

图 12-3　轴零件图

说明：绘制零件图是装配图绘制过程中必要的步骤，作为重要的技术文件，零件图应完整。

12.2.3 部分存储零件图

部分存储就是将当前绘制的图形中的一部分以文件的形式存储到磁盘上。

部分存储轴零件图的基本步骤如下。

[1] 打开轴零件图文件，选择层控制命令，在弹出的【层设置】对话框中关闭“尺寸线层”，如图 12-4 所示。单击 确定 按钮，这时可以看到零件图中仅有表达零件的一组视图。

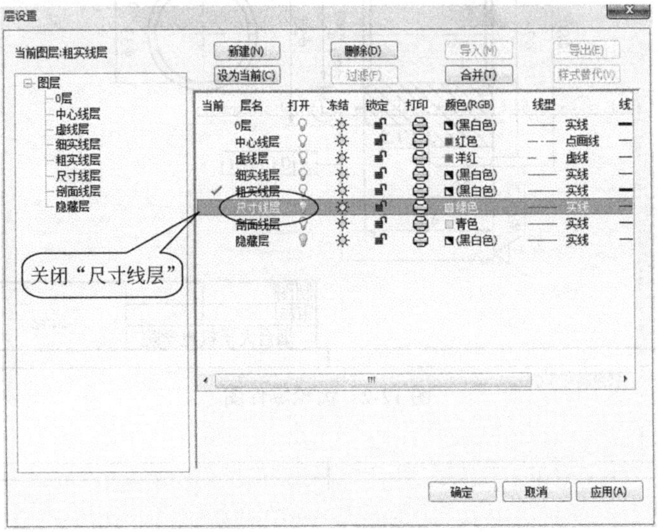

图 12-4 【层设置】对话框

[2] 将零件图与装配图中轴的表达方式相比较可以看出，轴的零件图中键槽向前，装配图中键槽向上。因此，轴需要按装配图的要求进行修改，如图 12-5 所示。

[3] 在主菜单中选择【文件】/【部分存储】，如图 12-6 所示。

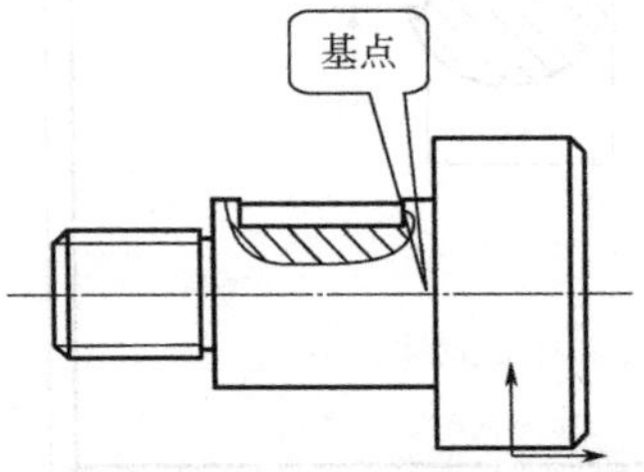

图 12-5 修改后的轴零件图

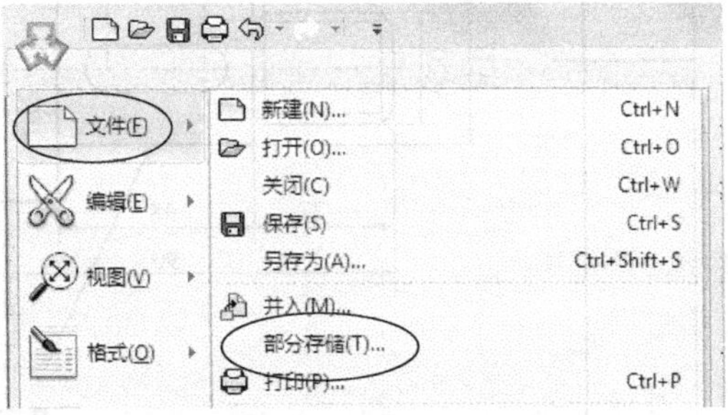

图 12-6 【部分存储】命令

[4] 根据系统提示选中主视图后单击鼠标右键确认。

[5] 系统提示给出“部分存储”图形的基点，为了方便零件的装配，选择主视图中右侧轴肩与中心线的交点作为基点。此时系统弹出【部分存储文件】对话框，如图 12-7 所示。

[6] 输入文件名，并将其保存到一个适当的文件夹中。

注意：部分存储零件图前须将零件图修改成与装配图相一致的图形。

用相同的方法可以部分存储齿轮零件图。

图 12-7 【部分存储文件】对话框

12.2.4 新建装配图文件并设置绘图环境

1. 创建新文件

单击新建文件按钮，在弹出的【新建】对话框中选择空白模板，单击 确定 按钮，即可新建一个图形文件。

2. 设置绘图环境

绘图环境的设置主要指图层设置、文本设置和标注风格设置。单击图层设置命令按钮，在打开的【层设置】对话框中可进行图层、线型、颜色的设置。

单击文本设置按钮，在打开的【文本风格设置】对话框中，可进行文字样式的设置。同理，可进行尺寸标注样式的设置。

图层、文本、尺寸标注的样式设置在前面已做过详细讲解，在此不再赘述。

3. 新建明细表风格

由于本例中装配图采用学生用的标题栏，因此须新建一个与之相应的明细表头，新建明细表的基本步骤如下。

[1] 单击明细表风格命令按钮，打开【明细表风格设置】对话框，如图 12-8 所示。

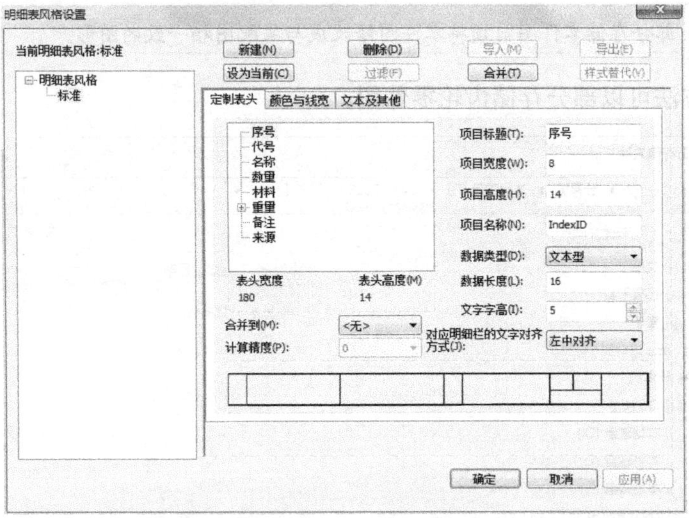

图 12-8 【明细表风格设置】对话框

[2] 单击 新建(N) 按钮，弹出电子图板提示对话框，如图 12-9 所示。单击 是(Y) 按钮，在弹出的【新建风格】对话框中设置新样式的名称为“学校”，如图 12-10 所示。

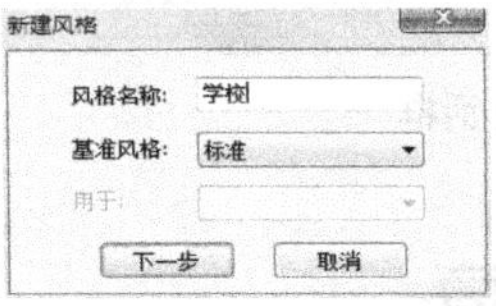

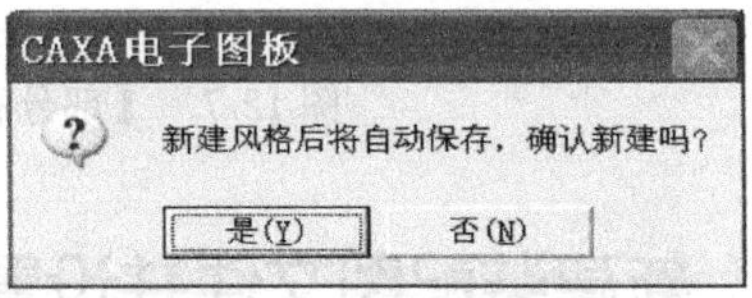

图 12-9 电子图板提示对话框　　　　图 12-10 【新建风格】对话框

[3] 在【定制表头】选项卡中，用鼠标右键单击不需要的选项，弹出右键快捷菜单，删除多余选项，同时修改项目的宽度值，如图 12-11 所示。

[4] 单击 确定 按钮，即可新建一个名为 “学校”的明细表风格。

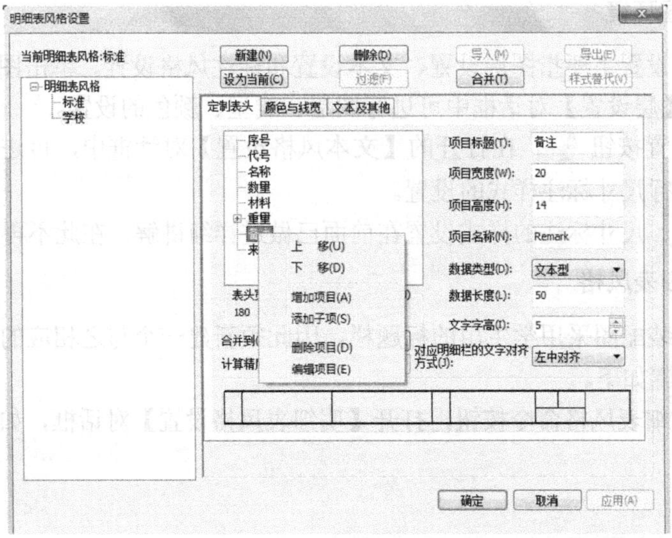

图 12-11 【定制表头】选项卡

4. 设置图纸幅面

单击图幅设置按钮，在弹出的【图幅设置】对话框中设定图纸幅面为 A4 竖放，绘图比例为 1∶1，并在此对话框中选择调入图框的类型和“学生”标题栏，明细表风格也选学生用的“学校”，如图 12-12 所示。单击 确定 按钮，即可生成图框。

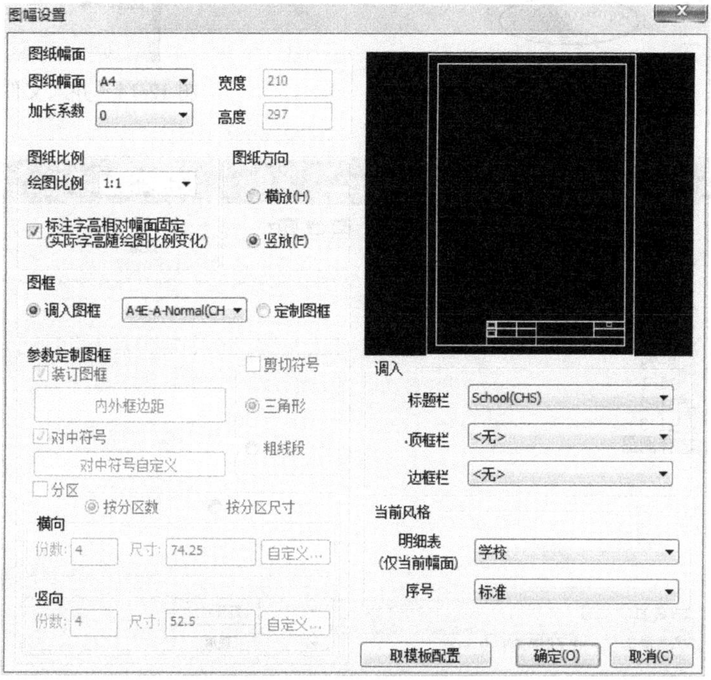

图 12-12 【图幅设置】对话框

在新建文件及设置绘图环境时须注意以下问题。

- 若未新建明细表风格，则系统只有一个默认的标准明细表风格。
- 装配图的绘图环境最好与零件图的绘图环境设置一致。
- 建议将屏幕点的捕捉方式设置为“智能”。

12.2.5 并入部分存储文件

为了能方便地找到插入点的位置，准确地将“部分存储”的文件并入装配图中，还应该考虑各个存储文件的并入顺序，一般“部分存储”文件的并入顺序遵循零件的装配顺序。从本例来看，应先并入“齿轮”，以“轴”与“齿轮”接触的中心为定位点并入“轴”。

并入“齿轮”的部分存储文件的基本步骤如下。

[1] 在主菜单中选择【文件】/【并入】命令，如图 12-13 所示；或在功能区【常用】选项卡上的【常用】面板内单击并入文件命令按钮，如图 12-14 所示。系统打开【并入文件】对话框，如图 12-15 所示。

图 12-13 【并入】命令

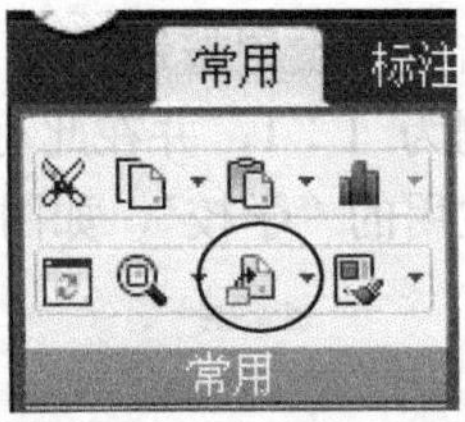

图 12-14 并入文件命令按钮

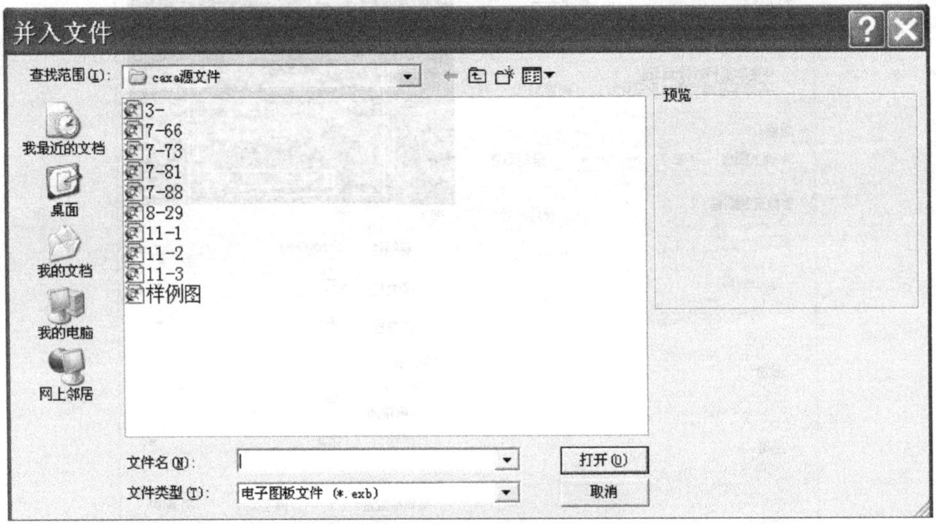

图 12-15 【并入文件】对话框

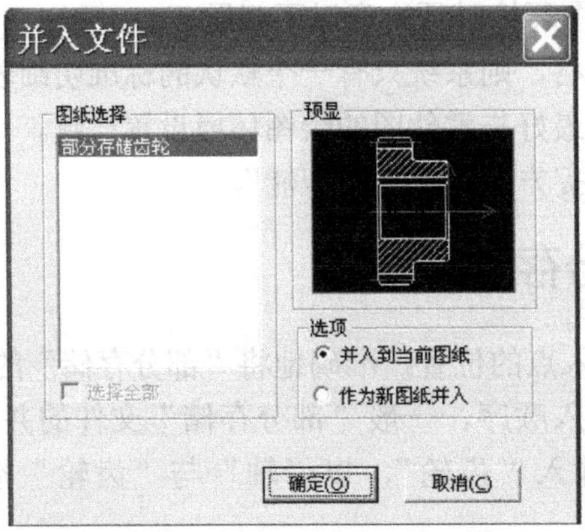

图 12-16 【并入文件】对话框

[2] 在相应的文件目录下选择存储的“齿轮”文件，单击 打开(O) 按钮，弹出如图 12-16 所示的【并入文件】对话框。

在【选项】下可以选择并入设置，具体含义如下。

- 【并入到当前图纸】：将所选图纸作为一个部分并入当前的图纸中。

● 【作为新图纸并入】：将所选图纸作为新图纸并入当前的文件中。

[3] 单击 确定(O) 按钮，齿轮的动态图形即出现在绘图区。

[4] 在立即菜单中选择并入文件的相关要求，并根据系统提示在绘图区中选择合适的位置和旋转角，完成并入操作，如图 12-17 所示。

用相同的方法可以并入“轴”的部分存储文件，如图 12-18 所示。

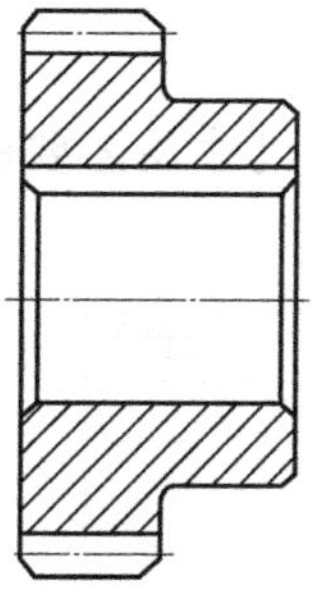

图 12-17 并入齿轮

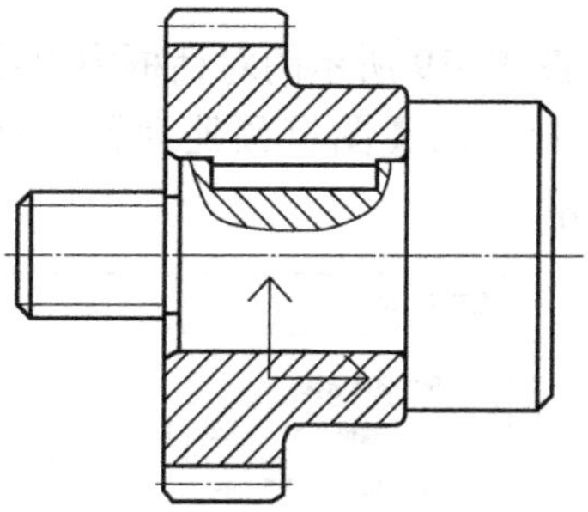

图 12-18 并入轴

12.2.6 调入标准件

在绘制装配图的过程中，所有的标准件都可从系统提供的标准库中提取。下面以“垫圈”为例，介绍提取图符的一般步骤。

[1] 单击提取图符工具按钮，弹出【提取图符】对话框，如图 12-19 所示。

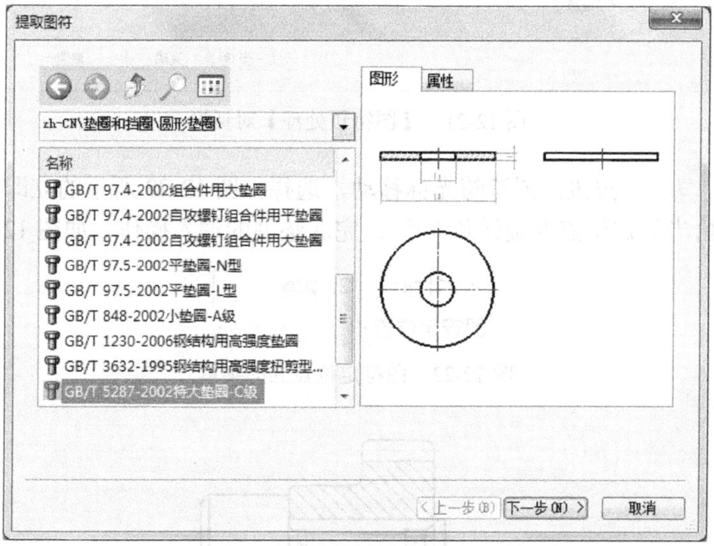

图 12-19 【提取图符】对话框

[2] 在【提取图符】对话框中单击按钮，在弹出的【搜索图符】对话框中输入要搜索的内容“垫圈”后单击 确定(O) 按钮，如图 12-20 所示，即可在图 12-19 所示的【提取图符】对话框列表中找到相应的图。

图 12-20 【搜索图符】对话框

[3] 在图 12-19 所示的对话框中单击 下一步(N)> 按钮。

[4] 在弹出的【图符预处理】对话框中，选择垫圈的规格尺寸及需要的视图，如图 12-21 所示。

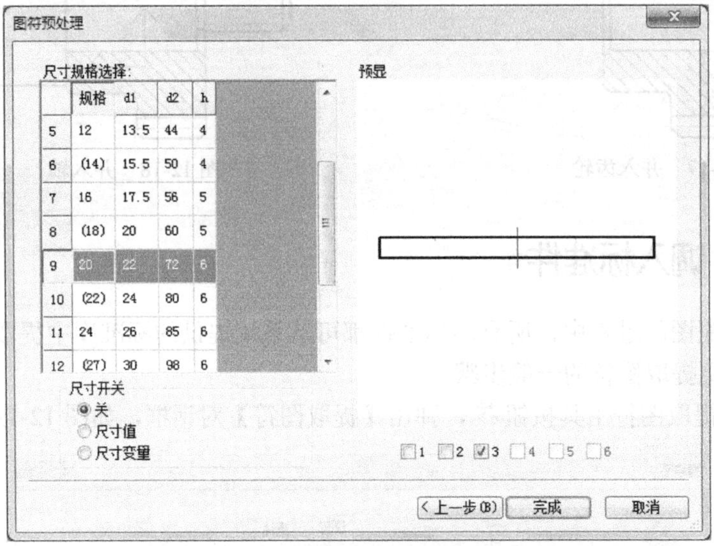

图 12-21 【图符预处理】对话框

[5] 单击 完成 按钮，图符随光标移动，选择如图 12-22 所示的立即菜单。

[6] 输入恰当的定位点及旋转角 90°，完成垫圈的调入操作，如图 12-23 所示。

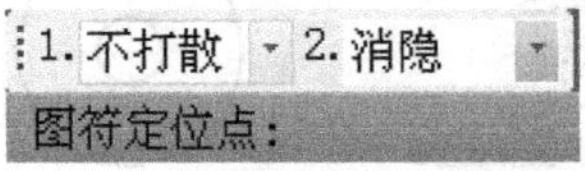

图 12-22 图符定位点立即菜单

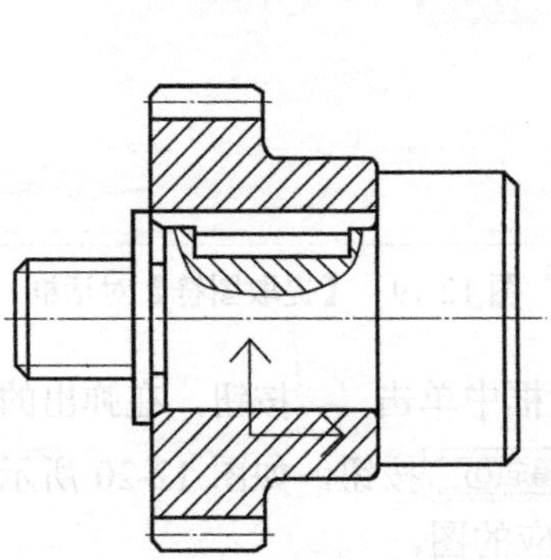

图 12-23 调入垫圈

提示：输入插入点时将屏幕点设置为“智能”状态。垫圈的图符插入点选在齿轮左端面的中心处。

用相同的方法可调入“螺母”和“键”，如图 12-24、图 12-25 所示。

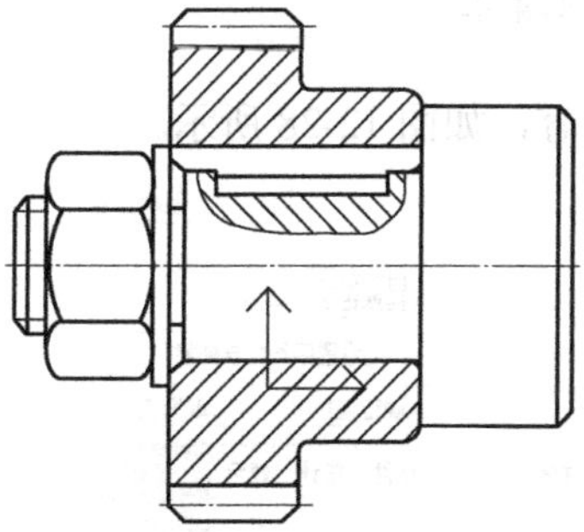

图 12-24　调入螺母

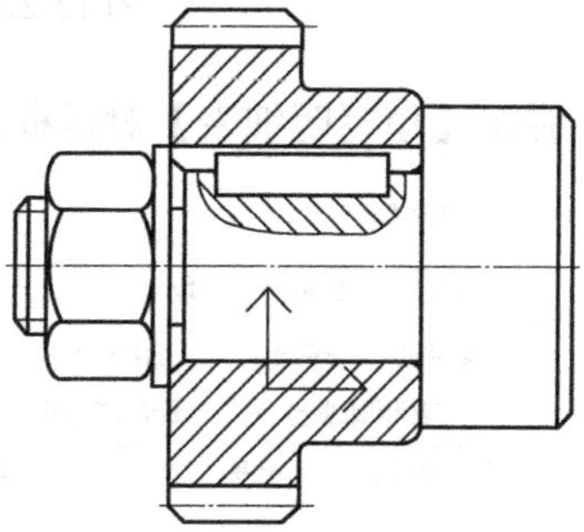

图 12-25　调入键

12.2.7　标注尺寸

装配图中需要标注 4 种尺寸：

- 性能尺寸；
- 安装尺寸；
- 装配尺寸；
- 总体尺寸。

尺寸标注方法在此不再介绍。标注尺寸后的图形如图 12-26 所示。

说明：标注尺寸时尽可能用工具点菜单捕捉点。

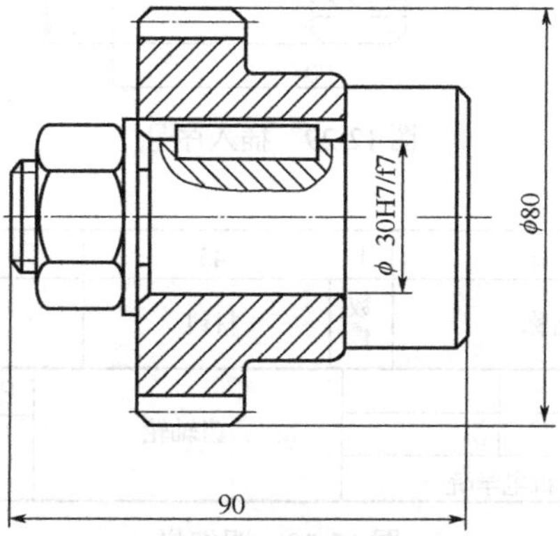

图 12-26　标注尺寸后的图形

12.2.8　生成零件序号和填写明细表

[1]　单击【图幅】面板中的生成零件序号命令按钮。

[2] 选择如图 12-27 所示的立即菜单，在适当位置指定零件 1 的引出点和转折点。

图 12-27 生成零件序号立即菜单

[3] 弹出【填写明细表】对话框，填写相应的内容，如图 12-28 所示。

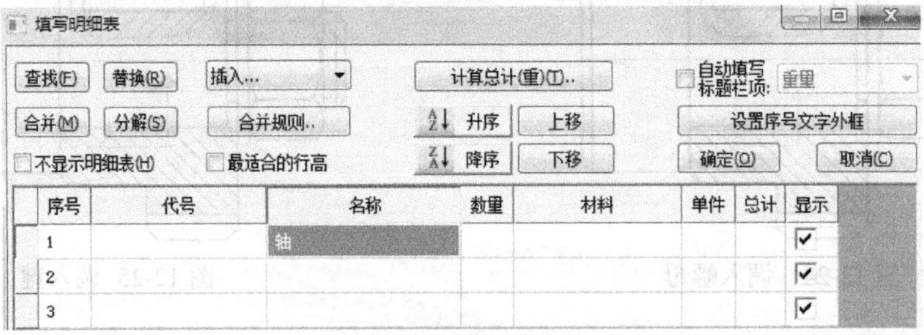

图 12-28 【填写明细表】对话框

[4] 生成零件序号及明细栏，如图 12-29、图 12-30 所示。

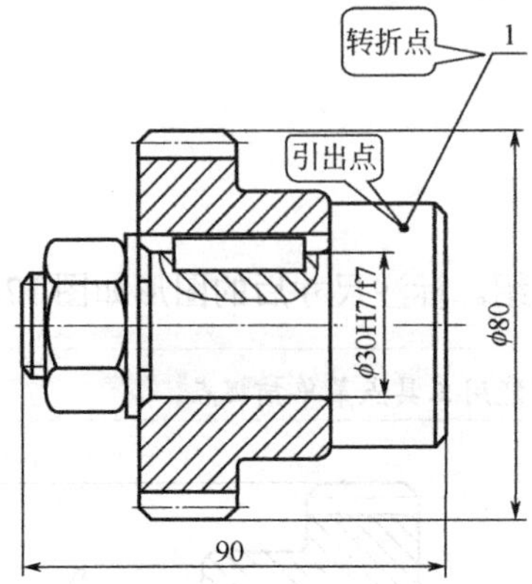

图 12-29 插入序号

<table>
<tr><td>1</td><td colspan="2">轴</td><td>1</td><td colspan="2">45</td><td colspan="2"></td></tr>
<tr><td>序号</td><td colspan="2">名称</td><td>数量</td><td colspan="2">材料</td><td colspan="2">备注</td></tr>
<tr><td>制图</td><td></td><td></td><td colspan="2" rowspan="2">齿轴轮</td><td></td><td>比例</td><td>1:1</td></tr>
<tr><td>审核</td><td></td><td></td><td></td><td colspan="2" rowspan="2"></td></tr>
<tr><td colspan="3">烟台大学机电学院</td><td colspan="2"></td><td></td></tr>
</table>

图 12-30 明细栏

[5] 用相同的方法可以生成其他零件的序号和填写相应的明细栏。

说明：明细栏的样式如不符合图纸要求，可单击明细栏样式按钮，修改明细栏的样式。

12.2.9 填写技术要求和标题栏

[1] 单击技术要求命令按钮，在弹出的【技术要求库】对话框中，填写如图 12-31 所示的技术要求。

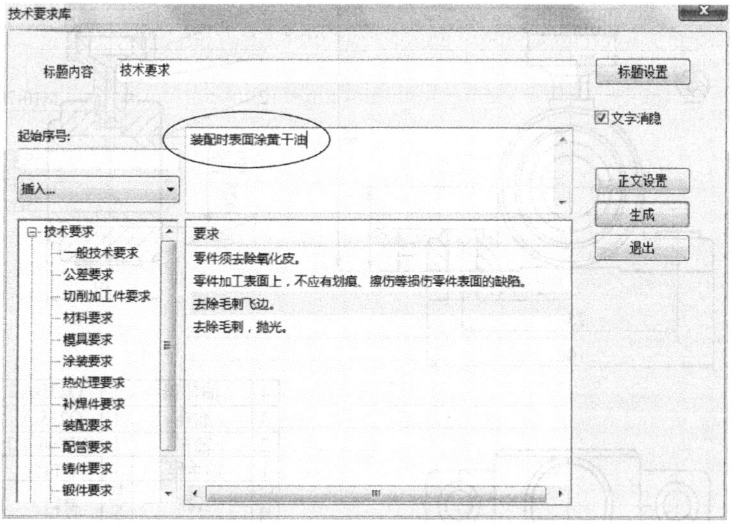

图 12-31 【技术要求库】对话框

[2] 单击 生成 按钮，在绘图区中适当的位置按命令行提示指定两点放置技术要求的矩形框，完成技术要求的标注，如图 12-32 所示。

[3] 单击填写标题栏命令按钮，在弹出的【填写标题栏】对话框中填写相应内容，如图 12-33 所示。单击 确定 按钮，完成标题栏的填写。

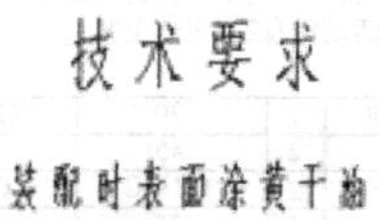

图 12-32 技术要求

图 12-33 【填写标题栏】对话框

至此齿轮轴装配图绘制完成。单击保存按钮，保存该装配图。

本章主要介绍了装配图的绘制方法。在绘制装配图时，首先要绘制组成装配体的各零件的零件图，在绘制各零件图时一定要注意设置相同的绘图环境；其次，要熟练掌握“部分存储文件”、“并入文件”、“生成零件序号”、“填写明细栏”等操作。

12.3 习题

1．根据表 11-2 中的轴承零件图，按 1：1 的比例绘制如图 12-34 所示的装配图。

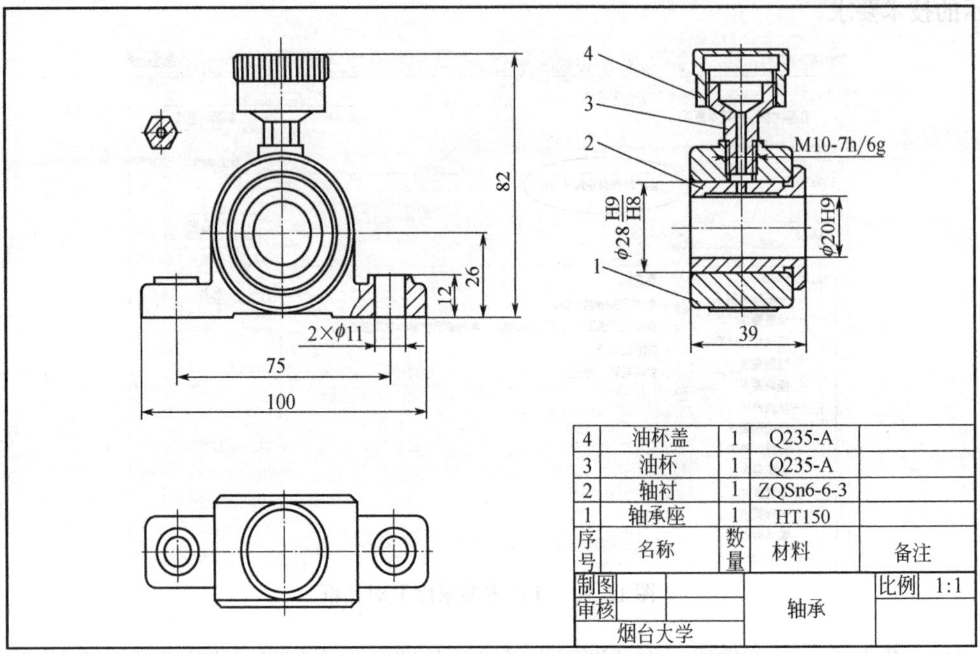

4	油杯盖	1	Q235-A	
3	油杯	1	Q235-A	
2	轴衬	1	ZQSn6-6-3	
1	轴承座	1	HT150	
序号	名称	数量	材料	备注

制图		轴承	比例	1:1
审核				
烟台大学				

图 12-34　轴承装配图

2．根据表 11-1 中的手动虎钳零件图，按 1：1 的比例绘制如图 12-35 所示的装配图。

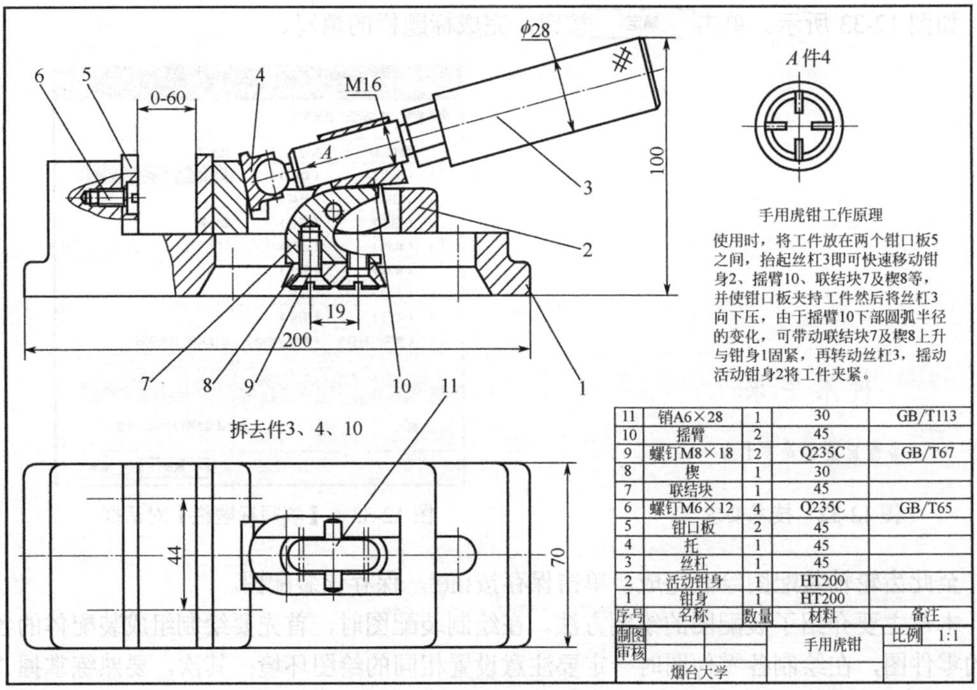

11	销A6×28	1	30	GB/T113
10	摇臂	2	45	
9	螺钉M8×18	2	Q235C	GB/T67
8	楔	1	30	
7	联结块	1	45	
6	螺钉M6×12	4	Q235C	GB/T65
5	钳口板	2	45	
4	托	1	45	
3	丝杠	1	45	
2	活动钳身	1	HT200	
1	钳身	1	HT200	
序号	名称	数量	材料	备注

制图		手用虎钳	比例	1:1
审核				
烟台大学				

图 12-35　手动虎钳装配图